彩图1　香梨顶腐病

彩图2　香梨顶腐病（不凹陷）

彩图3　香梨顶腐病（果心无变化）

彩图4　香梨顶腐病（有菌侵染）

彩图5　香梨无氧呼吸症状

彩图6　香梨冻害

彩图7　香梨黑心病

彩图 8　苹果轮纹病

彩图 9　苹果水心病

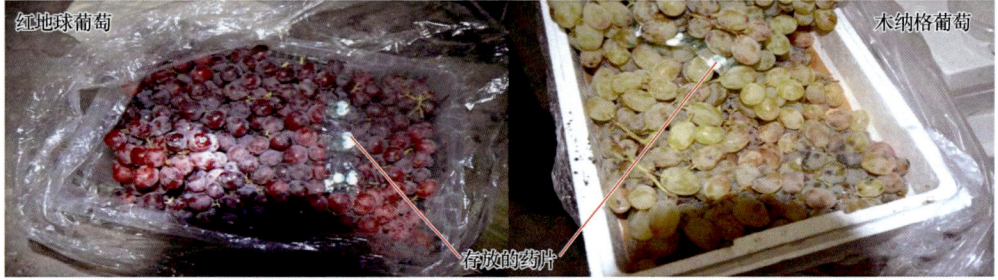

彩图 10　葡萄发霉

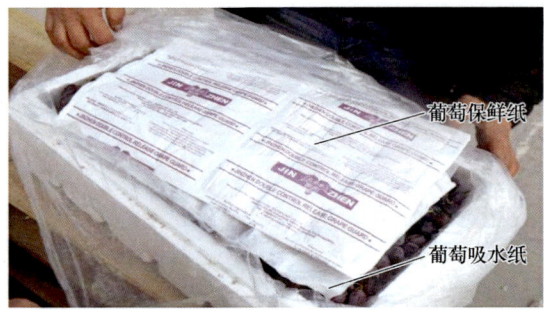

彩图 11　葡萄保鲜

职业教育农林与食品类专业新形态系列教材

果蔬产品贮藏与加工

主　编　李　忠　常雪花
副主编　王艳萍　李　昱　马　慧
编　者　李　忠（巴音郭楞职业技术学院）
　　　　常雪花（巴音郭楞职业技术学院）
　　　　王艳萍（巴音郭楞职业技术学院）
　　　　李　昱（巴音郭楞职业技术学院）
　　　　马　慧（巴音郭楞职业技术学院）
　　　　康成友（库尔勒市德盛饮料厂）
　　　　王向未（巴音郭楞职业技术学院）
　　　　王雪薇（巴音郭楞职业技术学院）
　　　　张晓东（巴音郭楞职业技术学院）
　　　　朱雪芳（库尔勒龙之源药业有限责任公司）

机械工业出版社
CHINA MACHINE PRESS

本书以新疆地方特色果蔬的贮藏与加工为主线，基于新疆地区果蔬区域布局，详细介绍了果蔬贮藏和加工的基本原理、工艺流程、技术要点和产品质量控制，突出介绍果蔬贮藏设备的结构、操作及冷库的设计安装、焊接技术。梳理了从香梨、苹果、葡萄及冬枣的贮藏技术，再到红枣制干、辣椒酱和杏酱制作，果蔬汁饮料、番茄制品、梨酒、梨膏等关键生产技术，解决地方特色产品的销售难、附加值增加难的问题。本书可作为高等职业院校食品类、园艺类等专业的教材，也可作为农业技术推广人员、果蔬贮藏与加工技术人员的参考用书。

本书配有电子课件，使用本书作为教材的教师可登录机械工业出版社教育服务网 www.cmpedu.com 注册后下载。咨询电话：010-88379534，微信号：jjj88379534，公众号：CMP-DGJN。

图书在版编目（CIP）数据

果蔬产品贮藏与加工 / 李忠，常雪花主编. -- 北京：机械工业出版社，2025.7. -- ISBN 978-7-111-78579-8

I. S609

中国国家版本馆CIP数据核字第202534HZ63号

机械工业出版社（北京市百万庄大街22号　邮政编码100037）
策划编辑：高　伟　周晓伟　　　责任编辑：高　伟　周晓伟　刘　源
责任校对：卢文迪　杨　霞　景　飞　　责任印制：单爱军
北京盛通数码印刷有限公司印刷
2025年9月第1版第1次印刷
184mm×260mm・14印张・1插页・303千字
标准书号：ISBN 978-7-111-78579-8
定价：65.00元

电话服务　　　　　　　　　网络服务
客服电话：010-88361066　　机　工　官　网：www.cmpbook.com
　　　　　010-88379833　　机　工　官　博：weibo.com/cmp1952
　　　　　010-68326294　　金　书　网：www.golden-book.com
封底无防伪标均为盗版　机工教育服务网：www.cmpedu.com

前　言

林果产品是人们日常生活中食用仅次于粮油、蔬菜的重要农产品，也是食品工业的重要原料。据联合国粮农组织（FAO）的统计资料，我国的林果产品总产量自1997年至今稳居世界第一。但是，由于我国许多林果产地的生产者只追求扩大种植面积、增加产量，忽视了产品贮藏、保鲜及深加工、包装等一系列极其重要的增值手段，导致我国的林果产品在国际农产品贸易市场上所占的份额远低于一些发达国家。

本书以新疆优质果蔬的贮藏与加工为切入点，从内容和形式上充分地体现我国职业教育教学改革精神，突出"专业与产业、职业岗位对接，专业课程内容与职业标准对接，教学过程与生产过程对接，学历证书与执业资格证书对接，职业教育与终身教育对接"五个对接，特色鲜明。改变传统的章节编排，基于林果产品贮藏与加工的生产过程组织教材结构，达到教学与生产的统一。以"必需、够用"为原则组织理论知识，把实践训练融入生产管理相关内容中。在内容上力求做到科学性、先进性和实用性的统一，注重吸收国内外贮藏与加工生产各环节中的实用新技术。本书的主要特点如下：

1）更加强调理论知识的实际应用，知识点和技能点递进展开，但内容又相对独立。

2）构建学生本位的理念，将较高水平的职业素养等引入教学，培养学生良好的职业道德与品行。

3）注重实践技能的培养和思维的拓展。通过引导式教学，培养学生的团结协作的能力和勤于思考的习惯，摒弃重讲轻练、重知识轻能力等传统教材的缺点。

本书共包含两部分内容，共16个项目、42个任务，基础理论精练，基本概念准确，基本工艺清晰，突出对果蔬贮藏设备的结构、操作、安装及果蔬加工工艺"硬件"和"软件"的综合描述，其中"硬件"就是果蔬贮藏、加工的设备，"软件"就是各类果蔬加工的工艺。本书根据果蔬贮藏加工岗位各环节的技术需求，针对不同地区学生生源特点，为满足职业教育的多元化需要，在介绍新疆优质果蔬贮藏加工基础知识的基础上，突出介绍实用技术。本书由李忠、常雪花任主编，王艳萍、李昱、马慧任副主编，康成友、王向未、王雪薇、张晓东、朱雪芳参加编写。本书要特别感谢库尔勒市德盛饮料厂提供杏酱加工工艺，库尔勒龙之源药业有限责任公司提供梨膏加工工艺。

由于编者水平有限，书中难免存在不足之处，敬请广大读者、同行、专家提出宝贵意见，以便重印时修正。

编　者

全书视频资源总码

目 录

前言

第一部分
果蔬贮藏设备管理

项目一 建设冷库认知 ··· 002
    任务一 认识冷库 ··· 002
    任务二 冷库规划与设计 ··· 011
    任务三 确定冷库单间的长、宽、高 ··· 016
    任务四 冷库库房建设 ··· 021

项目二 机械冷库的制冷设备及操作 ··· 026
    任务一 认识压缩机 ··· 026
    任务二 活塞压缩机的操作 ··· 036
    任务三 螺杆压缩机的操作 ··· 037

项目三 果蔬排管冷库制作 ··· 040
    任务一 认识排管冷库 ··· 040
    任务二 冷库制冷排管的制作 ··· 044
    任务三 给大型氟利昂系统充注制冷剂 ··· 048

项目四 气调贮藏认知 ··· 053
    任务一 认识气调库 ··· 053
    任务二 气调库的管理 ··· 059
    任务三 氨系统放空气操作 ··· 062

项目五 节流装置检测 ··· 064
    任务一 认识热力膨胀阀 ··· 064
    任务二 热力膨胀阀的检测与更换 ··· 069

项目六 干燥过滤器检测 ··· 072
    任务一 认识干燥过滤器 ··· 072
    任务二 干燥过滤器的检测与更换 ··· 075

项目七 气焊认知 ··· 078
    任务一 认识气焊 ··· 078
    任务二 同种和异种材料（铜与钢）的焊接 ··· 085
    任务三 铜管加工工艺训练 ··· 088

项目八 氨系统冷库各类事故防范 ··· 091
    任务一 了解氨系统冷库事故 ··· 091
    任务二 湿冲程的处理和热氨冲霜 ··· 093

第二部分

果蔬贮藏加工

项目九　果蔬采后生理品质测定 … 098
　　任务一　果蔬产生的氧气、二氧化碳浓度的测定 … 099
　　任务二　果实硬度、可溶性固形物、维生素 C 含量的测定 … 100

项目十　香梨、苹果、葡萄贮藏 … 104
　　任务一　香梨、苹果的贮藏 … 106
　　任务二　红地球葡萄的贮藏 … 108

项目十一　冬枣贮藏和红枣制干 … 112
　　任务一　冬枣智能化塑料保鲜袋贮藏 … 112
　　任务二　红枣制干 … 116

项目十二　辣椒酱加工 … 119
　　任务　博湖辣椒酱加工 … 120

项目十三　杏酱和杏干加工 … 124
　　任务一　杏酱加工 … 125
　　任务二　杏干加工 … 130

项目十四　饮料加工 … 133
　　任务一　梨汁饮料加工 … 140
　　任务二　果蔬汁饮料加工 … 156
　　任务三　蔬菜汁饮料加工 … 162
　　任务四　果粒果汁饮料加工 … 165

项目十五　番茄制品加工 … 170
　　任务一　番茄酱加工 … 173
　　任务二　整番茄罐头和番茄汁加工 … 189
　　任务三　番茄丁罐头加工 … 194
　　任务四　番茄粉加工 … 196
　　任务五　其他番茄制品加工 … 207

项目十六　梨酒和梨膏加工 … 211
　　任务一　梨酒加工 … 212
　　任务二　梨膏加工 … 216

参考文献 … 218

第一部分
果蔬贮藏设备管理

01 项目一
建设冷库认知

项目导学
- 按设计温度分类，冷库有低温库和高温库之分，在新疆地区有贮藏冻鱼、冻肉的低温库，但近几年建设最多的还是贮藏瓜果、蔬菜的高温库。本项目兼顾介绍各种冷库，重点介绍贮藏果蔬的高温库。

项目目标
- 知识学习目标：通过本项目的学习，了解冷库设计的基础知识，掌握冷库的分类和组成。
- 技能培养目标：掌握冷库设计的基本方法，能够自主确定冷库的长、宽、高等参数。
- 职业情感目标：激发学生对冷库的学习兴趣，培养科学的学习态度和求知精神。

任务一 认识冷库

任务目标

了解冷库的基础知识。

任务实施

一、了解冷库的分类与组成

1. 冷库的分类

冷库的分类方法很多，不同的分类方法可以从不同的角度反映出冷库的特性。目前，我国冷库的分类方法有如下几种：

（1）按建筑层数分类　冷库按建筑层数分单层冷库和多层冷库，多层冷库需考虑垂直运输问题。

（2）按建设规模分类　冷库的建设规模以冷藏间或冰库的公称容积表示，即用公称容积的大小表达冷库的建设规模。我国以前习惯用吨位来表示冷库规模，但该方法对冷库工程建设不能起到规范的作用，而且与国际上普遍使用的以容积大小表示冷库规模不一致，不便于在生产上继续使用。为了让学生了解我国现用各种冷库规模的表示方法，在此对商业冷库曾经使用过的按吨位分类的方法进行介绍，商业冷库的分类见表1-1，水产冷库的分类见表1-2。

表 1-1　商业冷库的分类

规模	冷库容量/t	规模	冷库容量/t
大型冷库	≥10000	中小型冷库	1000~5000
大中型冷库	5000~10000	小型冷库	<1000

表 1-2　水产冷库的分类

规模	冷库容量/t	规模	冷库容量/t
大型冷库	>3000	小型冷库	<1000
中型冷库	1000~3000		

（3）按设计温度分类　根据冷藏间设计温度高低分为高温库（冷却物冷藏间，设计温度在0℃以上）、低温库（冻结物冷藏间，实际温度在-15℃以下）、变温库，可反映本冷库工艺属于单级还是双级压缩，有时能反映贮藏食品的品种。

（4）按使用性质分类

1）生产性冷库。生产性冷库主要建在食品产地附近（鲜活货源的运输距离不大于100km），货源较集中的地区。加工冷冻鱼、虾、贝类的冷库，主要建在渔港、码头、海湾、湖泊等水运和陆运较方便的地域；加工肉类、禽蛋、水果、蔬菜的冷库，则要建在原料集散地。由于水产、禽蛋、果蔬等原料都有明显的季节性，冷库为了在原料旺季突击进货，就必须配置较大的加工特别是冷加工能力。加工后的食品一般仅做短期贮藏即分批外运，因此，贮藏能力较小。食品的流通具有零进整出的特点，且品种较单一。

2）分配性冷库。分配性冷库一般建在大中城市、人口密集的工矿区，主要接收经过冷加工的食品贮藏并进行市场供应。它的特点是多品种贮藏、冷藏能力大、冷加工能力小。其冷加工能力仅用于对运输过程中升温后的食品进行冷加工和对当地生产的少量食品进行冷加工。由于食品流通的特点是整进零出或整进整出，故要求冷库进出流畅，吞吐迅速。

3）零售、生活服务性冷库。零售、生活服务性冷库用于商业网点和本部门暂存食品，多建于副食店、菜场及部门食堂等处。它具有容量小、存期短、品种多、库温高、利用率低等特点。

4）中转性冷库。中转性冷库有两种，一种建在水陆交通枢纽，批量接收来自生产性冷库的食品，具有少量的再冻能力。食品经短期贮藏后，整批运往分配性冷库或外运出口。另一种建在渔业基地附近，能进行大批量的冷加工作业，并能在冷藏船、车的配合下，起中间转运的作用。食品的流通特点是整进整出。因此，为适应集中进出货的要求，中转性冷库的站台较大，装卸能力较强。

（5）按结构类别分类

1）土建冷库。土建冷库的建筑物主体一般为钢筋混凝土框架结构或混合结构。土建冷库的围护结构属重体性结构，热惰性较大，易稳定库温。

2）装配冷库。装配冷库为单层库，库体为钢框架轻质预制隔热板装配结构，其承重构件多由薄壁型钢材制作。除地面外所有构件按统一标准在专业工厂预制，在工地现场组装，所以施工速度快，建设周期短。

3）覆土冷库。覆土冷库的库体多为拱形结构，有单洞体或连续拱形式。一般为砖石砌体，并以一定厚度的黄土覆盖层作为隔热层。它具有因地制宜、就地取材、施工简单、造价较低、坚固耐用等优点，在西北地区得到较大发展。

4）山洞冷库。山洞冷库的洞体的岩层覆盖厚度一般不小于20m，连续使用时间越长，隔热效果越佳，热稳定性能越好。

（6）按贮藏的商品分类　冷库按贮藏的商品分为畜肉类冷库、蛋品冷库、水产冷库、果蔬冷库、冷饮品冷库、茶叶及花卉冷库等。

此外，冷库还可根据使用的制冷剂不同等进行分类。

2. 冷库的组成

冷库主要由库房、动力用房、生产工艺用房及行政福利用房等组成。

（1）库房　库房是冷库建筑群中的主要建筑体，它包括冷却间、冻结间、再冻间、冷藏间、冰库及直接为其服务的建筑（如制冰间、晾肉间、待冻间等）。

1）冷却间。冷却间为对产品进行冷却的房间，库温为 $-2\sim0℃$。水产品冷却间用于冻前暂存。肉类冷却间主要用于冻前预冷，使胴体在预冷过程中挥发异味、改善味道等；采用二次冻结工艺时将食品由初温降至4℃后再运入冻结间。水果、蔬菜、鲜蛋在进冷藏间前，可通过冷却间逐步降温；一次进货量较少时，也可不经冷却直接进入冷藏间。近些年，北方有些地区建起了一批快速冷却间，专门用于对运往南方的鲜果进行运前冷却，效果很好。

2）冻结间。冻结间是用于冻结产品的冷间，冻结过程在此进行。需长期贮藏的食品由常温或冷却状态迅速降至 $-18\sim-15℃$ 再运至冻结物冷藏间贮藏，库温为 $-23℃$ 或更低，冻结金枪鱼时可采用 $-60\sim-55℃$ 的所谓超低库温，室内采用排管或冷风机降温。

3）再冻间。再冻间是用于外部调入冻结品品温超过 $-8℃$ 时食品的再次冻结的场所。

设置情况与冻结间相同,仅负荷比前者小。再冻间是未建立冷链或冷链不完善条件下的产物,当冻品温度升到 –8℃时再冻结,显然无法保证食品原始质量。在完善的冷链中,再冻间很少采用。

4)冷却物冷藏间(高温冷藏间)。冷却物冷藏间是用于接收和贮藏已冷却至接近其所需贮藏温度的产品的冷间,常见库温为 –2~4℃,相对湿度为 80%~95%,主要贮藏水果、蔬菜、鲜蛋等鲜活产品。随着贮藏食品种类的不同,其温湿度条件也有变化,如香蕉的贮藏温度为 11~16℃。

5)冻结物冷藏间(低温冷藏间)。冻结物冷藏间是用于贮藏冻结品的冷间,库温为 –23~–15℃,相对湿度为 85%~95%,具体根据贮藏时间等确定。国外冻结物冷藏间的库温有的已降至 –30~–28℃,我国也有降低库温的趋势,据资料介绍,肉类贮藏温度为 –25~–18℃,水产品为 –30~–20℃,冰激凌制品为 –30~–23℃,金枪鱼的贮藏温度为 –60℃等。在大连、烟台等地,已建起了大容积的超低温冷库。

6)两用冷藏间。两用冷藏间为兼做冷却物冷藏间和冻结物冷藏间,机动性较强,可通过改变冷间内冷却面积和对压缩机进行能量调节来调节库温,以满足不同农产品贮藏的要求。对于土建冷库,库温的变化易使建筑物产生冻融循环。

7)冰库。冰库为用于贮藏冰的冷间,库温为 –60~–4℃,库温的波动以能防止库门处冰块的融化为限。冷却设备多用顶排管,也可采用冷风机。其位置应靠近制冰间、出冰站台处。多层冷库的制冰间在顶层时,冰库多设在其下层。冰库内墙体、柱子应设护壁,以减轻冰块的撞击。

8)制冰间。制冰间主要用于制造桶式冰块,用盐水做载冷剂。制冰间设有制冰池、融冰池、倒冰架、注水器、吊车等设备,其位置宜靠近辅助设备间。水产冷库因制冰量大,且需经过碎冰楼往船上加冰,所以制冰间常设在顶层。利用快速制冰设备制冰的,可不设制冰间。

9)晾肉间。晾肉间为猪肉一次冻结工艺而设,容量为 1.5~2 间冻结间的容量。与屠宰间相连,位于屠宰车间和冻结间联系方便的地方,围护结构一般不做隔热层,高温地区应注意有适当的通风或降温措施。

10)待冻间。待冻间用于整理后的水产品在冻结前暂存,并有一定的预冷功能。

11)穿堂(川堂)。这是专为冷加工间或冷藏间进出货物而设置的通道,起沟通各冷间及站台的作用,有常温穿堂或某一特定温度的穿堂。穿堂的平面布置和宽度由食品的流通量和运输工具决定。

12)站台。站台供进出库装卸之用,可分为铁路站台、公路站台或进货站台、出货站台等,常见的为罩棚式。现在逐渐发展的封闭式站台,不仅具有进出库装卸的功能,更主要的是还具有理货的功能、降低冷库与外界温度梯度的功能。

13)楼电梯间。楼电梯间设于多层冷库,用于库内货物的垂直运输。其大小、数量及位置视吞吐量及制冷工艺而定。

14）其他配套设施。如包装间、脱盘间、分发间等，视食品冷加工工艺、制冷工艺要求而定。

(2) 动力用房

1）制冷机房。制冷机房为用于安装制冷压缩机的房间，是冷库主要的动力车间。宜近主库布置，多为单独建造的单层建筑。为提高土地利用率，地价高昂的地方也可把制冷机房设在楼上。对于采用分散供冷方式的冷库，不设制冷机房。

2）辅助设备间。辅助设备间为安装制冷辅助设备的房间，应靠近制冷机房和主库布置，多位于主库和制冷机房间连接方便的地方。对于设备不多的冷库，可将制冷机房和辅助设备间合为一间布置。

3）变（配）电间。变（配）电间包括变压器间、高压配电间、低压配电间、自控柜间几部分。变（配）电间应尽量靠近负荷最大的制冷机房。变压器间也可单独建造，要求高度不小于 5m 且通风良好。变压器设在室外时，只设配电间即可。变（配）电间的具体布置视电气工艺要求而定。

4）锅炉房。锅炉房主要为加工工艺、浴室、烘房及其他生活设施提供热能，应布置在气量最多的设备附近，并位于夏季主导风向的下风侧。

(3) 生产工艺用房

1）屠宰车间。屠宰车间用于屠宰猪、牛、羊及禽类，配有各种专用设施。平面布置时应注意与主库的联系，大小视建库地区的货源情况而定。

2）理鱼间、整理间。理鱼间是水产品进行清洗、分类、分级、装盘、过磅等工序的场所，一般按 $10\sim15m^2/t$ 操作面积计算，处理虾、贝类时还应适当增大。水果、蔬菜、鲜蛋在冷加工前先要在整理间进行挑选、分级、整理、过磅，以保证产品的质量。理鱼间、整理间都要求有良好的通风、采光条件，地面要便于冲洗和排水，设备、用具符合食品卫生相关要求。

3）加工间。肉禽类有分割包装、腌腊、熟食、副产品加工、肠衣加工、制药等加工间；水产品有鱼片、鱼香肠、鱼粉车间等；蔬菜类有速冻制品以及其他如速冻饺子、烧卖等加工间。各种车间都应配有相应的加工机械与设备。

4）其他。如化验室、水泵房、水塔、冷却塔、仓库、污水处理场所等。

(4) 行政福利用房　行政福利房包括办公楼、医务室、职工宿舍、食堂、浴室、卫生间等。

(5) 其他设施　其他设施包括围墙、出入口、传达室、绿化设施和危险品仓库，其中危险品仓库指专门贮藏汽油、酒精、制冷剂等易燃易爆物品的库房，应单独布置并远离其他建筑 20m 以上。

二、了解冷库建筑结构的特点

冷库作为在低温条件下贮藏货物的建筑群，它采用人工制冷的方法，对易腐食品进行冷加工和冷藏，以最大限度保持食品原有质量，供调节淡旺季节、保障市场供应、执行出口任务和长期贮藏。

1. 冷库建筑的特点

冷库建筑不同于一般的工业与民用建筑，主要表现在不仅受生产工艺的制约，更重要的是受冷库内外温度差和水蒸气分压力差的制约，以及由此引发的温度应力、水蒸气渗透和热量传递的制约。它要为易腐食品在低温条件下贮藏实现"冷却—保鲜—冻结—冷藏"，即为保持食品的色泽、味道和营养价值提供必要条件——"冷"。按冷库使用性质的不同，库房温度一般相对稳定在 $-40\sim0$ ℃的某一温度，使建筑物内部经常处于低温条件下，而建筑物外部则随室外环境温度的变化经常处于周期性波动之中（有昼夜交替的周期性波动，也有季节交替的周期性波动），加之冷库生产作业需经常开门导致库内外的热湿交换等，要求冷库建筑必须采取相应的技术措施，以适应冷库的这些特点。这也是冷库建筑有别于普通建筑的地方。

（1）冷库既是仓库又是工厂　冷库是仓库，要有仓储的功能且载货量、吞吐量大，库温低。冷库又是工厂，必须满足各种食品冷加工生产工艺流程的合理要求，受生产工艺流程的制约，即与库内外运输条件、包装规格、托盘尺寸、货物堆装方式、设备布置等有关。

（2）隔热保温　冷库库房温度一般较库外环境温度低（北方高温库在冬季除外），而且受外界环境温度波动的影响，库内温度会产生波动。这时，需用防冷的方法来补充库房所需冷量，维持冷加工和贮藏所需的低温功能。为减少冷量的损耗、减少或阻止外界热量通过冷库围护结构进入库内，需在冷库建筑的围护结构上设置具有隔热性能的隔热层，且要有一定的厚度和连续性。隔热就是防止热量传递，防止外部热量传入内部。保温就是保持内部温度，防止热量散失到外部环境中。

（3）隔气防潮　在冷库围护结构设置隔热层可以减少热量的传递，但水蒸气的渗透和水分的直接浸入将导致隔热材料受潮，使材料的导热系数大大增加，隔热性能降低。为此，在冷库围护结构中应增设隔气层以减少水蒸气的渗透，增设防潮层以防止屋面水、地下水、地面水、使用水侵入隔热层。

（4）减少冷桥　冷桥是传递热量的"桥梁"。相邻库温不同的库房或库内与库外之间，由于建筑结构的联系构件或隔热层中断等都会形成冷桥。例如，在冷库围护结构的隔热层中有导热系数比隔热材料的导热系数大得多的构件（如梁、板、柱、管道、支架等）穿过或嵌入其中，以及管道穿墙处松散的隔热材料下沉脱空等，这些都是比较典型的冷桥。冷桥处容易出现结冰、霜、露现象，如果不及时处理，该现象逐渐加重，致使冷桥附近的隔热层和构件损坏。所以，冷桥是冷库土建工程破坏的主要原因之一。为防止热量传递影响库房温度和防止建筑结构的损坏，在设计、施工和使用时应注意尽量减少冷桥的形成，对出现冷桥的地方必须及时处理，这也是冷库与普通建筑不同的地方。

（5）门、窗、孔洞尽量少 为了减少库内外温度和湿度变化的影响，冷库库房一般不开窗，孔洞也应尽量少开，工艺、水、电等设备管道尽量集中使用孔洞。冷库库门是库房货物进出的必要通道，但也是库内外空气热湿交换量最显著的地方，热湿交换使冷库门的周围产生凝结水及冰霜，多次冻融交替作用，将使冷库门附近的建筑结构材料受到破坏。所以，在满足正常使用的情况下，冷库门的数量也应尽量少。GB 50072—2021《冷库设计标准》规定，建筑面积在1000m²以下的冷藏间可只设1个冷库门，1000m²以上的应至少设2个冷库门。同时，在冷库门的周围应采取措施，如加设空气幕、电热丝等。

（6）减少辐射热 为减少太阳辐射热对冷库保鲜效果的影响，冷库外表面的颜色多采用白色等浅颜色，表面光滑平整，尽量避免大面积西晒。屋顶可采取措施，如架设通风层来减少太阳辐射热直接通过屋面传入库内影响库温。据实测，南方某冷库采用油毡绿豆砂屋面，夏季高温季节的冷库表面温度高达70℃，加通风层后降至47℃左右。

（7）地坪防冻 冷库地坪虽然铺设了与库温相适应的隔热层，但它并不能完全隔绝热量的传递，只能降低其传递的速度。当冷库降温后，库温与地坪下土层之间产生较大的温差，土层中的热量就会缓慢地通过隔热层或冷桥传至库内，也可以说冷量由库内传至土层，使土层温度降低。低温库房的温度常年在0℃以下，若地坪下土层得不到热量的补充，将使0℃等温线（冰点等温线）逐渐移至土层中，使土层中的水分受冻结冰。由于温差的存在及冰晶的形成，土壤上、下层之间产生了水蒸气分压力差，使下层土壤中的水蒸气不断向上层移动，导致冰冻体逐渐扩大。随着时间的推移，0℃等温线不断向土层深入，土层中的冰冻体也不断加大，水分结冰产生的体积膨胀力最终将引起地坪冻臌或地基冻臌现象（图1-1），危及建筑安全。因此，低温冷库的地坪除了设置隔热层、隔气防潮层之外，还要采取地坪防冻措施，使地坪下的土层温度保持在0℃以上。冷库地坪冻臌现象还与土壤的结构有关，粗质土壤，包括砾石、粗沙等不致引起冻臌的危险，但细质土壤，如细沙、黏土、淤泥等容易引起冻臌现象。

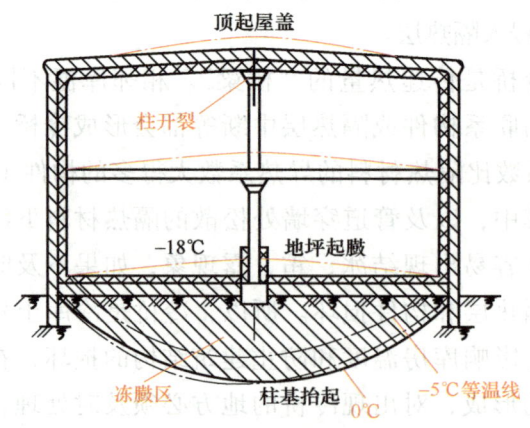

图1-1 地坪冻臌示意图

2. 冷库的结构

冷库的结构主要是指承担建筑物各部分质量和建筑物本身质量的主要构件，如屋架、梁、楼板、柱、基础等，这些构件构成了建筑的传力系统。

（1）冷库结构的类型　按承重部分组成的材料不同，一般可分为以下 4 种冷库结构类型：

1) 钢结构。主要承重结构构件（如梁、柱、桁架等）由各种类型的钢材组成，多用于大型装配式冷库。

2) 钢筋混凝土结构。主要承重构件由钢筋混凝土组成，如钢筋混凝土梁、板、柱、基础等组成的钢筋混凝土框架系统，多用于单层冷库，多层冷库多用钢筋混凝土无梁楼盖结构。

3) 砖混结构。主要承重部分由砖和钢筋混凝土梁、板组成，如砖墙、砖柱、钢筋混凝土梁、钢筋混凝土板等。较大型冷库一般不用这类结构，单层小型冷库采用砖混结构时，应采取措施防止因冻融循环而损坏结构。

4) 砖木结构。主要承重部分由砖木组成，如砖墙、砖柱、木楼板、木屋架等。这类结构在冷库中很少使用。

（2）冷库结构的特点　由于冷库库房具有低温的特殊性，因此冷库结构也有与一般建筑不同的特点。

1) 荷载。冷库库房主要用作存放食品，其荷载大，活荷载可达 $1\sim3t/m^2$。

2) 温度内力。冷库建筑结构在冷间降温后，由于建筑材料的热胀冷缩，产生垂直或水平方向的胀缩变形，在构件之间的相互约束作用下产生温度内力，如果冷库保温隔热设计不当，易产生裂缝。所以必须加倍注意，采取必要的措施减少温度变化作用对结构引起的破坏。

3) 建筑材料。冷库库房经常处于低温潮湿或冻融频繁的环境下，因此使用的材料应耐低温、耐湿、抗冻性能好。一般多采用钢筋混凝土结构。钢筋混凝土构件除应保证结构上的安全、耐久要求外，还要考虑受冻融、碳化、风化和化学侵蚀等影响，冷间内钢筋混凝土受力钢筋宜采用Ⅰ、Ⅱ级热轧钢筋；冷间钢结构构件应按 GB 50017—2017《钢结构设计标准》中的规定选用钢材。

4) 锚系梁的设置。库房外墙与库内承重结构之间每层均应设置锚系梁。锚系梁间距可为 6m。不宜设置在墙角处，墙角至第一个锚系梁的距离不宜小于 6m。墙角砖砌体应适当配筋。

5) 钢筋保护层厚度。冷间内钢筋混凝土构件的受力钢筋保护层厚度应符合 GB 50072—2021《冷库设计标准》的规定要求。

6) 伸缩缝的设置。库房现浇钢筋混凝土楼板温度伸缩缝间距不应大于 50mm，在有充分依据或可靠措施的情况下，伸缩缝间距可适当增加。

7) 降温要求。钢筋混凝土结构及砖混结构的库房，投产前必须逐步降温，每天降温不得超过3℃，当库房温度降到4℃时，应保温3~4d，然后再继续降温。

（3）冷库结构的形式　装配式冷库采用钢结构，这种冷库具有构件厂预制、成套生产、现场安装简便、工期短、投产迅速等特点。土建冷库库房常用梁板式结构和无梁楼盖结构两种。

1）梁板式结构。梁板式结构由梁、板、柱三种构件组成，楼面荷载有楼板传给主梁，再由主梁经柱传给基础，见图1-2。梁板式结构多用于小型单层冷库库房，具有技术简单、施工方便的特点。冷库要求整体性好，宜用现浇梁板结构。为方便制冷管道安装和便于库内气流组织，库房内的梁多做成上翻梁（又称反梁，是目前土建库常采用的一种梁柱建筑结构，目的是减少库内柱、梁，使库内房顶成一个平面）。

2）无梁楼盖结构。多层冷库不宜采用梁板式结构，因板底有主、次梁通过，不利于隔热层和隔气层的施工，也不利于制冷管道的安装和气流组织，更不能充分利用建筑空间。目前，多层冷库库房多采用无梁楼盖结构（图1-3）。无梁楼盖结构由楼板、柱帽、柱等组成。

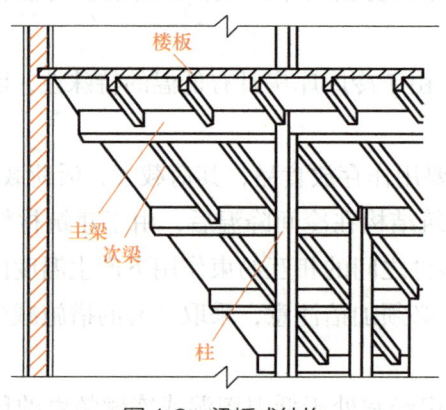

图1-2　梁板式结构

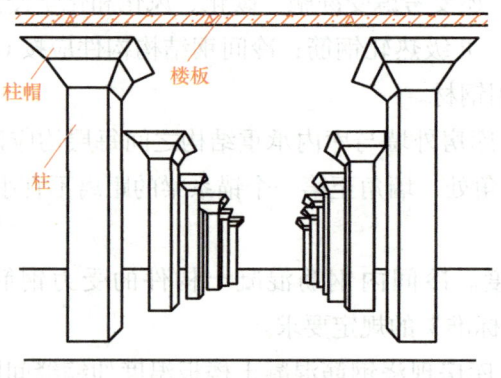

图1-3　无梁楼盖结构

为了整体性更好，多用现浇无梁楼盖。无梁楼盖结构的特点：

① 现浇板底光滑平整,有利于顶排管和风道的设置,同时也有利于库内气流组织。
② 因板底无梁,可充分利用库房内空间,节省土建投资。
③ 板底如需倒贴隔热层和隔气层,施工方便且节省材料。

任务评价

任务考核评价单

序号	评价内容及分值	评价标准	学生自评 10%	小组互评 10%	教师评价 60%	企业评价 20%
1	学习方法 10分	课前完成必备知识的自学;课中认真观察思考,并主动操作实践;课后归纳反思				
2	学习态度 20分	工作态度端正,具有吃苦耐劳、诚实守信、认真负责的品质,对知识和技能能够认真学习钻研				
3	沟通表达 10分	能够及时与同组成员及指导教师、技术人员沟通交流				
4	合作能力 10分	团队协作意识强				
5	创新实践 10分	能够结合生产实际改进管理措施,减少管理成本,提高管理效率				
6	职业能力 10分	掌握冷库的分类和结构组成				
7	学习成果 30分	了解冷库建筑结构特点				
		合计				

任务二 冷库规划与设计

任务目标

掌握冷库设计的方法。

任务实施

1. 冷库建筑的平面设计

冷库建筑平面设计的主要任务是根据设计任务书的要求、总图所限定的客观条件,确定建筑平面中各组成部分的范围及它们之间的相互关系。冷库建筑平面设计是整个冷库建筑设计中十分重要的部分,它对建筑方案的确定有着重要影响。平面设计与结构方案的选择、设备的布置有直接关系,又与整个建筑造型密切相关。可以说,一个好的建筑设计方案,首先要建筑平面设计合理;反之,如果建筑平面设计不合理,就必然不是好的冷库设计方案。所以,首先要做好建筑平面设计,综合考虑各方面的因素进行反复细致地推敲,才能为其他部分的设计提供一个良好的基础。

在进行冷库建筑平面设计时,要仔细分析所建冷库的功能,依据生产工艺流程,布置好生产工艺流程上各个环节的位置,处理好相互关系,在满足生产工艺流程要求的基础上,尽量减少交通辅助面积和结构占地面积,提高建筑平面利用系数,降低建筑造价,节约投资。

2. 冷库建筑的平面布置

冷库的功能是对需要贮藏的物品(主要指食品)进行一定的生产加工,然后在适宜的低温环境中贮藏。也可以说,冷库的功能就是在低温环境中贮藏物品。为了能够在低温环境中贮藏物品,必须在贮藏前进行冷却、冻结加工,还要在进库前进行检验、过磅,出库前过磅等一系列工序。因此,应根据冷藏农产品的货流路线,做出冷库的功能分析,进行平面布置,以表示各生产工序之间的相互关系、物品入口和出口的相互关系,为冷库建筑平面设计提供明确的功能要求。

(1) 高、低温区的组合 由于各个冷间的作用不同,库温要求也不一致,其组合大致可分为高于0℃的"高温"和低于0℃的"低温"两部分。其中有的冷间库温稳定,如冷藏间;有的冷间库温经常变化,如冻结间。所以,在建筑热工处理上,应根据不同情况分别处理。如果热工状况不同的冷间互相毗连,其交接部位的构造处理会很复杂,而且不易取得理想效果。另外,由于库内外热湿交换不同,库房易损坏的程度也会有所不同。如高温区只发生结露、凝水现象,一般不会出现冰霜;而低温区则可能产生凝水、结冰霜现象,甚至发生冻融循环。让易损坏与不易损坏的库房互相毗连,则本来不易损坏的部位也因被牵连而影响正常使用。因此,应根据各库房的温度要求及热湿交换情况进行组合布置。冷却间、冷却物冷藏间属高温区,冻结间、冻结物冷藏间属低温区。按温度分区,可采取以下几种组合方法:

1) 分开布置。将高温区与低温区分为两个独立的围护结构体,使用方便且在建筑热工处理上互不影响,有利于向库温单一化、专业化、自动化方向发展(图1-4)。

2) 分边布置。即垂直温度划区、结构分立。将高温区布置在一边,低温区在另一边,中间用一道隔热墙分隔开,楼板、地板也分隔开,高、低温区之间不应有连续梁。如果是多层库，则分界线应上下对直在同一轴线上，钢筋混凝土楼板也应彻底分开，如图1-5所示。

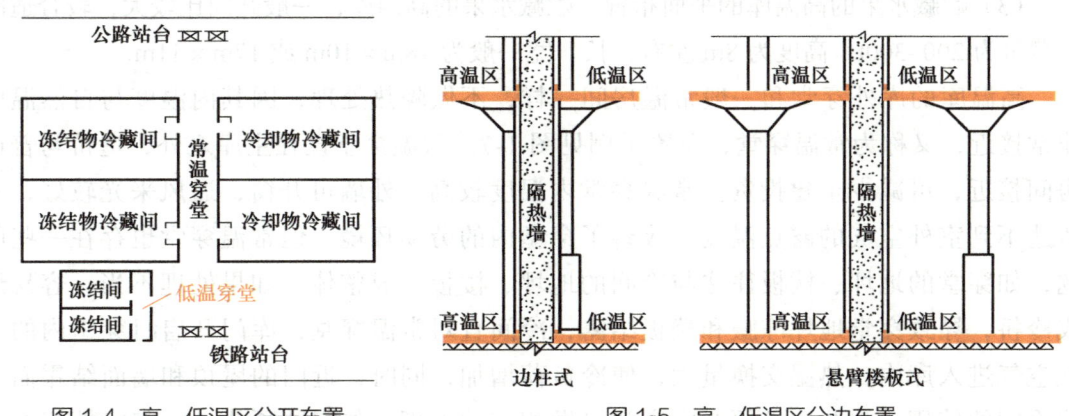

图1-4 高、低温区分开布置　　　　图1-5 高、低温区分边布置

3) 分层布置。对于多层冷库，可考虑将高、低温区分别布置在不同楼层的方法。

① 高温区在底层。将高温区设在底层（或下面几层），低温区设在其上（图1-6）。这种布置冷库地坪可不做防冻处理，适用于以贮藏高温食品为主的冷库。

② 高温区在顶层。将高温区设在顶层，其下为低温区，这样布置有利于减少冷库屋顶室外传入热量，但地坪防冻处理量大，适用于以贮藏低温食品为主的冷库。

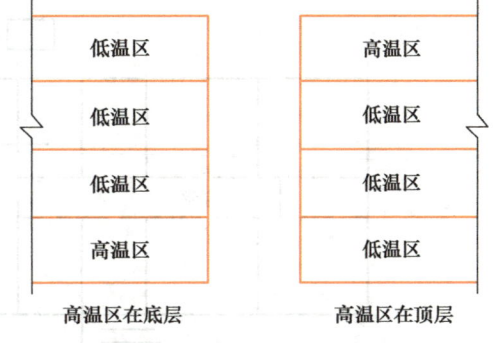

图1-6 高、低温区分层布置

以上分层布置方案，高、低温区之间的楼板都需做好隔热处理。同时，虽然以楼层将不同温度的冷间分开，但楼电梯间仍有机会将它们沟通，若处理不当，较强的热湿交换仍将会在其间进行。对于同温冷间或同温层之间的隔墙（楼板），一般不做隔热处理。但若考虑使用中会出现空库的问题，可适当增设隔热墙（楼板）。

(2) 穿堂与冷间的平面组合　穿堂与冷间的平面组合合理与否，直接关系到使用管理的方便程度、食品干耗率、劳动生产效率及生产管理费用等，甚至影响到冷库建筑的使用寿命。所以，应对其组合做合理布置。

穿堂与冷间有多种平面组合形式。按布置方式分，有库内穿堂、库外穿堂两种。库内穿堂又根据穿堂内的温度分低温穿堂和中温穿堂。低温穿堂（-10℃左右）内设有冷却设备并做隔热处理；中温穿堂（3℃左右）做隔热处理，可设或不设冷却设备。库内穿堂的优点是冷量损失小，缺点是穿堂占去了库内面积，其造价与冷藏间相差不多。另外，由于库内穿堂的温度一般低于室外空气的露点温度，在进出货物时冷藏门均打开，因冷热空气交混在穿堂内产生雾气和凝结水，穿堂内的温度比外界温度低，可以作为临时周转的库房使用。

（3）贮藏水果的高温库的平面布置　贮藏水果的高温库，一般开间比较大，较合适的贮藏量为 200~300t，高度为 8m 左右，长、宽一般为 18m×10m 或 17m×11m。

高温库的库外穿堂和一般常温房间一样，不做隔热处理，因其内温度与自然温度非常接近，又称为常温穿堂，布置示例见图 1-7。常温穿堂设在主库之外，造价与普通房间接近，可减少土建投资。常温穿堂内温度较高，外墙可开窗，通风采光较好，一般达不到室外空气的露点温度，改善了穿堂内的劳动环境。但常温穿堂也存在一些问题，如穿堂的地坪、楼板往往与冷间的地坪、楼板连成整体，如果处理不当，容易形成冷桥，导致穿堂地坪冻臌和楼板结露；冷间直对常温穿堂，库门开启时穿堂内的热湿空气进入库内，热湿交换量大，使冷负荷增加；同时，近门的屋顶和墙面结霜而影响冷间的使用。为此，必须对冷库门口做相应的处理，如安装隔热性、密封性好的冷藏门，门上设防冻的电热装置，在冷藏门上面装空气幕等，也可在库门口设门斗，以减少热湿交换量。

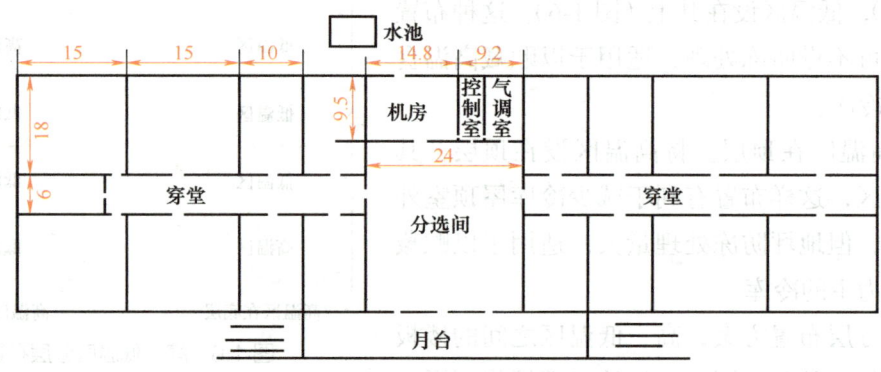

图 1-7　高温库平面布置图（单位：m）

（4）制冷机房、辅助设备间、变（配）电间与库房的平面组合　制冷机房是冷库的心脏，也是用电负荷最大的地方。因此，在设计冷库时，它既要靠近库房，又要靠近变（配）电间。辅助设备间与制冷机房联系密切，不宜远离；同样，辅助设备间也不应远离库房。基于上述考虑，我国平面组合的方案主要有图 1-8 所示的几种形式。其中图 1-8a 为 20 世纪 50~60 年代采用的冷库平面布置，该方案的缺点是通风、采光性能不好，有时还会因库房与机房沉降不一而导致事故发生。近些年设计的冷库中，制冷机房、辅助设备间、变（配）电间的位置，已不单纯考虑接近主库，还考虑了其通风、采光条件、朝向等，使夏季有穿堂风，冬季又有日照。因此，一般都设计成不与库房毗邻的单独建筑物，这样布置还避免了高低层建筑物沉降不一致的危害。另外，国外的一些发达国家，考虑到土地利用率问题，往往把集中供冷的机房放在封闭式站台上层或者紧靠冷库的一侧，改变了目前的平面布置原则。

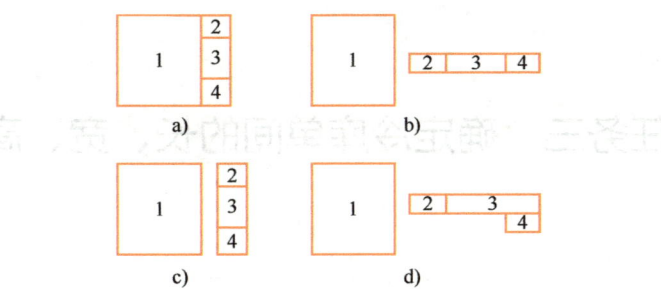

图 1-8 制冷机房、辅助设备间、变（配）电间与库房的平面组合
1—库房 2—辅助设备间 3—制冷机房 4—变（配）电间

任务评价

任务考核评价单

序号	评价内容及分值	评价标准	学生自评 10%	小组互评 10%	教师评价 60%	企业评价 20%
1	学习方法 10分	课前完成必备知识的自学；课中认真观察思考，并主动操作实践；课后归纳反思				
2	学习态度 20分	工作态度端正，具有吃苦耐劳、诚实守信、认真负责的品质，对知识和技能能够认真学习钻研				
3	沟通表达 10分	能够及时与同组成员及指导教师、技术人员沟通交流				
4	合作能力 10分	团队协作意识强				
5	创新实践 10分	能够结合生产实际改进管理措施，减少管理成本，提高管理效率				
6	职业能力 10分	能够准确绘出处一个园区冷库的平面规划图				
7	学习成果 30分	能规划出库房、动力用房及生产工艺用房的布局图				
		合计				

任务三 确定冷库单间的长、宽、高

任务目标

以贮藏香梨的冷库为例,掌握冷库单间库房长、宽、高等参数,为冷库设计运行打下基础。

任务实施

1. 库房高度的确定

(1) 用塑料周转筐存放香梨的库房高度的确定 每筐可装 18kg 香梨,筐的高度为 30cm,一般放 18 层,高度为 5.4m(18×0.3m)。用高度为 11cm 的三层托盘分层摆放,高度为 5.73m(5.4m+3×0.11m)。一般吊顶风机高度为 1.23m,吊顶时风机距屋顶 20cm。因此,用塑料周转筐存放香梨的库房高度一般为 7.16m(5.73m+1.23m+0.2m),库房地面比穿堂地面低约 5cm,这样,库房净空应大于 7.21m。

(2) 采用高位货架和移动式货架摆放,用纸箱存放香梨的库房高度的确定 采用高位货架时,一般用扁箱存放香梨。扁箱的长、宽、高分别为 44.5cm、28cm、22cm,每箱可装 8.7kg 香梨,加上纸箱的皮重 1.3kg,一件(箱)香梨正好 10kg。一般每层托盘摆放不宜超过 9 层。超过 9 层,因库房湿度大,最底层的箱子变形,不利于贮藏。用高位货架摆放成 9+8+9 层,用移动式货架摆放成 9+9+9 层,则库房的高度计算见图 1-9,一般按 8m 设计。将高位固定式货架和移动式货架结合在一起存放香梨,可省人工,且效率高,是目前比较理想的存货方式。

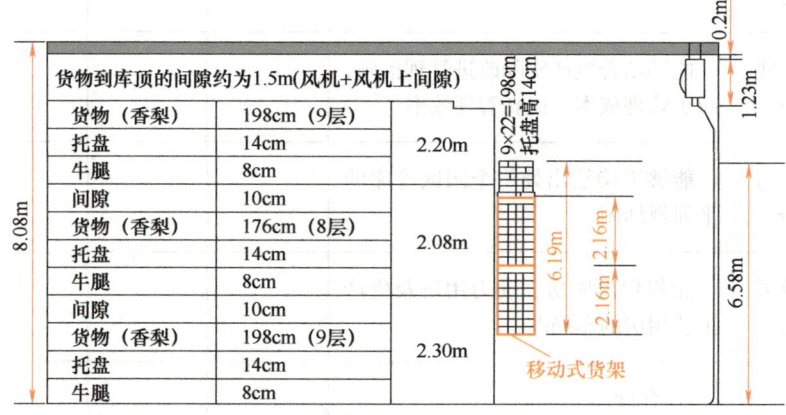

图 1-9 高位货架库房中香梨的摆放方式及高度

有时库房的门可以开在侧面，这样可以充分利用库内空间，用固定式货架和移动式货架摆放，既便于叉车出货又可以充分利用库内空间，还便于检查货物和保持库内的空气流通。库内货架的摆放方式可参考图1-10。

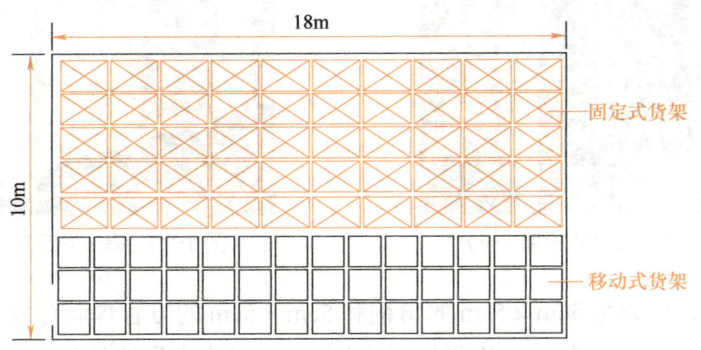

图1-10　单间库房库门在一侧时货架的摆放方式

用钢管焊接自制货架时，因自制货架的钢管一般长6m，可放三大层香梨则每大层高度在2m以内，托盘高14cm，货高1.76m（8×0.22m），间隙为10cm，可放24层（3×8），总货高5.9m（3×1.76m+3×0.14m+2×0.1m），加上风机高1.23m，合计7.13m，再加风机上20cm的间隙，则最小库高为7.33m。

采用移动式货架存放香梨时，一个移动式货架高2.16m，可垂直放3大层，每个移动式货架可放9层，最高一大层不用货架，而是用托盘直接存放香梨，可放10层，共计可放28层，高度为6.52m（2.16m+2.16m+2.2m），风机高1.23m，间隙为20cm，则库高为7.95m（约8m）。移动式货架的外观及尺寸见图1-11和图1-12。

图1-11　移动式货架

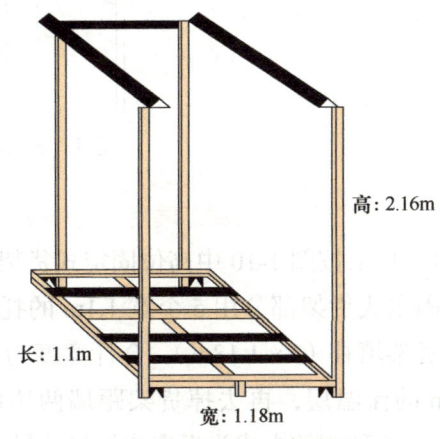

图1-12　冷库移动式货架的尺寸

实力雄厚的公司可以采用工厂化生产的现代化高位固定式货架（图1-13、图1-14）。优点是美观、清洁、强度高、耐腐蚀，但造价高。

图 1-13 高位固定式货架（一）

图 1-14 高位固定式货架（二）

为降低成本，可以用 5cm×5cm 的角钢和 5cm×5cm 的方管焊制存放香梨的高位货架，见图 1-15~图 1-17，这种自制高位货架是在图 1-11 移动式货架的基础上改进的，可以节约工厂化生产造成的高成本，存放香梨的效果很好。但在生产中一定要用标准钢材作为材料。否则，可能因为材料强度不够而发生变形或倒塌。

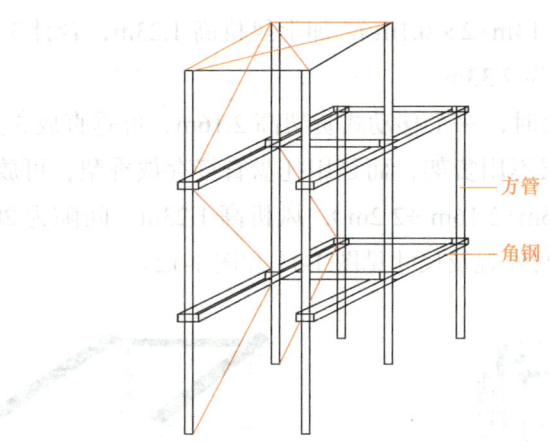
图 1-15 改进后的自制高位货架

2. 库房宽度和长度的确定

1）如果按图 1-10 中高位固定式货架和移动式货架共同摆放的方式确定库房宽度，若高位固定式货架部分用 5 个宽 1.1m 的托盘（5×1.1m），剩下的宽度用 3 个宽 1.18m 的移动式货架填补（3×1.18m），合计宽度为 9.04m。中对中 10m 宽的库房去掉 0.37m 的墙和 0.15m 的保温层，再去掉货架距墙两边的 0.2m，余 9.28m，货架占用 9.04m，还余间隙 0.24m。这种摆放方式为根据货架尺寸最大限度利用空间的理论摆放方式。

2）若单间库房高位货架的托盘如图 1-18 所示，用高位固定式货架和移动式货架共同摆放，高位固定式货架的长度是 17m，中对中 18m 长的库房去掉 0.37m 的墙和 0.15m 的保温，再去掉货架距两边墙 0.2m，余 17.28m，货架占用 17m，间隙为 0.28m，余下的间隙可安置下水管道。长 18m，按这种方式设计则浪费不多。

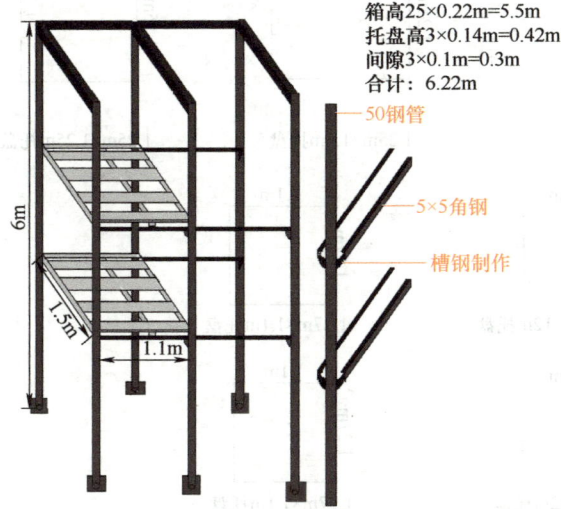

图 1-16　冷库自制高位货架图及尺寸

图 1-17　改进后自制高位货架实物图

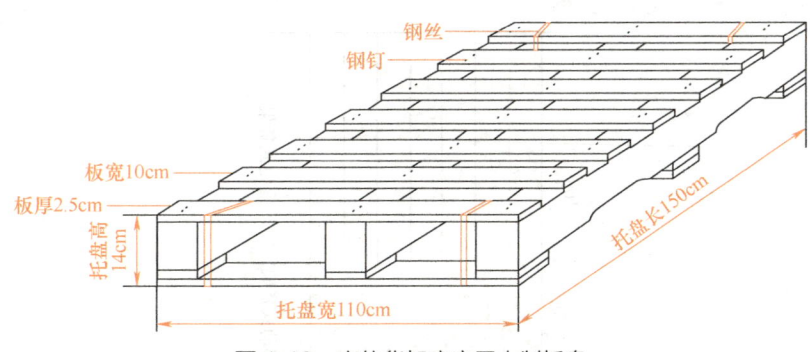

图 1-18　高位货架库房用木制托盘

库房的长度和宽度还应根据建设场地的地形来确定，可以考虑中对中 11m×16m、12m×18m 等方案。

知识拓展

1）纸箱或塑料周转筐在托盘上的摆放方式见图 1-19。目前有 6 类托盘共 10 种摆放方式，箱与箱之间的间隙各不相同。而箱与箱之间的间隙大一点的托盘存放的香梨更能保持绿色。

2）库门开在正中时库内固定式货架和移动式货架的摆放方式见图 1-20。一个长 16m、宽 11m 的冷库，从里到外可以摆放 9 排固定式货架、3 排移动式货架，从左到右可以摆 7 排固定式货架，8 排移动式货架。

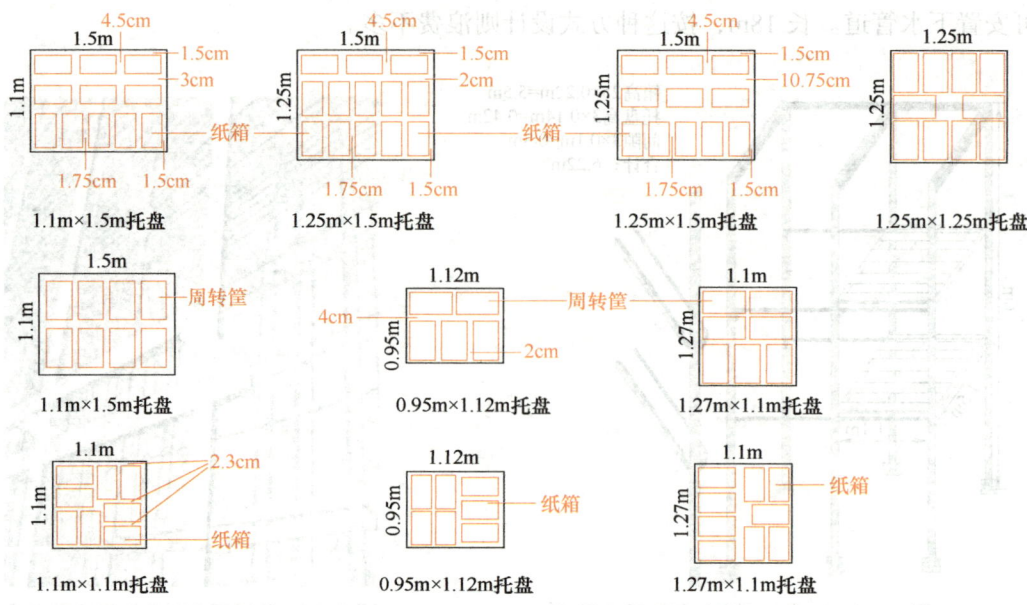

图 1-19 托盘上纸箱或塑料周转筐的摆放方式

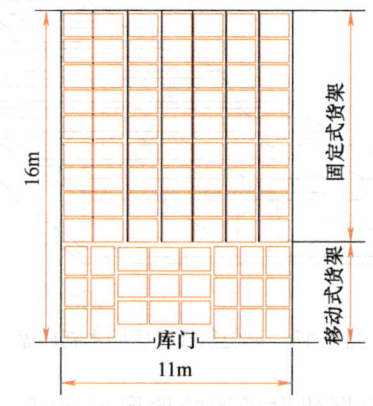

图 1-20 库门在正中时库内固定式、移动式货架的摆放方式

任务评价

任务考核评价单

序号	评价内容及分值	评价标准	学生自评 10%	小组互评 10%	教师评价 60%	企业评价 20%
1	学习方法 10 分	课前完成必备知识的自学；课中认真观察思考，并主动操作实践；课后归纳反思				

(续)

序号	评价内容及分值	评价标准	学生自评 10%	小组互评 10%	教师评价 60%	企业评价 20%
2	学习态度 20分	工作态度端正，具有吃苦耐劳、诚实守信、认真负责的品质，对知识和技能能够认真学习钻研				
3	沟通表达 10分	能够及时与同组成员及指导教师、技术人员沟通交流				
4	合作能力 10分	团队协作意识强				
5	创新实践 10分	能够结合生产实际改进管理措施，减少管理成本，提高管理效率				
6	职业能力 10分	能够准确确定货架的高度				
7	学习成果 30分	能规划出库房单间的长、宽、高				
		合计				

任务四　冷库库房建设

任务目标

了解机械冷库的结构，掌握冷库土建、保温建设技术，为冷库管理打下基础。

任务实施

机械冷库主要由支撑系统、保温系统和防潮系统三大部分构成。

1. 熟悉支撑系统的构造

支撑系统是冷库的骨架，由围护结构和承重结构两部分组成，是保温系统和防潮系统赖以敷设的主体。这一部分的施工形成了整个库体的外形，也决定了库容的大小。

冷库的大小应根据经常要贮藏产品的数量和产品在库内的堆码形式而定，设计时要先根据拟贮藏的产品堆放在库内所必需占据的体积，加上行间过道、产品与墙壁之间的空间、堆码与顶棚之间的空间以及包装容器之间的空隙等确定库房的内部空间，然后根据建筑投资和实际操作需要确定冷库的长度、宽度与高度。从建筑经验来看，通常采用的宽度、高度根据托盘、货架的尺寸确定为宜。设计时可依据实际条件和经济情况，选择恰当的设计尺寸。

冷库的围护结构是指冷藏库的墙体、屋顶建筑和地坪。冷库的围护墙体有砖砌墙体、预制钢筋混凝土墙体和现场浇筑钢筋混凝土墙体等形式。在分间冷藏库中还设有冷藏库内墙，内墙有隔热和不隔热两种形式。当相邻冷藏间的温差小于5℃时，一般用240mm或120mm厚的砖墙做不隔热内墙，两面用水泥砂浆抹面。隔热内墙的防潮、隔气层多在温度稍高的冷藏间一侧，也可以两侧都做。冷藏库屋顶建筑，除了避免日晒和防止风沙雨雾对库内的侵袭外，还起着隔热和稳定墙体的作用。冷库的地坪一般由钢筋混凝土承重结构层、隔热层、防潮层组成。承重结构主要是指冷藏库建筑的柱、梁、楼板等建筑构件。

2. 熟悉保温系统的构造

保温系统是在冷库四周墙壁、库顶和地面采取隔热处理，即设置隔热层以维持冷藏库内温度的恒定。隔热层的厚度、材料选择、施工技术等对冷藏库的性能有重要影响。

（1）隔热层的施工方法有三种形式

1）现场敷设隔热层（图1-21）。这是我国传统的隔热层做法。

2）采用预制隔热嵌板。预制隔热嵌板的两面是镀锌钢板或铝合金板，中间夹一层隔热材料，隔热材料大多采用硬质聚氨酯泡沫塑料。用于隔热层的隔热材料应具有如下特征和要求：导热系数小，不易吸水或不吸水，质量小，不易变形和下沉，不易燃烧、腐烂、虫蛀和被鼠咬，对入库产品安全且价廉易得。部分常用隔热材料的隔热性能见表1-3。隔热嵌板固定于承重结构上，嵌板接缝一般采用灌注发泡聚氨酯密封。此法施工简单、速度快，维修容易。

3）现场喷涂聚氨酯（图1-22）。使用移动式喷涂机，将异氰酸酯和聚醚两种材料同时喷涂于墙面，两者立即起化学反应而发泡，形成所需要厚度的隔热层。这种方法可形成一个整体而无接缝，施工速度快。

表1-3 部分常用隔热材料的隔热性能

材料	导热系数/[W/(m·K)]	热阻/(m²·K/W)	材料	导热系数/[W/(m·K)]	热阻/(m²·K/W)
静止空气	0.105	9.52	加气混凝土	0.335~0.502	2.99~1.99
聚氨酯泡沫塑料	0.084	11.90	泡沫混凝土	0.586~0.670	1.71~1.49
聚苯乙烯泡沫塑料	0.155	6.5	普通混凝土	5.233	0.19
聚氯乙烯泡沫塑料	0.155	6.45	普通砖	2.847	0.35
膨胀珍珠岩	0.126~0.167	7.94~5.99	干土	1.047	0.96
油毛毡、玻璃胶	0.210	4.76	干沙	3.140	0.32

（续）

材料	导热系数 / [W/(m·K)]	热阻 / (m²·K/W)	材料	导热系数 / [W/(m·K)]	热阻 / (m²·K/W)
纤维板	0.226	4.42	湿土	13.607	0.07
稻壳、锯屑	0.255	3.92	湿沙	31.401	0.03
刨花	0.339	2.92	雪	1.675	0.60
炉渣	0.754	1.33	冰	8.374	0.12

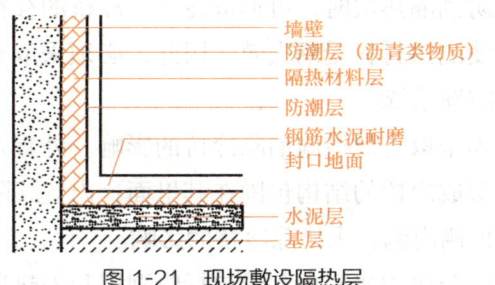

图 1-21　现场敷设隔热层　　　　　图 1-22　现场喷涂聚氨酯

（2）库顶隔热处理有两种形式

1）在冷库库顶直接敷设隔热层。隔热层做在库顶上面的称为外隔热，反贴在库顶内侧的称为内隔热。隔热材料一般用轻质的块状材料，如软木、聚氨酯喷涂等。

2）设阁楼层，即建设阁楼式冷库，将隔热材料敷设在阁楼层内。一般用膨胀珍珠岩或稻草等松散保温隔热材料（图 1-23）。香梨冷藏库一般维持温度在 0℃ 左右，而地温经常在 10~15℃ 之间。热量能够由地面不断地向库内渗透，因此，冷库地坪也必须敷设隔热层（图 1-24）。

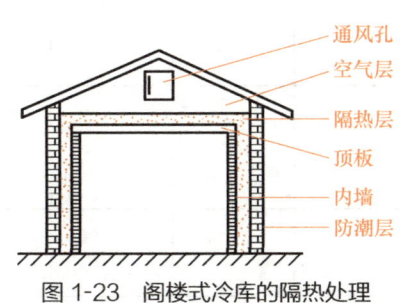
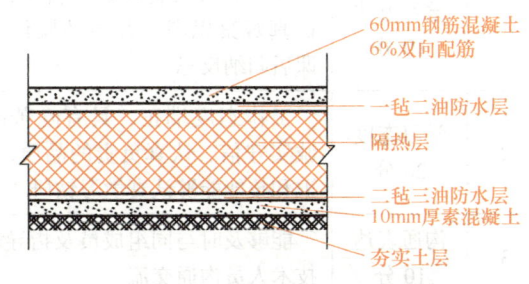

图 1-23　阁楼式冷库的隔热处理　　　　　图 1-24　冷库地坪的隔热处理

3. 掌握防潮系统的设置

防潮系统是阻止水气向保温系统渗透的屏障，是维持冷库良好的保温性能和延长冷库使用寿命的重要保证。

空气中的水蒸气分压随气温升高而增大，由于冷库内外温度不同，水蒸气不断由高温侧向低温侧渗透，通过围护结构进入隔热材料的空隙，当温度达到或低于露点温度时，水蒸气就在该处凝结或结冰，导致隔热材料受潮，导热系数增大，隔热性能降低，同时也使隔热材料受到侵蚀或发生腐朽。因此，防潮系统对冷藏库的隔热性能十分重要。

通常在隔热层的外侧或内外两侧敷设防潮层（水汽封锁层），形成一个闭合系统，以阻止水汽的渗入。常用的隔潮材料有塑料薄膜、金属箔片、沥青、油毡等。无论何种防潮材料，敷设时要使其完全封闭，不能留有任何细微的缝隙，尤其是在温度较高的一面。防潮层应敷设在隔热层温度经常较高的一面。当建筑结构中导热系数较大的构件（如柱、梁、管道等）穿过或嵌入冷藏库房围护结构的防潮隔热层时，可形成冷桥。冷桥的存在破坏了隔热层和防潮层的完整性和严密性，从而使隔热材料受潮失效。因此，必须采取有效措施消除冷桥的影响。一般可采用外置式隔热防潮系统。

如果只在隔热层的一面敷设防潮层，就必须采取有效措施消除冷桥的影响。外置式隔热防潮系统是在地板、内墙和顶棚外侧，把能形成冷桥的结构包围在其里面；内置式隔热防潮系统是将隔热防潮层设置在地板、内墙和顶棚内侧，来排除冷桥的影响。

现代冷库的结构正向组装式发展，其库体由金属构架和预制成包括防潮层和隔热层的彩镀夹心板拼装而成。施工方便、快速，但造价较高。

任务评价

任务考核评价单

序号	评价内容及分值	评价标准	学生自评 10%	小组互评 10%	教师评价 60%	企业评价 20%
1	学习方法 10分	课前完成必备知识的自学；课中认真观察思考，并主动操作实践；课后归纳反思				
2	学习态度 20分	工作态度端正，具有吃苦耐劳、诚实守信、认真负责的品质，对知识和技能能够认真学习钻研				
3	沟通表达 10分	能够及时与同组成员及指导教师、技术人员沟通交流				
4	合作能力 10分	团队协作意识强				
5	创新实践 10分	能够结合生产实际改进管理措施，减少管理成本，提高管理效率				

(续)

序号	评价内容及分值	评价标准	学生自评 10%	小组互评 10%	教师评价 60%	企业评价 20%
6	职业能力 10分	能够规划土建库,知道什么是冷桥				
7	学习成果 30分	知道机械冷库土建的特殊要求				
		合计				

项目小结

本项目通过在冷库现场对冷库土建的设计、规划和建设进行初步学习,为今后冷库操作和管理打下良好基础。

思考与练习

1. 商业冷库和水产冷库如何分类?
2. 如何防止冷库地面冻臌?
3. 土建冷库屋面一般为何用上翻梁?
4. 如何将大型车间和厂房改造为冷库?
5. 如何避免安装设备时发生冷桥?
6. 钢结构冷库在建造时应注意什么?

02 项目二
机械冷库的制冷设备及操作

项目导学 ● 本项目主要学习机械冷库大型制冷设备和小型制冷设备中关键设备——压缩机的结构、原理及使用设备时的操作、维修方法。为保质保量的贮藏果蔬服务。

项目目标
● 知识学习目标:了解压缩机的工作原理。
● 技能培养目标:掌握压缩机的维修及操作方法。
● 职业情感目标:激发学生对压缩机结构和工作原理的学习兴趣,培养科学的学习态度和求知精神。

任务一 认识压缩机

◆ 任务目标

了解压缩机的工作原理;掌握压缩机的维修方法。

◆ 任务实施

一、了解活塞压缩机的工作过程

压缩机的工作过程见图 2-1 和图 2-2。电机带动曲轴旋转,转动的曲轴通过连杆使活塞上下往复运动。

1. 膨胀与吸气

活塞向下运动时,气缸内的气体体积增大,压强减少,排气阀关闭,吸气阀打开,开始吸气。

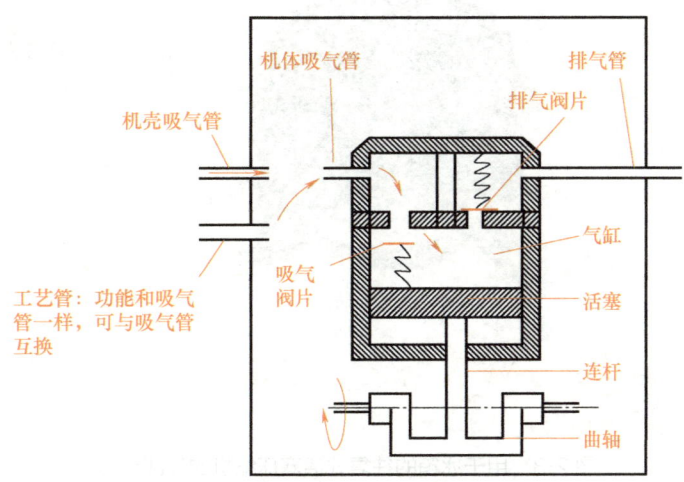

图 2-1 往复式活塞压缩机的膨胀与吸气

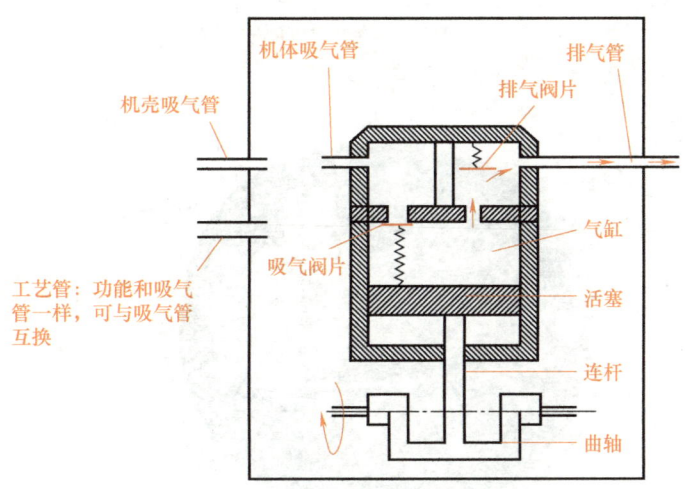

图 2-2 往复式活塞压缩机的压缩与排气

2. 压缩与排气

活塞向上运动时,气缸内的容积缩小,气体被压缩,压力与温度上升,使吸气阀关闭,活塞继续上升,缸内气压增大到一定程度时,排气阀被打开,进行排气,接着周期性地重复上述过程。

二、了解压缩机的结构

1. 小型活塞压缩机(冰箱压缩机)的结构

(1)冰箱压缩机的外部结构 用于冰箱的往复式活塞压缩机的外部结构,见图 2-3。

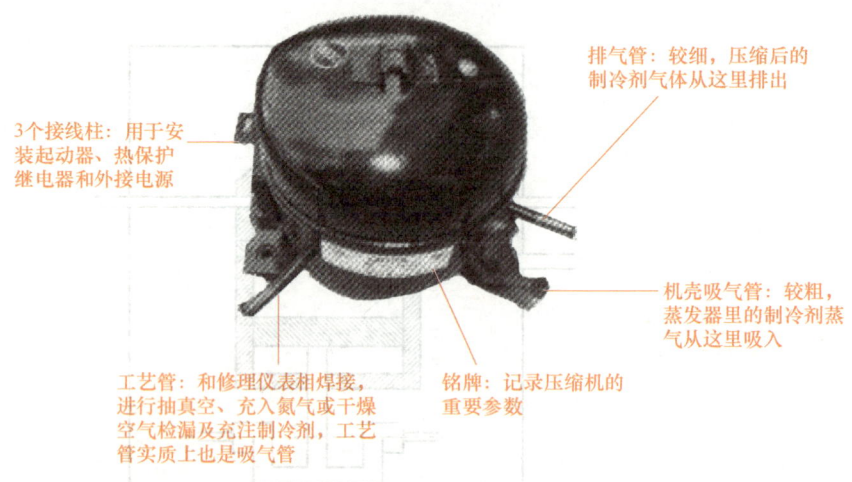

图2-3 用于冰箱的往复式活塞压缩机的外部结构

（2）冰箱压缩机的内部结构　冰箱压缩机的内部结构见图2-4和图2-5。

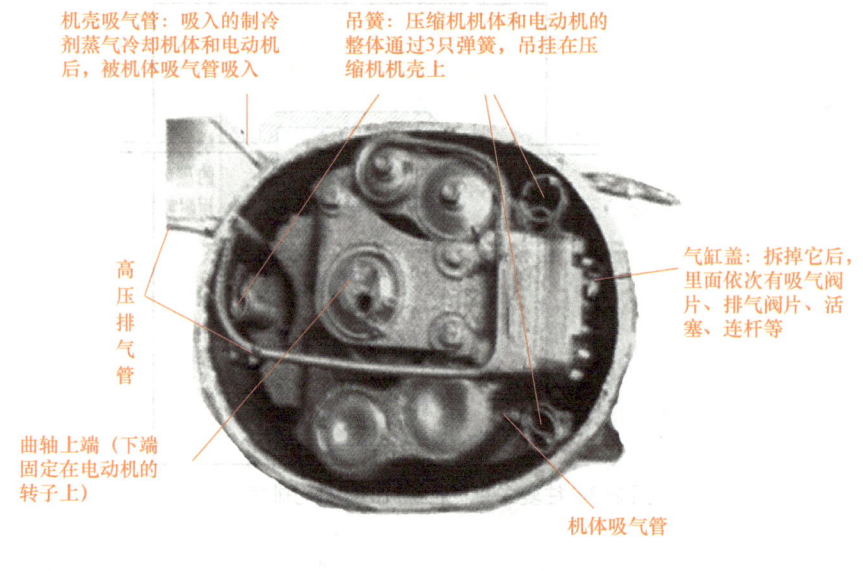

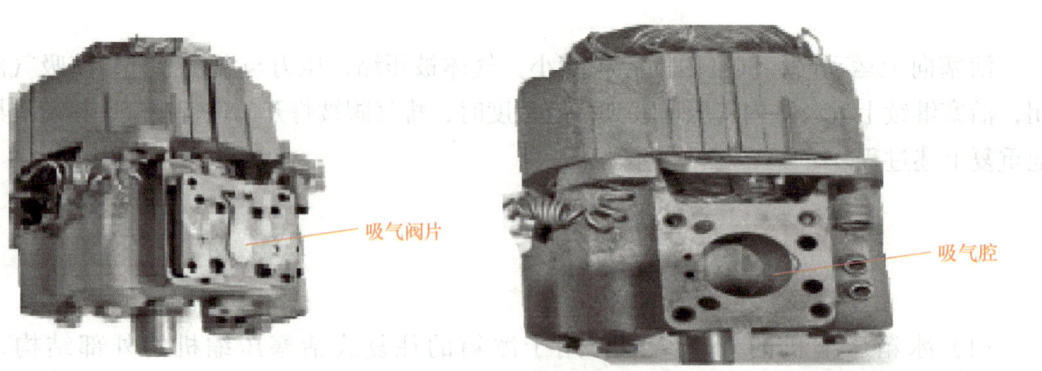

图2-4 冰箱压缩机的内部结构

项目二　机械冷库的制冷设备及操作

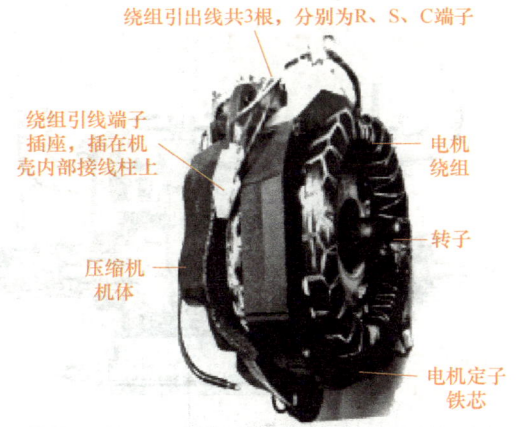

图 2-5　冰箱压缩机的电机

2. 大型活塞压缩机的结构

（1）大型活塞压缩机的活塞组件　大型活塞压缩机的活塞见图 2-6~图 2-8。

图 2-6　大型活塞压缩机的活塞　　　　图 2-7　大型活塞压缩机的内部结构

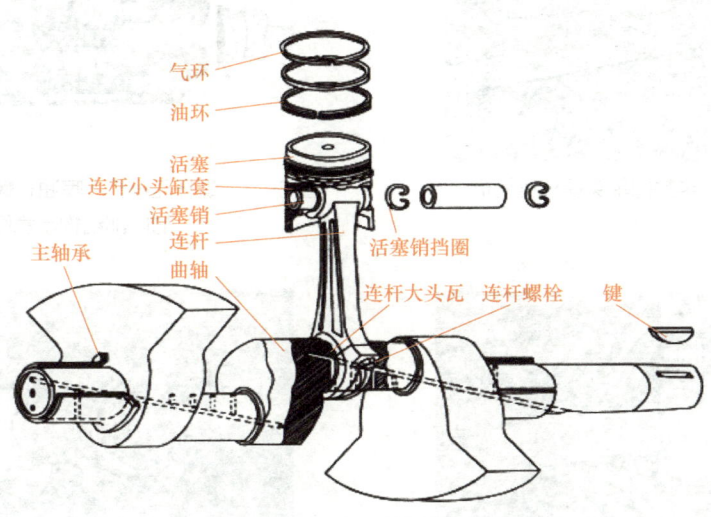

图 2-8　大型活塞压缩机的活塞组件

（2）大型活塞压缩机的内部剖面图　大型活塞压缩机的内部剖面图见图 2-9。

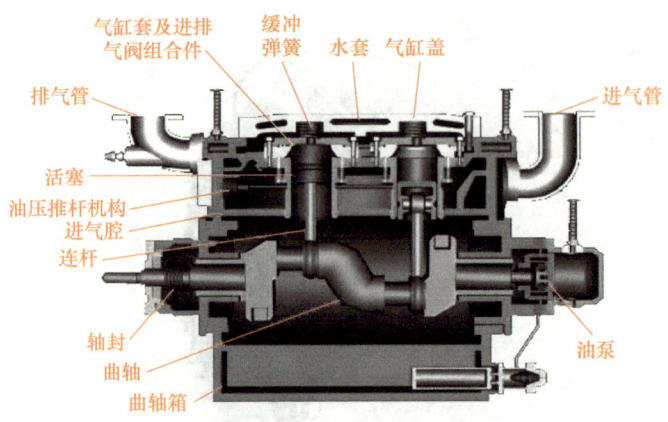

图 2-9　大型活塞压缩机（开启式活塞制冷压缩机）的内部剖面图

三、了解螺杆压缩机的结构

1. 单头螺杆压缩机外观

半封闭单头螺杆压缩机见图 2-10。

2. 螺杆压缩机的内部结构

螺杆压缩机的内部结构示意图见图 2-11，螺杆压缩机的阴阳转子见图 2-12，螺杆压缩机阴阳转子的齿合状态见图 2-13。

扫码看视频

图 2-10　半封闭单头螺杆压缩机

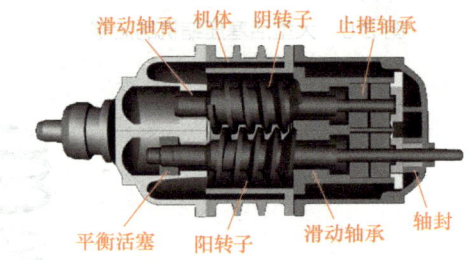

图 2-11　螺杆压缩机（喷油式螺杆制冷压缩机）的内部结构示意图

图 2-12　螺杆压缩机的阴阳转子

图 2-13　螺杆压缩机阴阳转子的齿合状态

四、了解转子式压缩机

1. 空调器用转子式压缩机的外形

空调器用转子式压缩机的外形见图2-14。

图2-14 空调器用转子式压缩机外形

2. 转子式压缩机的内部结构

转子式压缩机的内部结构见图2-15~图2-17。

图2-15 转子式压缩机内部结构图

图2-16 转子式压缩机的转子

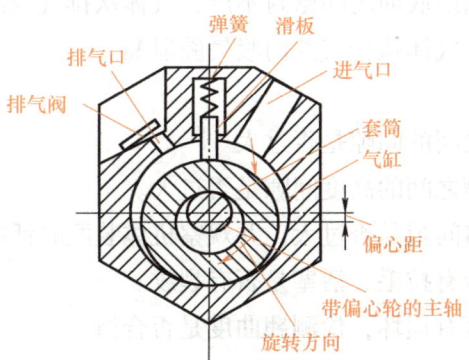

图2-17 转子式压缩机的内部结构示意图

五、了解半封闭螺杆压缩机的油路系统

半封闭螺杆压缩机的油路系统见图2-18。

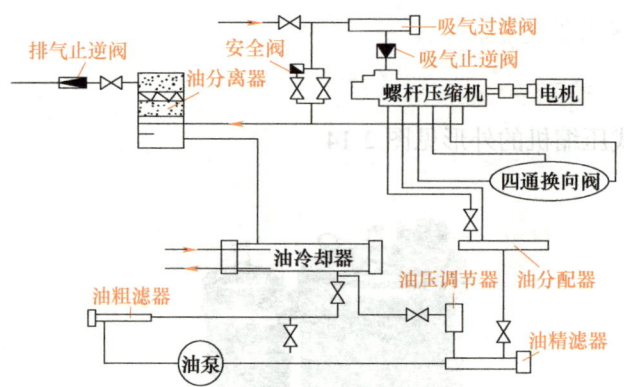

图 2-18 半封闭螺杆压缩机的油路系统

六、掌握压缩机常见故障及维修

1. 内部串气

内部串气是活塞制冷压缩机的常见故障，会造成压缩机的输气量减少，从而影响制冷系统的制冷效果；大量的高低压窜气还可能造成铝活塞表面熔化、打坏气缸套和排气阀等事故的发生。分析活塞制冷压缩机发生内部串气的原因，应从压缩机内部压力不同的腔室之间的联结部位入手。

（1）故障原因

1）活塞环与气缸壁或环与环槽之间密封不严，气体从气缸向曲轴箱泄漏。

2）吸气阀片关闭不严或滞后，气体从气缸向吸气腔泄漏。

3）排气阀片关闭不严或滞后，气体从排气腔向气缸泄漏。

4）气缸套与机体上隔板之间的石棉垫片密封不严，气体从排气腔向吸气腔泄漏。

5）气缸套顶面与气阀组底面之间密封不严，气体从排气腔向气缸泄漏。

6）安全阀关闭不严，气体从排气腔向吸气腔泄漏。

（2）检修方案

1）检测活塞与气缸之间的间隙是否过大。

2）检测活塞环与环槽之间的高度间隙是否过大。

3）检测活塞环的锁口间隙是否过大，并观察机体装配时活塞环的开口是否错开。

4）观察气缸内壁是否有拉毛、活塞是否有裂纹。

5）观察吸气阀片是否有损坏，检测翘曲度是否合格。

6）观察气缸盖顶部的吸气阀线是否有损伤。

7）观察吸气弹簧是否有损坏或安装不当的情况。

8）观察卸载小顶杆不工作时是否在吸气阀线以上，致使吸气阀片与阀线接触不严而引起泄漏。

9）观察机体的上隔板上是否有砂眼。

10）观察排气阀片是否有损坏，检测翘曲度是否合格。

11）观察内、外阀座上的排气阀线是否有损伤。

12）观察排气弹簧是否有损坏或安装不当的情况。

13）观察气阀组上的穿心螺母是否有松弛。

14）观察气缸套与机体上隔板之间的石棉垫片是否有损坏或过度的膨润现象。

15）检测气缸套顶面与气阀组底面之间的气密程度。

16）拆卸安全阀，检测安全阀的阀芯处是否有泄漏。

2. 耗油量过大

耗油量过大是活塞制冷压缩机润滑系统的常见故障之一。理论上，压缩机耗油量过大是因为除轴封处少量漏油外，有部分润滑油被排到压缩系统中去了。而向系统排油的方式有两个：一是通过活塞环的泵油作用；二是从吸气腔直接进入气缸，然后排到压缩系统中去。

（1）故障原因

1）活塞环的高度间隙和锁口间隙过大，活塞环泵油过多。

2）活塞环的锁口没有错开，气缸吸气时沿气缸壁和锁口间隙吸油。

3）活塞与气缸之间的间隙过大，活塞环泵油多。

4）连杆大头轴瓦间隙过大，向气缸面上甩油过多，使耗油量增加。

5）曲轴箱油面过高，曲轴的平衡块甩油，致使活塞环泵油多。

6）油压过高，耗油量增加。

7）油压调节阀回油孔的方向不对，使耗油量增加。

8）排气温度过高，油的蒸发量过大，使耗油量增加。

9）下隔板上的均压回油孔过大，造成部分润滑油从曲轴箱进入吸气腔而使耗油量增加。

（2）检修方案

1）检测活塞环与环槽之间的高度间隙是否过大。

2）检测活塞环的锁口间隙是否过大，并观察在机体装配时，活塞环的开口是否错开。

3）检测活塞与气缸之间的间隙是否过大。

4）检测连杆大头轴瓦与曲柄销之间的间隙是否过大。

5）观察曲轴箱中的油位是否过高或过低。

6）检查油压调节阀阀芯回油孔的位置是否正确。

7）观察运行压缩机的排气温度是否偏高。

8）观察下隔板上均压回油孔是否过大，必要时在此回油孔的位置加设金属丝网等挡油装置。

3. 直线余隙增大

活塞制冷压缩机工作一段时间后，直线余隙增大。余隙容积是活塞式压缩机的活塞运行到上止点时，活塞顶部与气缸盖之间保留的必要间隙空间，它是压缩机输气量的一个重要指标。为防止活塞顶部与阀板、阀片等零件撞击，并考虑热胀冷缩和装配允许误差等因素，活塞顶部与阀板之间必须留有一定的间隙，这个间隙的直线距离称为直线余隙，而余隙容积中气阀通道容积与第一道活塞环以上的环形容积是固定不变的，所以影响压缩机输气量的重要指标就是直线余隙。

（1）故障原因

1）连杆大头轴瓦的磨损致使活塞的上止点下移。

2）连杆小头衬套的磨损致使活塞的上止点下移。

3）活塞销的堵塞致使活塞的上止点下移。

4）气缸套与机体上隔板之间的石棉垫片增厚致使气阀组上移。

（2）检修方案

1）检测连杆大头轴瓦的磨损程度。

2）检测连杆小头衬套的磨损程度。

3）检测活塞销的磨损程度。

4）观察石棉垫片的膨润现象，将石棉垫片削薄或更换新石棉垫片。

4. 能量调节装置故障

螺杆制冷压缩机的能量调节装置不动作或动作不灵。能量调节装置故障是压缩机的常见故障，调节装置动作不灵会造成压缩机的制冷量与系统的热负荷不匹配，从而影响库房或空调器房间的温度。

（1）故障原因

1）电磁阀或四通换向阀不通，致使能量调节控制回路故障。

2）油管路或接头处堵塞。

3）油活塞与油缸之间间隙过大。

4）滑阀或油活塞卡住。

5）能量调节指示器故障。

6）压缩机的油压过低。

（2）检修方案

1）对电磁阀或四通换向阀进行检查、修理或更换。

2）对油管路和接头进行检修、清洗。

3）检测油活塞与油缸之间的间隙。

4）拆卸检修滑阀和油活塞，观察其是否卡住。

5）检测能量调节指示器的指针是否松动。

6）检测油压调节阀的预定值是否偏低。

5. 机体温度过高

螺杆制冷压缩机的机体温度过高。压缩机的机体温度偏高，会使零件内积聚的热量增多，如不能及时发现并排除，将会造成压缩机的热变形或部分零件的熔化，从而引发事故。

（1）故障原因

1）吸气温度偏高导致整个机体内部温度升高。

2）部件磨损造成摩擦部位发热。

3）压力比过大导致压缩机排气终止温度升高。

4）油冷却器能力不足，造成油温偏高。

5）喷油量不足造成机体温度升高。

6）由于含有杂质等原因造成压缩机烧伤。

（2）检修方案

1）适当调大系统的截流阀，增加制冷剂的流量，从而降低压缩机吸气温度。

2）观察是否有严重的部件磨损。

3）降低压缩机的排气压力。

4）增加油冷却器中的冷却水量（或液氨量），从而降低油温。

5）加大压缩机的喷油量。

6）检查压缩机内杂质是否过多，并对过滤器进行清洗。

任务评价

任务考核评价单

序号	评价内容及分值	评价标准	学生自评 10%	小组互评 10%	教师评价 60%	企业评价 20%
1	学习方法 10分	课前完成必备知识的自学；课中认真观察思考，并主动操作实践；课后归纳反思				
2	学习态度 20分	工作态度端正，具有吃苦耐劳、诚实守信、认真负责的品质，对知识和技能能够认真学习钻研				
3	沟通表达 10分	能够及时与同组成员及指导教师、技术人员沟通交流				
4	合作能力 10分	团队协作意识强				
5	创新实践 10分	能够结合生产实际改进管理措施，减少管理成本，提高管理效率				

(续)

序号	评价内容及分值	评价标准	学生自评 10%	小组互评 10%	教师评价 60%	企业评价 20%
6	职业能力 10分	了解压缩机的工作原理				
7	学习成果 30分	能够处理压缩机的常见故障				
		合计				

任务二　活塞压缩机的操作

🏷 任务目标

掌握活塞压缩机的操作方法。

✅ 任务实施

扫码看视频

开机时注意：先起动电源，向压缩机电控柜供电，然后起动冷却水系统，最后单击压缩机起动按钮，起动压缩机。操作关键点如下：

1）转动油精滤器手柄数圈，防止油路堵塞。
2）转动联轴器 2~3 圈，转动时联轴器应比较灵活，不应过紧。
3）将能量调节手柄拨至最小档位。
4）接通电源起动压缩机，同时全开压缩机的排气阀。
5）电机全速运转后，应调整油压。使油压比吸气压力高 0.15~0.3MPa。若起动后无油压则应立即停机检修。
6）缓慢打开压缩机的吸气阀。当压缩机运转正常后，应逐渐开大吸气阀，直到完全打开，打开吸气阀时，若听到液击声则要迅速关闭或关小吸气阀门。待液击声消失后再缓慢打开。
7）将能量调节阀逐级调到所需位置。能量调节应根据负荷需要逐级调节，一般应隔 2~3min 拨一档，并注意每拨一档时油压有无变化。如果容量调大后听到液击声应立即调小容量，隔 5~10min 才能再增加容量。
8）起动后要观察压缩机的排气压力与工作电流。排气压力不得高于 1.6MPa。工作电流应符合额定值，当电流读数剧烈上升应立即停机检查，排除故障后再重新起动。

9）根据高压贮液器的液面及压缩机的负荷情况，打开调节站上的阀门，同时打开膨胀阀向氨液分离器或低压贮液桶供液。当低压循环桶的液面高于50%时，应先打开氨泵再打开压缩机。

任务评价

任务考核评价单

序号	评价内容及分值	评价标准	学生自评 10%	小组互评 10%	教师评价 60%	企业评价 20%
1	学习方法 10分	课前完成必备知识的自学；课中认真观察思考，并主动操作实践；课后归纳反思				
2	学习态度 20分	工作态度端正，具有吃苦耐劳、诚实守信、认真负责的品质，对知识和技能能够认真学习钻研				
3	沟通表达 10分	能够及时与同组成员及指导教师、技术人员沟通交流				
4	合作能力 10分	团队协作意识强				
5	创新实践 10分	能够结合生产实际改进管理措施，减少管理成本，提高管理效率				
6	职业能力 10分	掌握活塞压缩机的排气压力				
7	学习成果 30分	能区分各类压缩机的结构和原理				
		合计				

任务三　螺杆压缩机的操作

任务目标

掌握螺杆压缩机的操作方法。

✅ 任务实施

选择开关为手动开机；打开压缩机排气截止阀；将压缩机卸载至"0"位，即10%负荷位置；起动冷却水泵及载冷剂水泵，向冷凝器、油冷却器及蒸发器供水；起动油泵；油泵起动30min后，油压与排气压力差达到0.4~0.6MPa，按压缩机起动按钮，压缩机起动，同时旁通电磁阀A自动打开，电机正常运转后旁通电磁阀A自动关闭。观察吸气压力表，逐步开启吸气截止阀并手动增载，注意吸气压力不要过低。压缩机正常运转后，调整油压调节阀，使油压差为0.15~0.3MPa。检查设备各部位的压力、温度尤其是运动部件的温度是否正常。如遇不正常的情况，应停机检查。初次运转时间不宜过长，30min左右可以停机。停机顺序为卸载、停主机、关吸气截止阀、停油泵、停水泵，完成第一次开机过程。按主机停止按钮时，旁通电磁阀B自动打开，停机后旁通电磁阀B自动关闭。

✅ 任务评价

任务考核评价单

序号	评价内容及分值	评价标准	学生自评 10%	小组互评 10%	教师评价 60%	企业评价 20%
1	学习方法 10分	课前完成必备知识的自学；课中认真观察思考，并主动操作实践；课后归纳反思				
2	学习态度 20分	工作态度端正，具有吃苦耐劳、诚实守信、认真负责的品质，对知识和技能能够认真学习钻研				
3	沟通表达 10分	能够及时与同组成员及指导教师、技术人员沟通交流				
4	合作能力 10分	团队协作意识强				
5	创新实践 10分	能够结合生产实际改进管理措施，减少管理成本，提高管理效率				
6	职业能力 10分	掌握螺杆压缩机的起动步骤				
7	学习成果 30分	掌握螺杆压缩机的操作				
		合计				

项目小结

本项目通过对制冷压缩机的学习，学生应对制冷原理、活塞压缩机和螺杆压缩机的操作有了深入的认识，并掌握相关操作技能。这些都是实现优质果蔬贮藏所必须具备的基本能力。

思考与练习

一、理论测试
1. 活塞压缩机操作中应注意什么？
2. 螺杆压缩机操作中应注意什么？

二、技能测试
1. 分组对活塞压缩机进行拆卸并测量气环与油环间隙。
2. 分组对螺杆压缩机进行拆卸并观察转子磨损情况。

03 项目三
果蔬排管冷库制作

项目导学 > ● 本项目通过对排管冷库制作、节流膨胀阀调试、系统制冷剂充注的学习，为保障制冷系统的正常运行打下良好的基础。掌握设计建设排管冷库的基本技能。

项目目标 > ● 知识学习目标：了解钢排管和铝排管冷库的管理方法，氟利昂冷库的温度控制方法。
● 技能培养目标：掌握钢排管的制作技术，铝排管的安装技术，节流膨胀阀的调试方法。
● 职业情感目标：激发学生对制作排管冷库的学习兴趣，培养科学的学习态度和求知精神。

任务一　认识排管冷库

● 任务目标

了解排管冷库和冷库控制的基础知识。

● 任务实施

一、了解排管冷库基础知识

现代食品冷藏中，排管冷库被广泛运用于肉类的长久贮藏，肉类经过 –33~–23℃低温速冻后，放入排管冷库 –20~–18℃（即低温库）长久贮藏，因其干耗少，库内温度波动小，在食品行业广泛应用。排管冷库在香梨贮藏上的运用只有几年时间，但其优势非常明显。

1. 排管冷库与普通保鲜冷库投资成本比较

排管冷库冲霜靠热氨融化，排管底部安装接水瓦，将水导入冷库地面，普通保鲜冷库则需安装冲霜供水及冲霜回水系统，将水排出冷库。保鲜冷库和排管冷库冲霜供水及冲霜回水系统投资成本基本相同。

2. 排管冷库与气调保鲜库投资成本比较

气调保鲜冷库除具备普通保鲜库的设备以外，还需投资气密层、气调设备。投资成本是排管冷库的两倍。

3. 排管冷库与其他类型冷库运行费用比较

（1）排管冷库与普通保鲜库比较　一个贮藏1800t香梨的保鲜库，分成10个库存放，每个库宽10m、长18m、净高6.7m，配备2台吊顶蒸发器、4台风机，每台风机功率为0.8kW，开机24h的用电量为768kW·h（10×4×0.8kW×24h），每kW·h电按0.535元计算，则每天的电费为410.88元。排管冷库和普通保鲜库的压缩机配置相同，差别只在保鲜库有风机运行，排管冷库没有风机运行，没有风机运行的排管冷库，自然没有风机运行费，按半年只满负荷运行3个月计算约为3.7万元（3×30d×410.88元），整个贮藏期一个1800t的排管冷库比普通保鲜库节省近3.7万元电费。

（2）排管冷库与气调保鲜库比较　气调库除具备普通保鲜库的设备运行外，还有气调设备的运行，按3个月中每天运行20h，每千瓦·时电0.535元计算，需增加2.3万元，整个贮藏期气调保鲜库比排管库多耗费约6万元（3.7万元+2.3万元）电费。

4. 排管冷库与其他类型冷库贮藏效果比较

（1）排管冷库与普通保鲜库比较

1）排管冷库内没有风机，所以没有高速气流往复循环，在排管上形成的霜层在除霜融化时会形成水滴，直接由接水瓦分流入冷库，库内湿度得以保持，因此香梨失水较少。而保鲜库因风机吹出的高速气流易使靠上层香梨失水皱皮。另外，在除去风机上形成的霜层时，霜需通过下水道排出冷库，降低了冷库内湿度，对贮藏不利。

2）排管冷库靠排管里的液氨蒸发、吸收库内热量达到降低库内温度的目的，冷热交换靠冷气向下运行和热气向上运行，形成冷热循环，交换香梨自身的热量，其交换的速度比风机的强制制冷缓慢得多，因此降温时库内温度变化不剧烈，对香梨长久保持绿色极为有利。

3）排管冷库的接水瓦内容易形成冰块，融化时吸收热量，降低库内温度，具有间接制冷的作用，节约了电费开支。

（2）排管冷库与气调保鲜库比较　同期入库、出库的香梨贮藏效果没有多大差别。

二、了解氟利昂冷库的自动控制

很多小型冷库在进行多元化经营时，控制温度的对象不仅仅是一种水果，还有可能包括其他需要降温的蔬菜、乳制品、肉制品、饮料、海鲜等。因为对贮藏温度的要求不同，往往需要制冷工人对整个制冷系统有全面的掌握，才能达到好的经济效益。

图 3-1 是一个小型冷库氟利昂自动控制系统示意图。它有两台压缩机，正常情况下一台工作，一台备用（图中只画出一台压缩机，另一台省略）。该冷库共分 5 个库，库温分别是：水果库（4±1）℃，乳品库（2±1）℃，饮料库（9±1）℃，肉库（-10±1）℃，鱼库（-10±1）℃。整个制冷系统的调节包括温度调节、压力调节、安全保护 3 个方面。

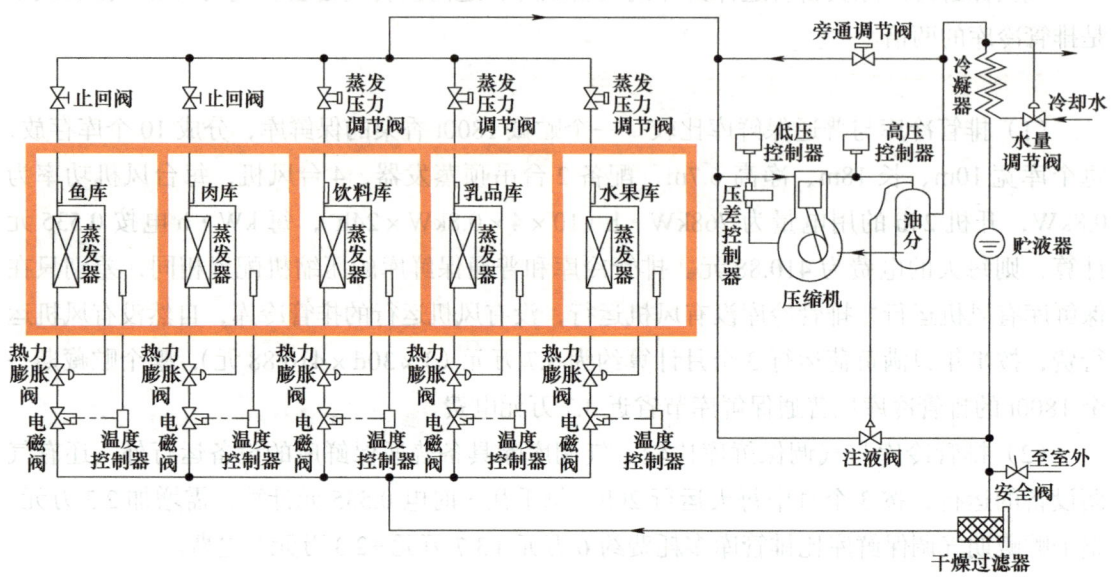

图 3-1　有多种控温要求的氟利昂自动控制系统示意图

对有多种控温要求冷库的自动控制调节方法如下：

1. 温度调节

用热力膨胀阀、温度控制器、电磁阀及低压控制器 4 个调节元件控制各库的温度。随着制冷装置的运行，各库温度都逐渐下降，当某库的温度达到规定值时，则温度控制器就切断该路电磁阀。当 5 个冷库都达到各自的规定温度时，5 个电磁阀都被切断，全部停止向蒸发器供液。此时，由于压缩机仍在运转，因此低压压力下降，当其到达低压断开值时，则低压控制器断开，压缩机停机。若某一冷库温度回升，超过规定温度值，则运行过程与上面相反，压缩机马上开始运转。所以通过控制以上 4 个调节元件，可把各冷库的温度控制在所需的范围内。

2. 压力调节

用蒸发压力调节阀、旁通调节阀、水量调节阀和低压控制器控制各种压力。在高温库蒸发器出口安装蒸发压力调节阀，保证了 5 个冷库在各自所需的蒸发压力下运行。当 5 个冷库内只剩下一个冷库未达到规定温度值，而吸气压力降低到某一给定值时，旁通调节阀自动打开，让一部分高压冷剂蒸气直接进入吸气管，使吸气压力保持在给定值以上，避免了压缩机出现不该有的起停频繁现象。在冷却水进水管道上安装水量调节阀，把冷凝压力控制在所需的范围内。低压控制器控制吸气压力，当 5 个冷库都达到规定温度后，一旦吸气压力降至低压给定值时，低压控制器的触点马上断开，切断压缩机电机电源，使压缩机立即停机。

3. 安全保护

用高压控制器、安全阀、压差控制器、注液阀、止回阀实现多方面的安全保护。高压控制器控制排气压力，当压力超过高压给定值时，高压控制器断开，压缩机保护性停机，同时高压报警。在高压控制器失灵或压缩机不运转的情况下，若失火或其他原因引起冷凝器压力剧增而超过允许值时，安全阀自动跳开，将系统中的高压制冷剂急速排至室外，防止爆炸事故发生。

用压差控制器来保护油压，当油压小于油压给定值时，压差控制器断开，同时可使压缩机停机。在吸气管和高压液管之间装注液阀，当排气温度超过允许值时，注液阀打开，一部分液体冷剂经注液阀流入吸气管，使吸气温度降低，从而达到降低排气温度的目的。在低温库中安装止回阀，防止高温冷剂蒸气倒流冷凝在低温蒸发器内，避免起动时产生液击。

任务评价

任务考核评价单

序号	评价内容及分值	评价标准	学生自评 10%	小组互评 10%	教师评价 60%	企业评价 20%
1	学习方法 10 分	课前完成必备知识的自学；课中认真观察思考，并主动操作实践；课后归纳反思				
2	学习态度 20 分	工作态度端正，具有吃苦耐劳、诚实守信、认真负责的品质，对知识和技能能够认真学习钻研				
3	沟通表达 10 分	能够及时与同组成员及指导教师、技术人员沟通交流				
4	合作能力 10 分	团队协作意识强				
5	创新实践 10 分	能够结合生产实际改进管理措施，减少管理成本，提高管理效率				
6	职业能力 10 分	了解排管冷库的优点				
7	学习成果 30 分	掌握氟利昂冷库的温度控制方法				
	合计					

任务二　冷库制冷排管的制作

任务目标

掌握冷库制冷排管的制作方法。

任务实施

1. 区分排管冷库与风机库

风机库是指用风机（蒸发冷）强制性制冷的冷库；而排管冷库是指以蒸发顶排管为制冷设备，通过冷传导的方式改变冷藏间的气体分子的比重，自然上下对流循环达到自然降温的一种制冷方式的冷库。目前，有用无缝钢管现场焊接而成的排管制作的冷库；也有在工厂直接将铝合金管焊接成蛇形排管或U形排管，然后到现场焊接而成的铝排管冷库。排管库分氨系统和氟利昂系统排管库，氨系统用钢排管和铝排管做蒸发器，而氟利昂系统只用铝排管做蒸发器。

2. 制作U形排管

常用的U形排管由2层或4层光滑无缝钢管（$\Phi 38mm \times 2.2mm$）构成（图3-2）。每组排管各有上、下2根集管，下集管（$\Phi 57mm \times 3.5mm$）供液，上集管（$\Phi 76mm \times 3.5mm$）回气，上、下两根集管间焊接数十根U形管。因其吊装在距库房顶板或楼板下300mm处作为顶排管使用，故常称为集管式顶排管。通常应用于低温冷藏间和冰库，香梨贮藏库已广泛使用。目前，对于小型不用冷风机的冻结间也常采用排管制冷。

U形顶排管的优点是结霜分布比较均匀，制作和安装较方便，充液量小，约占其容积的50%，适用重力供液系统和氨泵下进上出氨系统，在冷库中获得较广泛的应用。但其占据冷库的有效空间较多，且上层排管不易除霜。

3. 制作U形钢排管冷库

1）将$\Phi 38mm \times 2.2mm$无缝钢管25根按上下两层焊接（图3-3），每库两组。

2）$\Phi 38mm \times 2.2mm$无缝钢管上下间距（外围）为20cm。$\Phi 38mm \times 2.2mm$无缝钢管水平间距（外围）为19cm。

3）每根无缝钢管长15.85m。

4）U形管两边用集气管和集液管相连，顶端形成U形弯（图3-4）。

项目三　果蔬排管冷库制作

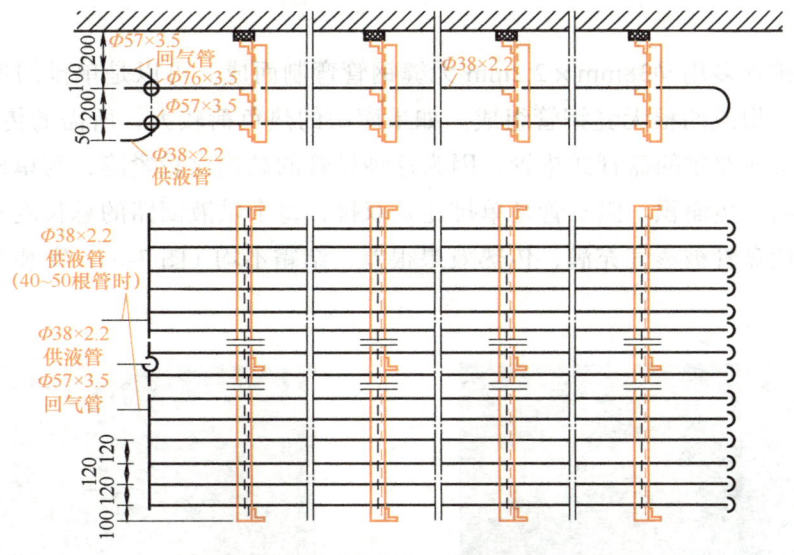

图 3-2　排管冷库的制作尺寸（单位：mm）

图 3-3　排管冷库分上下排管

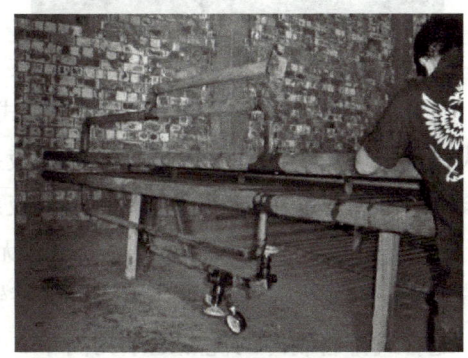

图 3-4　上管为集气管，下管为集液管

5）钢排管焊接后见图 3-5。

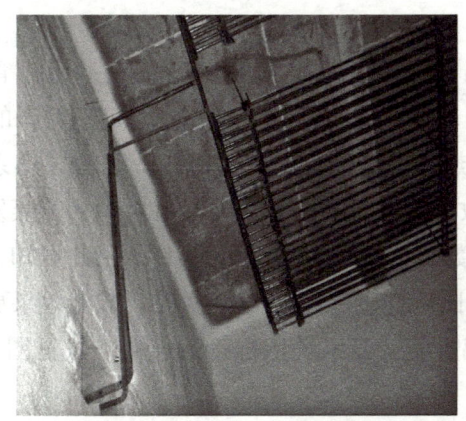

图 3-5　钢排管焊接成的排管冷库

4. 制作蛇管式排管

蛇管式排管多用 $\Phi 38mm \times 2.2mm$ 无缝钢管弯制而成。可以是单排的也可以是双排的，每排由一根或两根无缝钢管组成。如果库房的热负荷较大，所需的传热面积较大，可用两根单排或双排的盘管式排管，因为这种排管的结构比较紧凑，与单根单排相比可以获得较大的传热面积。但不管是单排还是双排，每个供液回路的总长度不应超过一定值，否则后段盘管被蒸气充满，传热效果很差，结霜不均（图3-6），安装合理则结霜均匀（图3-7）。

图3-6　蛇管式排管结霜不均

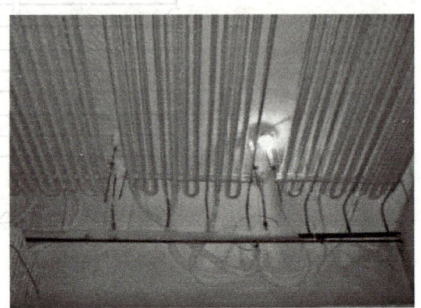

图3-7　排管结霜均匀

蛇管式排管的适用范围较广。蛇管式顶管重力供液或氨泵供液均可；单排和双排蛇管式墙排管可用于下进上出式的氨泵供液系统及重力供液系统，单根蛇管式排管还可用于氨泵上进下出供液系统和热力膨胀阀供液系统。氟利昂系统采用的蛇管式排管通常为单排式，制作材料可选用 $\Phi 25mm \times 2.25mm$ 无缝钢管或（$\Phi 19mm \sim \Phi 22mm$）$\times 1.5mm$ 紫铜管及黄铜管。新疆库尔勒地区多用铝管代替铜管制作排管冷库。

蛇管式排管制冷的优点是结构简单，易于制作，存液量较小，适用性强。其主要缺点为排管下段产生的蒸气不能及时引出，必须经过排管的全长后才能排出，故导热系数小，汽液二相流动阻力大。为此，设计蛇管式排管时应限制单管的总管长，重力供液系统的每个供液回路的总长度不宜大于120m，氨泵供液系统的则可达350m。

5. 制作铝排管冷库

铝排管一般是工厂化生产，运到冷库现场安装。铝排管的突出优点：铝排管内加内齿，铝翅片与管同一材质、一次挤压成型，比传统的两种材质胀管工艺生产的翅片式蒸发器热阻小，强化了传热。而且铝的导热系数为237W/(m·K)，钢的导热系数为80W/(m·K)，铝排管比传统钢排管的换热效率高。铝排管导热系数在 -30~0℃蒸发温度下，K 值为9~11W/(m^2·℃)，钢排管导热系数 K 值为7~8W/(m^2·℃)。由此可知，铝排管的换热效率是钢排管的1.3倍。铝排管冷库比钢排管冷库降温速度快，节能效果更为显著。铝排管又分氨系统铝排管和氟利昂系统铝排管，氨系统铝排管的连接方式见图3-8和图3-9。

氨系统铝排管冷库的制作方法：以250t香梨贮藏量的冷库为例，按冷库面积与铝排管表面积为 1：1.5 的比例配置排管。安装步骤：将工厂化生产的铝排管固定在预先埋设的冷库吊顶上（图 3-10），按图 3-9 的方式连接，然后跟机房总供液、总回气连接。

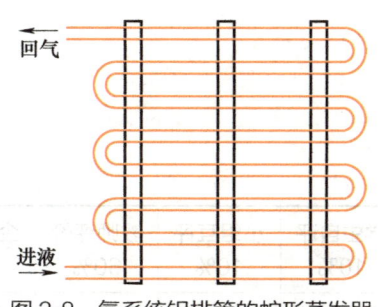

图 3-8　氨系统铝排管的蛇形蒸发器

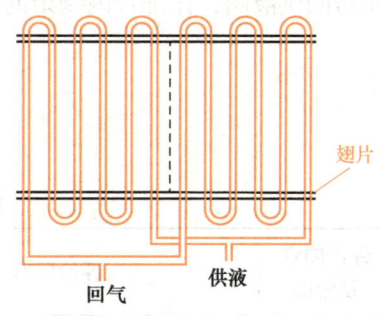

图 3-9　铝排管的连接方式

图 3-10　将铝排管固定在库顶

知识拓展

排管冷库制冷操作与风机库操作原理基本相同，但有些细节则有出入，要注意以下 3 点：

1）排管冷库与风机库最大的差别是风机库属冷风机强制制冷，冷风循环速度快，能尽快把库温降下来。但水果干耗大。而排管冷库属于冷空气向下运行，热空气向上运行的自由对流换热。这就要求排管冷库一定要控制入库量。一般入库量不超过库容量的 15%。

2）排管冷库因为冷热交换慢，压缩机的制冷量要同库房内排管的制冷能力相匹配。相同冷量要求的冷库，压缩机的配置比风机库略小。操作时严禁"大马拉小车"（既不能用大压缩机快速降温），具体可看吸气压力，如果吸气压力在 0.3MPa 以下时仍下降较快，则说明制冷量过大，需注意减载或更换制冷量小一些的压缩机。否则容易造成库温较低（顶部的水果出现冻伤而中心层的水果温度没降下来）。因此。应选择制冷量相适应的压缩机降温，缓慢将温度降至要求的贮藏温度。

3）库温全部降下来以后，采取间隔降温制冷，每天开机 2~3 次，一般降至 –1.8℃时关闭通向库房的供液阀，让排管内剩余的制冷剂自然挥发，库温缓缓降至 –2.2~–1℃即可。

任务评价

任务考核评价单

序号	评价内容及分值	评价标准	学生自评 10%	小组互评 10%	教师评价 60%	企业评价 20%
1	学习方法 10 分	课前完成必备知识的自学；课中认真观察思考，并主动操作实践；课后归纳反思				
2	学习态度 20 分	工作态度端正，具有吃苦耐劳、诚实守信、认真负责的品质，对知识和技能能够认真学习钻研				
3	沟通表达 10 分	能够及时与同组成员及指导教师、技术人员沟通交流				
4	合作能力 10 分	团队协作意识强				
5	创新实践 10 分	能够结合生产实际改进管理措施，减少管理成本，提高管理效率				
6	职业能力 10 分	掌握排管冷库和风机库的区别				
7	学习成果 30 分	掌握钢排管冷库的制作方法				
		合计				

任务三　给大型氟利昂系统充注制冷剂

任务目标

掌握给大型氟利昂系统充注制冷剂的方法。

✅ 任务实施

大型氟利昂系统中，在贮液器与膨胀阀之间的液体管道上设有向该系统充注制冷剂氟利昂（简称"充氟"）用的充液阀，其操作方法与氨系统制冷剂充注相同。中小型的氟利昂系统一般不设专用供液阀，制冷剂从压缩机排气截止阀和吸气截止阀上的旁通孔充入系统。从排气截止阀旁通孔充注制冷剂称高压段充注（图 3-11）；从吸气截止阀旁通孔充注制冷剂称为低压段充注（图 3-12）。

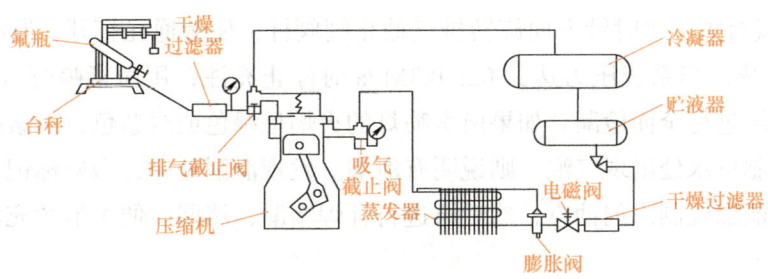

图 3-11　高压段充注

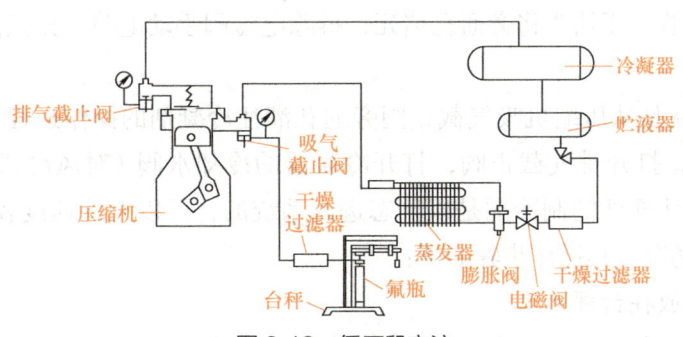

图 3-12　低压段充注

1. 高压段充注

高压段充入系统的制冷剂为液体，故也称为液体充注法。它的优点是充注速度快，适用于第一次充注。但采用这种充注法，如果排气阀片关闭不严密，液体制冷剂在排气阀片上下较高压差的作用下进入气缸后，将造成严重的液击（冲缸）事故。为减少充注过程中排气阀片上下的压力差，应将液体管上的电磁阀暂时通电，将其打开，以防止充注过程中低压部分始终处于真空状态，形成排气阀片上下的较高压力差。另外，在充注过程中，切不可起动压缩机。因为此时排气腔已被液体制冷剂充满，一旦起动压缩机，液体进入气缸后会发生液击事故。其操作步骤如下：

1) 将固定制冷剂钢瓶（氟瓶）的倾斜架与台秤一起放置在高于系统贮液器的地方（这样做的目的是氟瓶与贮液器之间形成高度差，以便将氟瓶内的液体制冷剂排尽），然后将氟瓶头朝下固定在倾斜架上。

2）接通电磁阀手动电路，让其单独起动。

3）将压缩机排气截止阀打开，使旁通孔关闭，然后卸下旁通孔堵头，用铜管连接氟瓶与旁通孔。

4）稍开一下氟瓶阀并随即关闭，此时充氟管内已充满氟利昂气体。再将旁通孔端的管接头松一下，利用氟利昂气体的压力排出充氟管内的空气。听到气流声时立即旋紧接头。

5）从台秤上读出重量，并做好用量记录。

6）打开氟瓶阀，顺时针方向旋转排气截止阀阀杆，使旁通孔打开，制冷剂便在压差作用下进入系统，当系统压力达到 0.2~0.3MPa 时停止充注，用卤素喷灯或卤素检漏仪、肥皂水等对系统进行全面检漏。如果卤素喷灯的火焰呈绿色或绿紫色，卤素检漏仪的指针发生摆动，涂肥皂水处出现气泡，则说明有泄漏。发现泄漏处应先做好标记，待系统检漏完毕后将系统泄漏处制冷剂抽空，然后再进行补焊堵漏，堵漏后便可继续充注，至完全充满为止。

7）关闭氟瓶阀，加热充氟管使管内液体气化进入系统.然后逆时针旋转排气截止阀阀杆，使旁通孔关闭。

8）卸下充氟管，用堵头将旁通孔堵死，拆除电磁阀手动电路，充氟任务完毕。

2. 低压段充注

低压段充注就是从压缩机吸气截止阀旁通孔灌注冷凝剂的操作过程。在充注过程中，要使压缩机运转，打开排气截止阀，打开冷凝器的冷却水阀（对风冷式冷凝器则起动风机）。由于这种方法充注的制冷剂是以气态进入系统的，所以充注速度较慢，多用于系统需增添制冷剂的场合。其操作步骤如下：

1）将氟瓶竖放在台秤上。

2）将压缩机吸气截止阀完全打开，使吸气截止阀旁通孔关闭，然后卸下旁通孔堵头，用钢管将氟瓶与旁通孔相连。

3）稍开一下氟瓶阀并随即关闭，再松一下旁通孔端管接头使空气排出，听到气流声时立即旋紧接头。

4）从台秤上读出重量，并做好用量记录。

5）顺时针方向旋转吸气截止阀阀杆 1~2 圈，使吸气截止阀旁通孔打开并与系统相通，再检查排气截止阀是否打开，然后打开氟瓶阀，制冷剂便在压差作用下进入系统。当系统压力达到 0.2~0.3MPa 时停止充注，用检漏仪或肥皂水检漏，无漏则继续充注。当氟瓶内压力与系统内压力达到平衡，而充注量还没有达到要求时，关闭贮液器出液阀（无贮液器时关闭冷凝器出液阀），打开冷却水或风冷式冷凝器风机，逆时针方向旋转吸气截止阀阀杆使旁通孔关小，起动压缩机将氟瓶的制冷剂抽入系统。关小旁通孔的目的是防止压缩机产生液击事故。压缩机起动后可根据工作状态缓慢地开大旁通孔，但须注意防止发生液击,如有液击,应立即停机。

6)制冷剂充注量达到要求后,关闭氟瓶阀,开足吸气截止阀,使旁通孔关闭,拆下充氟管,堵上旁通孔,打开贮液器或冷凝器出液阀,则充氟任务完毕。

任务评价

任务考核评价单

序号	评价内容及分值	评价标准	学生自评 10%	小组互评 10%	教师评价 60%	企业评价 20%
1	学习方法 10分	课前完成必备知识的自学;课中认真观察思考,并主动操作实践;课后归纳反思				
2	学习态度 20分	工作态度端正,具有吃苦耐劳、诚实守信、认真负责的品质,对知识和技能能够认真学习钻研				
3	沟通表达 10分	能够及时与同组成员及指导教师、技术人员沟通交流				
4	合作能力 10分	团队协作意识强				
5	创新实践 10分	能够结合生产实际改进管理措施,减少管理成本,提高管理效率				
6	职业能力 10分	掌握氟利昂系统打压试漏的方法				
7	学习成果 30分	掌握氟利昂系统充氟的方法				
	合计					

项目小结

本项目通过对排管冷库的安装和氟利昂系统制冷剂充注技能的学习,学生应对排管冷库和大型氟利昂系统有深入的认识,并掌握相关操作技能。这些都是建设果蔬贮藏库必须具备的基本技能。

思考与练习

一、理论测试

1. 排管冷库与风机库有何区别？
2. 如何实现氟利昂系统自动控制的？

二、技能测试

1. 分组进行排管冷库的安装技能训练。
2. 分组进行氟利昂系统制冷剂的充注技能训练。

04 项目四
气调贮藏认知

项目导学
- 本项目通过对气调库气调设备的学习，掌握气调设备的运行原理，为更好的贮藏优质果蔬打下良好的基础。

项目目标
- 知识学习目标：了解气调贮藏的原理和氨系统放空气的方法。
- 技能培养目标：掌握如何调试气调设备。
- 职业情感目标：激发学生对气调库的学习兴趣，培养科学的学习态度和求知精神。

任务一 认识气调库

任务目标

了解气调库和加湿器的基础知识。

任务实施

一、了解气调库的基础知识

1. 气调库的形式

当香梨入库任务完成后，就需要封库，气调库（图4-1）的气体自动化调节系统开始自动运行，操作员需监控及记录运行状况，并对不正常情况进行调整。

气调贮藏是以改变贮藏环境中的气体成分（通常是增加二氧化碳浓度和降低氧气的浓度，以及根据贮藏农产品种类的需求调节其他气体的浓度）来实现长期贮藏香梨的方式。采收后的新鲜香梨仍是有生命的活体,在贮藏过程中仍进行着正常的以呼吸作用为主导的新陈代谢活动,表现为消耗氧气(O_2),释放二氧化碳(CO_2),并释放出一定热量。正常空气中 O_2 和 CO_2 的浓度分别为 20.9% 和 0.03%,还存在大量的氮气(N_2)。适当降低贮藏环境中 O_2 的浓度并适当提高 CO_2 的浓度,可抑制新鲜香梨的呼吸作用,降低其呼吸强度,推迟呼吸高峰出现的时间,延缓新陈代谢速度,推迟其成熟衰老,减少营养成分和其他物质的降低和消耗,从而有利于香梨质量保持。同时,较低的 O_2 浓度和较高的 CO_2 浓度能抑制乙烯的生物合成、削弱乙烯生理作用,有利于新鲜香梨贮藏寿命的延长。此外,适宜的低 O_2 和高 CO_2 浓度具有抑制某些生理性病害发生发展的作用,可减少香梨贮藏过程中的腐烂损失,低 O_2 和高 CO_2 浓度的保鲜效果在低温下更为显著。气体调节技术(气调技术)与机械冷藏技术相结合,可同时控制温度、湿度、气体成分等贮藏因素,是现代最先进、最有前途的贮藏技术。但有些农产品对气调反应不佳,过低的 O_2 浓度和过高的 CO_2 浓度,还会引起低 O_2 伤害或 CO_2 伤害。不同种类、不同品种的农产品要求不同的 O_2 和 CO_2 配比,应单独贮藏且需增加库房面积。

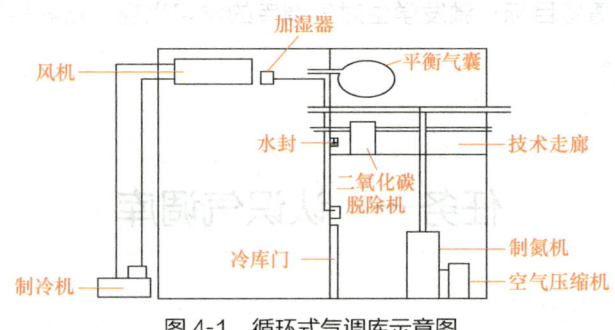

图 4-1 循环式气调库示意图

2. 气调贮藏的设施

气调贮藏库的库房结构和冷藏设备与机械冷藏库基本相同,除具备机械冷藏库的隔热防潮、控温、增湿性能外,还要保证库房气体密封性好,易于取样和观察,能脱除有害气体和自动控制等。一座完整的气调库由库体、气体调节系统、制冷系统和加湿系统等构成。气调库系统示意图见图 4-2。

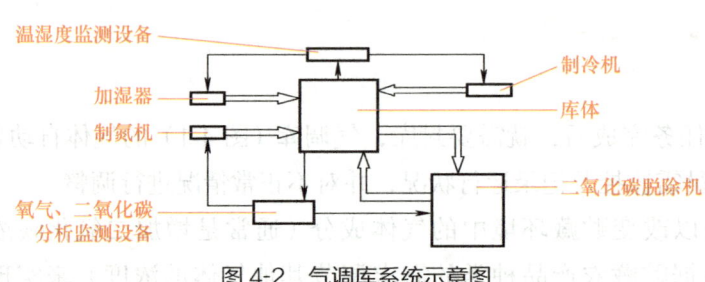

图 4-2 气调库系统示意图

3. 气调设备

按气调方式不同，气调库可分为充气式和循环式。充气式气调库是利用制氮机将产生的 N_2 持续冲入气调库内，并辅以其他调节方式，使库内 O_2 和 CO_2 达到预定指标。循环式气调库是指将气调库内的气体通过循环式气体发生器处理，除去其中的 O_2，然后将处理过的气体重新输入库内。这种调节方式降低 O_2 和增加 CO_2 的速度更快，贮藏期间可随时出库或观察。

4. 气调库的气体调节系统

气调库通过气体调节系统来进行气体成分的发生、贮藏、混合分配、测试和调整等，从而完成库内气体成分的调节。

（1）贮配气设备　贮配气设备包括贮配气用的贮气罐瓶，配气所需的减压阀、流量计、调节控制阀、仪表和管道等。通过这些设备的合理连接，保证气调贮藏期间所需各种气体的供给，并以合适的速度和比例输送至气调库房中。

（2）气调设备　气调设备包括真空泵、制氮机、二氧化碳脱除机和乙烯脱除装置等。先进气调设备的应用可以迅速、高效地降低 O_2 浓度、提高 CO_2 浓度、脱除乙烯，这为维持各气体组分在符合贮藏对象要求的适宜水平提供了可靠保证。

1）制氮降氧设备。利用制氮机产生 95%~98% 高纯度的 N_2，置换（稀释）气调库中的气体，降低库内的 O_2 浓度；在小型气调库内，制氮机也可以用于排除过量的 CO_2、乙烯或其他气体。目前气调库使用的制氮机分为物理吸附式和中空纤维膜分离式两种，它们都以空气为原料。前者利用双塔中的碳分子筛对氧、氮分子的不同吸附速率，通过加压吸附氧气和减压释放氧气，不断地在双塔中变压切换制氮；后者利用高分子材料制成的中空纤维膜，具有结构简单、容易操作、制氮速度快的特点，是一种新型高效的制氮设备（图 4-3）。常见的中空纤维膜制氮机有配套的空气压缩机、储气罐、膜分离制氮机三部分组成。其核心部件是中空纤维膜组，它由上万根乃至数十万根直径在 50~500μm 的中空纤维并列成束，两端浸固环氧树脂形成膜滤芯，再放入一外壳内。当压缩空气通过空心纤维时，由于氧、水蒸气透过膜的速率快，形成富氧排到大气中；而大部分 N_2 由于透过膜的速率慢，则留在膜内，形成较高纯度的产品气。产品气纯度可利用纯度控制阀调节，纯度也越高，流量较小。气调库选用多大的制氮机，首先要考虑满足库中最大的气调间降低 O_2 的要求，即在果蔬进库后 1~3d 达到气调参数的要求，同时也要兼顾全库的总容量。

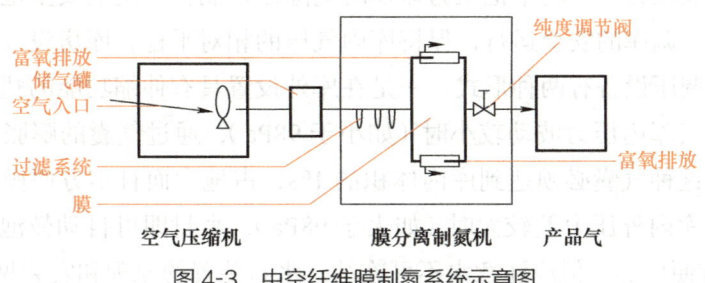

图 4-3　中空纤维膜制氮系统示意图

目前，制氮机向气调间充氮一般采取开式置换（充气稀释）方式，将95%~97%纯度的N_2从气调间的上部进气口打入，被置换的气体从与进气口呈对角线布置的排气口排到大气中。整个过程是一个不断稀释的动态过程，库内的O_2含量呈指数级下降，直至降至规定的指标。

2）二氧化碳脱除设备。香梨在气调贮藏中的呼吸作用将提高库内的CO_2浓度，CO_2浓度过高会导致香梨中毒，并产生一系列的不良症状，最终导致香梨腐烂变质，这时必须用二氧化碳脱除机将库内多余的CO_2脱除，达到气调贮藏的最佳参数状态。现在我国生产的二氧化碳脱除机均采用活性炭作为吸附剂。将CO_2含量高的库气用风机抽入活性炭罐，经过数分钟吸附饱和后，用空气脱附再生，如此循环使用，将脱附的CO_2送入大气中。

3）乙烯脱除装置。脱除乙烯的方法有多种，如水洗法、稀释法、吸附法、化学法等，但目前新疆地区广泛使用的主要有两种方法：高锰酸钾（$KMnO_4$）氧化法和高温催化法。

高锰酸钾氧化法又称为化学除乙烯法。它使用高锰酸钾水浸泡多孔材料（即载体，如氧化铝、分子筛、蛭石、碎砖块、泡沫混凝土等），然后将此载体放入库内、包装箱内或闭路循环系统中，利用高锰酸钾的强氧化性能将乙烯除掉。目前我国许多地方使用的用于脱除乙烯的保鲜剂多为这种产品。用这种方法脱除乙烯虽然简单，但脱除效率低，还要经常更换载体（包括重新吸收高锰酸钾）且高锰酸钾对皮肤和物体有很强的腐蚀作用，不便于现代化气调库的作业，一般只用于小型或简易贮藏。

随着气调新技术的不断发展，近年来我国又研制出基于高温催化原理的高效脱乙烯装置——乙烯脱除器。乙烯在250℃的高温下与催化剂的作用下能生成水和CO_2，通过闭路循环系统将脱除乙烯后的气体又送入气调库内，如此往复，完成脱除乙烯的过程。与化学脱除法相比，这种方法虽然一次性投资较大，但可以连续自动运转，脱除效率高，同时还可将香梨释放出的多种有害物质和芳香气体（如醇类、脂类、醛类、酮类和烃类等）排掉，适合现代化气调冷库的气调贮藏装置使用。

4）分析监测设备。气调贮藏必须随时监测O_2和CO_2的浓度的变化情况，并据此进行工作状态调整。分析监测设备包括采样泵、安全阀、控制阀、流量计、温湿度记录仪、氧气测定仪、二氧化碳测定仪、气相色谱仪、计算机等。

（3）调压设备　气调库是一种密闭式冷库，当库内温度降低时，气压也随之降低，库内外两侧就形成了气压差。此外，在气调设备运行以及气调库气密试验过程中，都会在围护结构的两侧形成压力差。若不把压力差及时消除或控制在一定的安全范围内，将损害围护结构。为保障气调库的安全运行，保持库内气压的相对平稳，库房设计和建造时须设置气压平衡装置。调压设备有两种形式，一是在库外设置具有伸缩功能的塑料贮气袋，用气管与库房相通，当库内压力波动较小时（如小于98Pa），通过气囊的膨胀和收缩平衡库内外的压力差。但这种气囊必须达到库内体积的1%，占地大而且不方便操作。二是采用水封栓装置调压，库内外压力差较大时（如大于98Pa），水封即可自动鼓泡泄气（内泄或外泄）。这种方式方便可靠，但应注意水不可冻结。水封装置的原理和安装见图4-4。

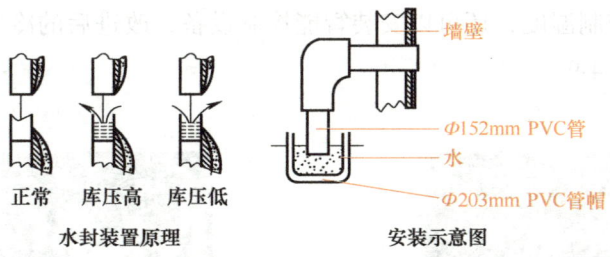

图 4-4 水封装置的原理及安装示意图

二、认识冷库专用智能加湿器

冷库用加湿器（图 4-5），可以根据冷库库容大小和需要的加湿量自行设计生产。首先，选择好盛水的容器，在容器内安置雾化水的振子。盛水的容器小，可以放一个五心的振子。

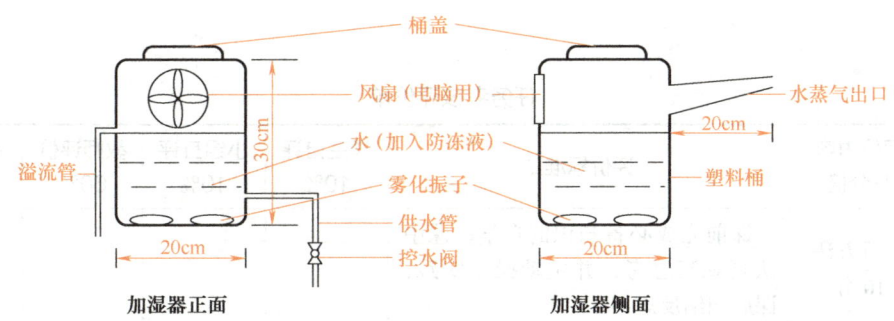

图 4-5 冷库用加湿器示意图

冷库用加湿器的容器大时可以放两个振子（图 4-6）。将振子同电源相连，就可以起到雾化水的作用。还要在盛水的容器上安装电脑用的小风扇（图 4-7），将雾化的水吹出。冷库用加湿器中，经加湿器雾化的水一定要事先进行软化处理。否则，运行一段时间后会在振子表面形成水垢，影响对水的雾化，继而影响加湿器的正常运行。

图 4-6 加湿器内的振子

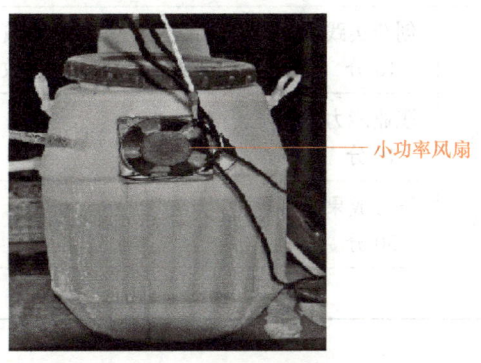

图 4-7 加湿器上的小风扇

如果需要智能控制湿度，还可以安装智能控制设备，改进后的冷库智能加湿器及电路控制箱见图 4-8 和图 4-9。

图 4-8　具有保温功能的冷库智能加湿器

图 4-9　冷库智能加湿器的电路控制箱

任务评价

任务考核评价单

序号	评价内容及分值	评价标准	学生自评 10%	小组互评 10%	教师评价 60%	企业评价 20%
1	学习方法 10 分	课前完成必备知识的自学；课中认真观察思考，并主动操作实践；课后归纳反思				
2	学习态度 20 分	工作态度端正，具有吃苦耐劳、诚实守信、认真负责的品质，对知识和技能能够认真学习钻研				
3	沟通表达 10 分	能够及时与同组成员及指导教师、技术人员沟通交流				
4	合作能力 10 分	团队协作意识强				
5	创新实践 10 分	能够结合生产实际改进管理措施，减少管理成本，提高管理效率				
6	职业能力 10 分	了解气调贮藏的原理				
7	学习成果 30 分	熟悉常用的气调设备				
		合计				

任务二 气调库的管理

任务目标

了解和掌握气调库的结构和管理方法。

任务实施

气调库的管理在库房的消毒，商品入库后的堆码方式，温度、湿度的调节和控制等许多方面与机械冷藏相似，但也有不同之处。

气调库贮藏前的准备工作需要氧气呼吸器、手电筒、梯子等气调库检查设备和工具。

1. 检查气调库的气密性

通过观察气调库气体平衡帐的涨缩情况和墙体水封液位的高低检查库体的密封情况。

2. 选择适宜的贮藏品种

适时采收，保证农产品的原始质量。各类水果对气调贮藏条件的要求各不相同，根据对气调反应的不同，农产品可分为三类：

1）对气调反应优良的农产品，代表种类有梨、猕猴桃、香蕉、草莓、蒜薹、绿叶蔬菜等。

2）对气调反应不明显的农产品，如葡萄、柑橘、萝卜、土豆等。

3）介于两者之间，对气调反应一般的农产品，如核果类和梨等。

只有对气调反应良好和一般的农产品才有进行气调贮藏的必要。气调贮藏对原料的成熟度和质量要求更为严格。贮藏用的农产品最好由专用基地生产，加强采前管理。另外，要严格把握采收的成熟度，并注意采后商品化处理技术措施的配套综合应用，以利于气调效果的充分发挥。例如，新鲜香梨在田间早期易受微生物浸染，而且一般不易察觉，但在贮藏中容易造成腐烂。所以贮藏前对农产品的早期浸染要提前预防，做到心中有数，只有不受浸染的优质农产品才适合气调长期贮藏。另外，气调贮藏的农产品必须慎用各种激素。很多蔬菜和水果由于大量使用激素，或激素＋化肥＋灌水，致使产品的质量大幅度下降，不利于贮藏。

3. 产品入库和堆码（同普通库贮藏堆码方式一致）

入库时必须做好周密的计划和安排，尽可能做到按种类、品种、成熟度、产地、贮藏时间要求等分库贮藏，保证及时入库并尽可能地装满库，减少库内气体的空间浪费，从而加快气调库周转速度，缩短气调时间，使香梨在尽可能短时间内进入气调贮藏最佳状态。香梨采收后应立即预冷，一次入库。在气调空间进行空库降温和入库后的预冷降温时，应注意库内外的气体压力平衡，否则不能封库降温，只能先关门降温。当库内温度基本稳定后，就应迅速封库，建立良好的气调平衡状态。

4. 贮藏期管理

气调贮藏过程中，不仅要分别考虑温度、湿度和各种气体成分，还应综合考虑三者之间的平衡关系。三者的相互关系可概括为一个条件的有利可以对进一步加强其他有利条件作用；反之，一个不适条件的危害导致其他不适条件变得更为严重。一个条件的不适状态可以使得其他本来适宜的条件变差或不能表现出其有利的方面；一个不适条件的不利可因改变另一条件而使之减弱或消失。因此，生产实践中必须寻找三者之间最佳配合。每种果品贮藏都有一个最佳的条件配合，但并非固定不变，因品种、产地、采收成熟度不同，以及在贮藏中的不同阶段，同一种果品也有不同的最佳配合要求。

（1）温度管理　与机械冷藏一样，气调贮藏不仅需要适宜的温度，而且要尽量减少温度的波动。一般在入库前 7~10d 即应开机进行梯度降温，至鲜果入贮之前使库温稳定保持在 0℃左右，为贮藏提前做准备。入贮封库后的 2~3d 应将库温调至最佳贮温范围，并始终保持这一温度，避免产生波动。气调贮藏适宜的温度略低于普通贮藏，贮藏适宜温度为 (-1 ± 0.5)℃。

（2）湿度管理　气调贮藏需要相对湿度为 85%~95%。如需加湿，需有雾化条件较好的加湿器。

（3）O_2 和 CO_2 浓度调节　气调贮藏环境内从刚封闭时的正常气体成分转变到要求的气体指标，是一个降 O_2 和增 CO_2 的过渡期，可称为降 O_2 期。降 O_2 期之后，则是使 O_2 和 CO_2 稳定在规定指标的稳定期。降 O_2 期的长短及稳定期的管理，关系果品蔬菜贮藏效果。由于新鲜香梨产品对低 O_2、高 CO_2 的耐受力是有限的，农产品在长时间贮藏在超过规定限度的 O_2 和 CO_2 等气体条件下就会受到伤害，导致新鲜度损失。因此，气调贮藏时要注意对气体成分的调节和控制，并做好气体浓度记录，以防止意外情况的发生，这样做也有助于意外发生原因的查明和安全责任的确认。香梨气调贮藏的气体浓度：O_2 浓度控制在 4%~5%，CO_2 控制在 3% 以下。

（4）乙烯的脱除　根据贮藏条件要求，应对乙烯进行严格的监控和脱除，使环境中的乙烯含量始终保持在阈值以下（即临界值以下），并在必要时采用微压措施，以避免大气中可能出现的外源乙烯对农产品贮藏构成的不利影响。如果单纯贮藏产生乙烯极少的香梨或对乙烯不敏感的香梨，也可不必脱除乙烯。从封库建立气体条件到出库的整个贮藏期间，称为气调状态的稳定期，这个阶段的主要任务是维持库内温度、湿度和气体成分的相对稳定，保证贮藏产品长期处于最佳的气调贮藏状态。操作人员应及时检查和了解设备的运行情况和库内贮藏条件的变化情况，保证各项指标在整个贮藏过程中维持在合理的范围内。同时，要做好贮藏期间农产品质量的监测。每个库调（间）都应有样品箱（袋），放在观察窗能看见并且伸手可拿的地方。一般每半个月抽样检验一次。在每年春季库外气温上升时，即到了贮藏的后期，抽样检查的时间间隔应适当缩短。除了贮藏产品的安全性之外，工作人员自身的安全更不可忽视。气调库房的 O_2 浓度一般低于10%，这样的低 O_2 浓度对人的生命安全是致命的，且危险性随 O_2 的浓度降低而增大。所以，气调库在运行期间应上锁，工作人员不得在无安全保证下单独进入气调库。

（5）出库　气调库的农产品在出库前1d应解除气密状态，停止气调设备的运行。移动气调库库门交换库内外的空气，经检测 O_2 含量回升到18%~20%时，有关人员才能进库。气调条件解除后，农产品应在尽可能短的时间内一次出清。如果一次发运不完，也应分批出库。出库期间库内仍然保持冷藏要求的低温高湿条件，直至货物出库完毕才能停机。因人员和货物频繁地进出库房，使库温波动加剧，此时应经常打开密封门，使库内外空气交流。在密封门关闭的情况下，容易产生内外压力的不平衡，应随时关注库体围护结构的安全性。

任务评价

任务考核评价单

序号	评价内容及分值	评价标准	学生自评 10%	小组互评 10%	教师评价 60%	企业评价 20%
1	学习方法 10分	课前完成必备知识的自学；课中认真观察思考，并主动操作实践；课后归纳反思				
2	学习态度 20分	工作态度端正，具有吃苦耐劳、诚实守信、认真负责的品质，对知识和技能能够认真学习钻研				
3	沟通表达 10分	能够及时与同组成员及指导教师、技术人员沟通交流				
4	合作能力 10分	团队协作意识强				
5	创新实践 10分	能够结合生产实际改进管理措施，减少管理成本，提高管理效率				
6	职业能力 10分	掌握果蔬气调库的气体管理指标				
7	学习成果 30分	掌握气调库的管理方法				
		合计				

任务三 氨系统放空气操作

任务目标

了解和掌握氨系统的放空气操作。

任务实施

将制冷系统中存在的多余空气排出系统之外是气调贮藏的重要步骤。高压贮液桶和冷凝器中有多余空气,将导致排气压力升高,给制冷系统降温带来负面影响。将系统中的多余空气排出系统之外,有利于制冷系统降温节能。氨系统放空气器(又称空气分离器)见图4-10。

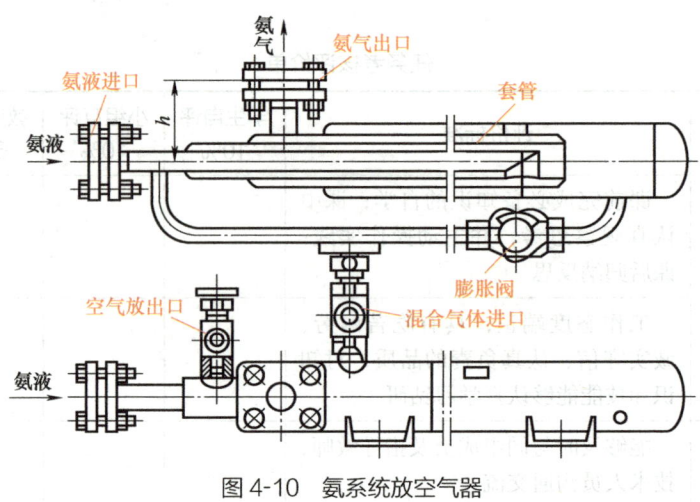

图 4-10 氨系统放空气器

放空气操作需要的用具有管钳、扳手。

来自高压贮液器的氨液经节流降压阀降压后,进入第一根和第三根钢管中,通过管壁吸收来自冷凝器的混合气体(第四层套管,其中有空气)的热量而蒸发,蒸发的氨气经第三根钢管上的回气管被压缩机吸走。进入放空气器的混合气体在第二根和第四根钢管中放出热量而冷却,其中氨气冷凝为高压液体,流到第四根钢管的底部,分离出来的空气通过第二根钢管的放空气阀缓慢地排入盛水的容器中,根据水中生成的气泡的大小和形状来判断放出的空气是否含氨气。当多余空气放完后,打开旁通管上的节流阀,使冷凝的氨液节流降压后从第一根钢管进入,作为循环冷却液体继续蒸发吸热,吸收混合气体的热量。放空气操作结束后,应关闭分离器上的所有阀门。

任务评价

任务考核评价单

序号	评价内容及分值	评价标准	学生自评 10%	小组互评 10%	教师评价 60%	企业评价 20%
1	学习方法 10分	课前完成必备氨系统排气知识的自学；课中认真观察思考，并主动操作实践；课后归纳反思				
2	学习态度 20分	工作态度端正，具有吃苦耐劳、诚实守信、认真负责的品质，对知识和技能能够认真学习钻研				
3	沟通表达 10分	能够及时与同组成员及指导教师、技术人员沟通交流				
4	合作能力 10分	团队协作意识强				
5	创新实践 10分	能够结合生产实际改进管理措施，减少管理成本，提高管理效率				
6	职业能力 10分	掌握氨系统放空气器的工作原理				
7	学习成果 30分	掌握氨系统放空气的操作方法				
	合计					

项目小结

通过本项目学习，学生应掌握气调库设备运行的原理、制冷系统中是否存在空气的判定方法，以及放空气的操作方法，这些都是进行果蔬气调贮藏必须具备的重要技能。

思考与练习

一、理论测试

1. 香梨的气调贮藏指标是什么？
2. 气调库内有哪些设备？
3. 乙烯脱降的原理是什么？
4. 简述气调库的管理技术。

二、技能测试

1. 分组组装一个冷库专用智能加湿器。
2. 分组进行氨系统的放空气操作训练。

05 项目五
节流装置检测

项目导学
- 节流装置是制冷系统的重要部件之一。它的作用是将冷凝器或储液器中冷凝压力下的制冷剂液体节流后降至规定的蒸发压力，使制冷剂蒸发、吸热，因此节流装置直接影响制冷系统的制冷性能，决定蒸发器所能达到的最适温度。因此，正确检测和更换节流装置是冷库管理十分重要的内容。

项目目标
- 知识学习目标：了解热力膨胀阀的结构与节流原理、节流特点。
- 技能培养目标：掌握节流膨胀阀的检测和调试方法。掌握更换、安装热力膨胀阀的方法。
- 职业情感目标：激发学生对热力膨胀阀的学习兴趣，培养科学的学习态度和求知精神。

任务一　认识热力膨胀阀

◎ 任务目标

了解热力膨胀阀的结构，掌握其检测和维修方法。

◎ 任务实施

膨胀阀是一种节流装置。它既对制冷机进行节流控制，又对蒸发器的供液量进行自动调节。主要包括热力膨胀阀、热点膨胀阀和电子膨胀阀等，其中热力膨胀阀较常用，热力膨胀阀又分为内平衡式热力膨胀阀和外平衡式热力膨胀阀。

一、了解膨胀阀的结构与节流原理

1. 内平衡式热力膨胀阀

它主要由感温包、毛细管、膜片、阀座、传动杆、阀针及调节机构等组成。感温包、毛细管和膜片构成了一个密闭的空间，称为感应机构。感应机构内充注有与制冷系统中工质（制冷剂）相同的物质。

内平衡式热力膨胀阀安装在蒸发器的进液管上。感温包敷设在蒸发器出口管道上，用来感知蒸发器出口的过热温度，自动调节膨胀阀的开启度。毛细管的作用是将感温包的压力传递到膜片的上部空间。膜片是一块厚 0.1~0.2mm 的铍青铜合金片，通常断面冲压成波浪形。内平衡式热力膨胀阀的实物图和结构图见图 5-1。

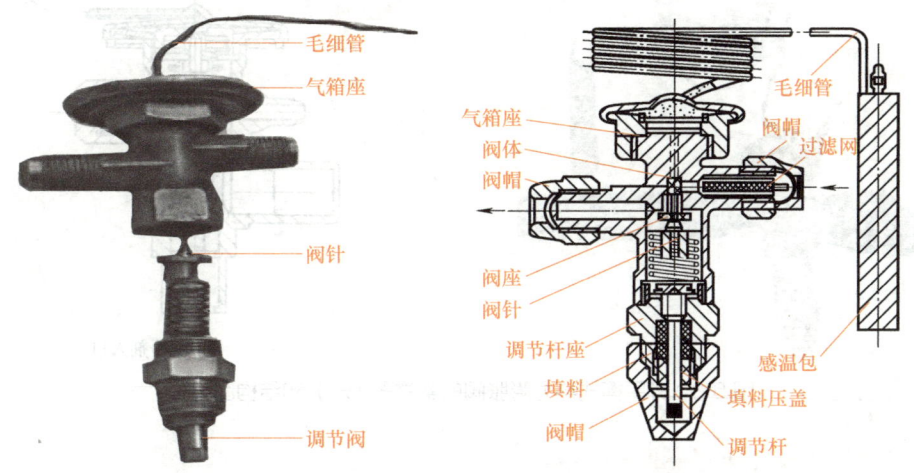

图 5-1 内平衡式热力膨胀阀实物图（左）和结构图（右）

热力膨胀阀对制冷剂流量的调节，是通过膜片上的 3 个作用力的变化而自动进行的。作用在膜片上方的是感温包内感温工质的气体压力（P_g），膜片下方作用着制冷剂的蒸发压力（P_0）和弹簧的压力（P_w），使膜片向下弯曲，通过推杆推动阀针增大开启度，则供液量增加；反之，阀针逐渐关闭，供液量减少。

内平衡式膨胀阀适合蒸发盘管阻力相对较小的蒸发器。蒸发盘管管路较长、管内流动阻力较大及带有分液器的场合，宜采用外平衡式热力膨胀阀。内平衡式热力膨胀阀工作原理见图 5-2。

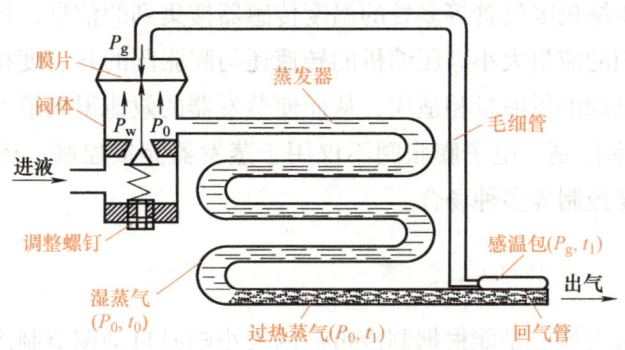

图 5-2 内平衡式热力膨胀阀工作原理图

2. 外平衡式热力膨胀阀

外平衡式热力膨胀阀的实物图和结构图见图5-3。在结构和安装上与内平衡式热力膨胀阀的区别是：外平衡式阀的膜片下方的空间与阀的出口不连通，而是用一根小直径的平衡管与蒸发器出口相连，见图5-4。这样，作用于膜片下方的制冷剂压力就不是节流后蒸发器进口处的 P_0，而是蒸发器出口处的压力 P_c，膜片受力平衡时为 $P_g=P_c+P_w$，可见，阀的开启度不受蒸发盘管管内流动阻力的影响，从而克服了内平衡式的缺陷。外平衡式热力膨胀阀多用于蒸发盘管阻力较大的场合。

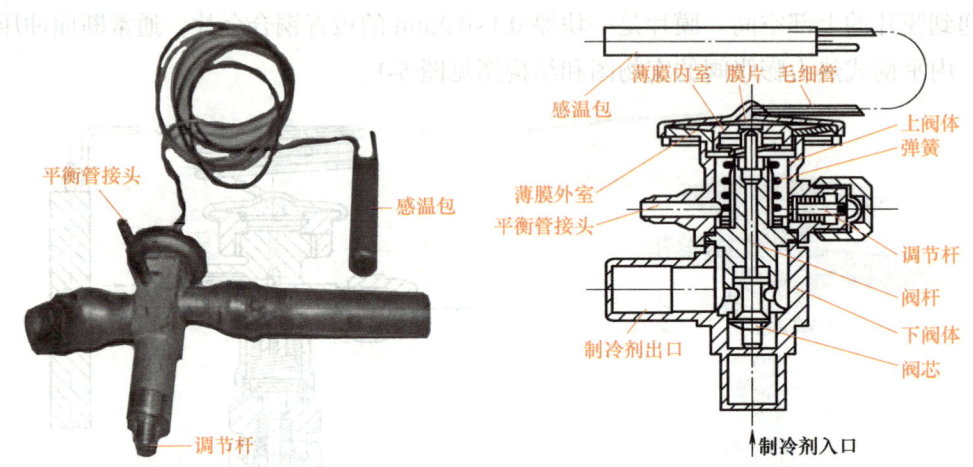

图5-3 外平衡式热力膨胀阀的实物图（左）和结构图（右）

3. 热电膨胀阀和电子膨胀阀

热电膨胀阀是利用热敏电阻的作用来调节供液量的调节阀。热敏电阻具有负温度系数特性，即温度升高，电阻减小。它直接与蒸发器出口的制冷剂蒸气接触。在工作电路中，热敏电阻与膨胀阀膜片上的加热器串联，加热器的电流随热敏电阻值的大小而变化。

电子膨胀阀可根据温度传感器采集到的温度变化信号控制阀门的开启度，从而控制制冷剂流量的大小（图5-5）。许多变频空调器的节流原理就是运用电子膨胀阀控制流量，在变频空调器上，它能使变频压缩机的优点得到充分发挥。因为其室外微处理器可以根据设在膨胀阀进出口、压缩机吸气管等多处的温度传感器搜集到的信息，自动控制阀门的开启度，随时改变制冷剂的流量大小。压缩机的转速还与膨胀阀的开启度相匹配，使压缩机的制冷剂输送量与通过阀的供液量相适应，从而使蒸发器的效能得到最大限度的发挥，实现了制冷系统的高效率控制。电子膨胀阀不仅用于蒸发器流量控制，还可用于冷凝器过冷度、压缩机排气温度控制等多种场合。

二、了解膨胀阀的节流特点

膨胀阀节流的最大特点是能根据制冷负荷的大小随时自动调节制冷剂的流量，进而影响蒸发器中的管道压力，满足不同制冷环境与温度的需要，还可以避免压缩机的高湿运行。但是由于其内部结构复杂，相比毛细管节流，增加了许多生产成本。

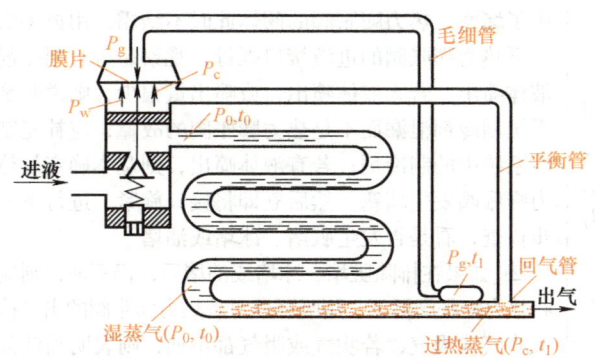

图 5-4　外平衡式热力膨胀阀工作原理图

图 5-5　电子膨胀阀外观图

三、掌握膨胀阀的安装方法

内平衡式热力膨胀阀安装在蒸发器的进液管上，注意蒸发器与膨胀阀的连接不能漏气。感温包敷设在蒸发器出口管道上，用以感知蒸发器出口的过热温度，感温包与蒸发器出口要紧密接触，如果接触不良，感温包就不能准确地感应蒸发器出口温度，从而影响自动调节。

外平衡式热力膨胀阀安装时要注意膜片下方的空间与阀的出口不连通，要用一根小直径的平衡管与蒸发器出口相连，其他部件与内平衡式热力膨胀阀安装相似，见图 5-6。

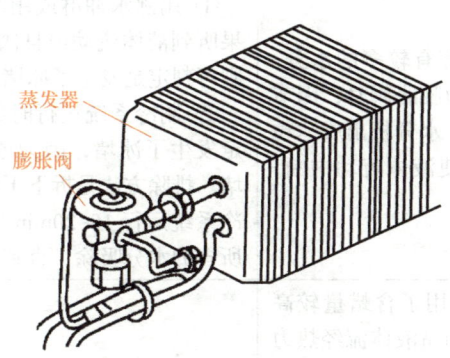

图 5-6　外平衡式热力膨胀阀的安装位置

四、掌握膨胀阀的检测与维修方法

热力膨胀阀发生故障时，常使制冷系统制冷效果变差或不能制冷，热力膨胀阀的常见故障及检修方法见表 5-1。

表 5-1 热力膨胀阀的常见故障及检修方法

故障现象	故障原因	检修方法
热力膨胀阀感温包中制冷剂泄露	感温包内的制冷剂泄漏后，作用在传动膜片上部的压力就会消失，热力膨胀阀的阀针在弹簧力和蒸发压力的作用下就会关死，造成热力膨胀阀不通，制冷剂无法流动	① 应先判断是系统制冷剂泄漏还是热力膨胀阀发生了堵塞。热力膨胀阀的阀体此时不结霜，用扳手松一下热力膨胀阀的进液接口螺母，观察是否有制冷剂液体喷出。若无液体喷出，或喷出量很少，则说明是系统制冷剂泄漏而不是热力膨胀阀的故障，应补充制冷系统中的制冷剂；若有液体喷出，则基本确定是热力膨胀阀发生堵塞。然后立即将接口旋紧，进行下一步检查，看是否发生脏堵、冰堵或油堵 ② 如果在排除脏堵、冰堵或油堵后，仍不通，则应将热力膨胀阀拆下，用吸耳球对着热力膨胀阀的出口接头吹气或吸气，若吹气或吸气都不通，则表明阀针关闭，发生了感温包制冷剂泄漏，这时应更换热力膨胀阀
热力膨胀阀脏堵	热力膨胀阀进口端的小过滤器常被氧化皮等杂质堵塞	① 正常工作状态下，热力膨胀阀处可听见连续的液体流动声，阀体在一条斜线以下结霜或结露。出现堵塞时则阀体不结霜、结霜不实或进口处逐渐出现结霜现象。当堵塞严重时，小过滤器部位的霜层就会融化，使供液中断，整个阀体都不结霜。此时，用扳手柄轻轻敲击热力膨胀阀进口的侧面，若能听到一点液流声且阀体开始结霜，就证实是发生了脏堵 ② 用扳手松一下热力膨胀阀的进液接口螺母，观察是否有制冷剂液体喷出。若有液体喷出，则基本确定是热力膨胀阀发生了堵塞。排除方法是将阀门拆下，用 70% 乙醇进行清洗，特别是要将小过滤器清洗干净，晾干后再重新装上，恢复正常使用
热力膨胀阀冰堵	由于制冷剂中存有较多的水分，当制冷剂流经热力膨胀阀时，因节流而使温度突降，水分析出成冰粒堵塞在阀孔处，使液体流动中断，阀体不结霜	① 用沸水冲淋或用酒精灯对阀体加热数分钟。如果听到液体流动声且阀体开始结霜，吸气压力上升，则可判定是发生了冰堵或油堵 ② 制冷系统运行时如发生时通时堵现象，则可判定发生了冰堵，因为冰堵的典型特征就是周期性通堵。排除方法是拆下干燥过滤器，更换干燥剂，让制冷系统运行 10~20min 后再更换干燥剂，将制冷剂中所含的水分吸除，直到无冰堵现象为止
热力膨胀阀油堵	① 若制冷系统用了含蜡量较高的润滑油，当氟利昂液体流经热力膨胀阀时，由于节流而温度突降，使润滑油中的蜡质析出并冻成油糊状，粘在阀孔四周，造成堵塞 ② 选用的润滑油品牌号不匹配，或者油分离器的效果不好也会发生油堵，这时液体流动中断，阀体也不结霜	① 对阀体加热时若听到有液体流动声，但运行时没有出现周期性通堵现象，一般可判定发生了油堵 ② 拆开热力膨胀阀，看堵塞处是否有糊状油迹，排除方法是查明油堵的原因，并更换匹配的润滑油

热力膨胀阀最常见的故障为堵塞，但堵塞的原因各不相同，只有正确判断原因才能顺利地维修。如果需要拆开阀体，则应注意拆卸阀体前要关闭储液器的出液阀，使压缩机运行至低压（呈真空时）停机后，方可拆下膨胀阀并进行下一步操作。

任务评价

任务考核评价单

序号	评价内容及分值	评价标准	学生自评 10%	小组互评 10%	教师评价 60%	企业评价 20%
1	学习方法 10分	课前完成必备知识的自学；课中认真观察思考，并主动操作实践；课后归纳反思				
2	学习态度 20分	工作态度端正，具有吃苦耐劳、诚实守信、认真负责的品质，对知识和技能能够认真学习钻研				
3	沟通表达 10分	能够及时与同组成员及指导教师、技术人员沟通交流				
4	合作能力 10分	团队协作意识强				
5	创新实践 10分	能够结合生产实际改进管理措施，减少管理成本，提高管理效率				
6	职业能力 10分	了解热力膨胀阀的结构特点				
7	学习成果 30分	能够处理热力膨胀阀的常见故障				
		合计				

任务二　热力膨胀阀的检测与更换

任务目标

进行热力膨胀阀的检测与更换，学会更换、安装热力膨胀阀，以及膨胀阀感温包的安装位置选择、固定和包扎。知道如何把膨胀阀的开启度调整到正常范围。

任务实施

1）准备一台使用膨胀阀（且膨胀阀有故障）的制冷设备，其他器材按本训练器材表准备。

2）判断膨胀阀有什么故障，然后收集制冷剂气体并正确拆卸膨胀阀。

3）正确安装新膨胀阀并抽空残余气体、补充新的制冷剂气体。把新的膨胀阀安装好，感温包一定要水平放置并包扎合理，用设备自身的压缩机抽真空，把系统内的空气和水蒸气排除。打开储液器阀门和相关阀门。

4）膨胀阀的调整。起动制冷设备，观察蒸发器结霜情况，测量吸气压力，测量压缩机运转电流。根据工作手册要求条件调整膨胀阀的开启度，或开大或开小，15min 后再次检查制冷系统状态，并对膨胀阀进行调整。反复调整到最佳状态。在调整过程中若发现系统内制冷剂不足，应补充后再调整膨胀阀。

任务评价

任务考核评价单

序号	评价内容及分值	评价标准	学生自评 10%	小组互评 10%	教师评价 60%	企业评价 20%
1	学习方法 10分	课前完成必备知识的自学；课中认真观察思考，并主动操作实践；课后归纳反思				
2	学习态度 20分	工作态度端正，具有吃苦耐劳、诚实守信、认真负责的品质，对知识和技能能够认真学习钻研				
3	沟通表达 10分	能够及时与同组成员及指导教师、技术人员沟通交流				
4	合作能力 10分	团队协作意识强				
5	创新实践 10分	能够结合生产实际改进管理措施，减少管理成本，提高管理效率				
6	职业能力 10分	掌握热力膨胀阀堵塞的调整方法				
7	学习成果 30分	掌握如何调整热力膨胀阀的开启度				
	合计					

项目小结

制冷节流装置在制冷系统中非常重要，直接控制了制冷系统的蒸发压力，决定了制冷效果的指标能否实现。本项目介绍了重要的节流装置——热力膨胀阀的结构、工作原理，以及热力膨胀阀的常见故障、安装方法等，这些都是进行果蔬贮藏必备的技能。

思考与练习

一、理论测试

1. 膨胀阀有几种，膨胀阀的节流特点是什么？
2. 热力膨胀阀的常见故障有哪些？

二、技能测试

分小组检测空调器的热力膨胀阀，必要时进行更换。

06 项目六
干燥过滤器检测

项目导学 ● 干燥过滤器在整个制冷系统中虽然结构简单，但却是一个重要的部件。因为任何一个制冷系统要想达到绝对的干净、干燥是不可能的，这就需要干燥过滤器来过滤杂质、吸收水分。干燥过滤器在工作过程中也有失效的时候，因此掌握干燥过滤器的检测和更换方法非常重要。

项目目标
● 知识学习目标：了解冷库设备干燥过滤器的结构、原理。掌握干燥过滤器的检测与更换方法。
● 技能培养目标：掌握在冷库设备上拆卸和更换干燥过滤器的方法，掌握冰箱干燥过滤器的故障判断与型号选择。
● 职业情感目标：激发学生对干燥过滤器工作原理的学习兴趣，培养科学的学习态度和求知精神。

任务一　认识干燥过滤器

🏷 任务目标

了解干燥过滤器的结构原理。

✅ 任务实施

一、了解干燥过滤器的作用

在制冷系统中，冷凝器的出口端和毛细管的进口端通常要安装干燥过滤器。制冷系统工作过程中总会产生少量的水分，从制冷系统中彻底排除水蒸气是相当困难的。水蒸气在制冷系统中循环，当温度下降到0℃以下时，将聚集在毛细管的出口端，累积而结成冰珠，造成毛细管堵塞，即所谓的冰堵，使制冷剂在制冷系统中的循环中断，造成制冷系统失去制冷能力。另外，制冷系统中的杂质、污物、灰尘等，进入毛细管也会造成堵塞，中断或部分中断制冷剂的循环，即发生所谓的脏堵，进入膨胀阀就会堵塞阀孔，进入压缩机就会拉毛和刮伤气缸。为此，制冷系统中应装有清除这些杂质的设备。

干燥过滤器的作用就是除去制冷系统内的水分和杂质，以保证毛细管不被冰堵（冻堵）和脏堵，从而保证制冷剂在制冷系统中正常流动，并且减少冷库各设备和管道的腐蚀。

二、熟悉家用冰箱干燥过滤器的结构、原理

1. 冰箱干燥过滤器的结构

冰箱干燥过滤器的结构图见图6-1。它以直径14~16mm、长100~150mm的纯铜管为外壳，两端装有铜丝制成的过滤网，两网之间装入分子筛或硅胶。过滤网用来滤去杂质，分子筛或硅胶是干燥剂，用来吸附水分。它以物理吸附的形式吸水后不生成有害物质，并可以加热再生。过滤网用80~120目（孔径为125~180μm）的黄铜丝网制成。为了使过滤网牢固地装在外壳内，一般把过滤网制成浅筒状，并固定在一个用黄钢板弯成的圆形网架上。过滤网有两个，两端各放一个，以防分子筛窜动。干燥过滤器还有一种双进口端的结构。在进口部有两个端口，一个端口接冷凝器末端的铜管；另一个端口接抽真空用的第二抽真空管，使系统高效抽空，见图6-2。

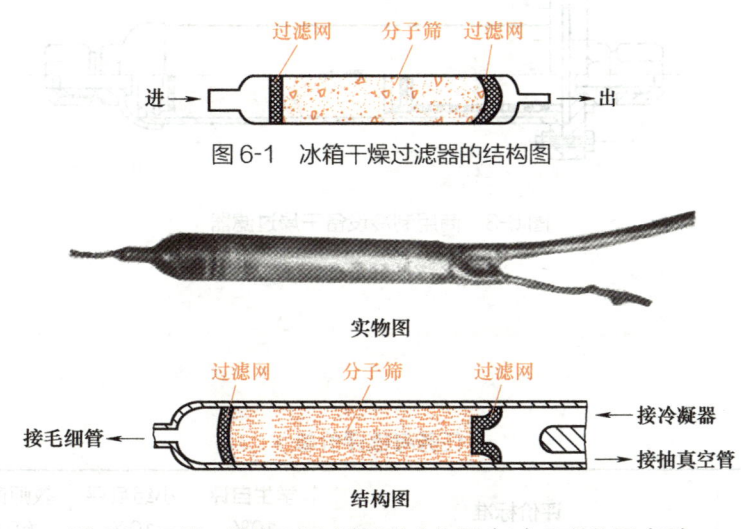

图6-1 冰箱干燥过滤器的结构图

实物图

结构图

图6-2 双进口端的干燥过滤器的实物图（上）和结构图（下）

2. 干燥过滤器中分子筛的吸水原理

分子筛是一种人造泡沸石，属硅铝酸盐，为粒状白色固体，具有均匀的结晶孔隙，结晶孔隙大约为0.4nm。它不溶于水和有机溶剂，是一种性能优异的选择性吸附剂。当混入

分子筛的其他物质的分子直径小于分子筛的分子直径时，就会被分子筛吸附。采用加热的方法，又可以使该物质脱附。因此，选用不同直径的分子筛，可对不同直径的物质进行分选，这就是它被称之为"筛"的原因。R12 制冷剂的分子直径大于 0.4nm，而水分子的直径小于 0.4nm，所以选用直径为 0.4nm 的分子筛，就可筛去水分子而保留 R12。每克分子筛能吸附 160~200mg 水。对于容积为 200L 以下的冰箱，一般只要有 10~15g 分子筛，就可以把制冷系统的含水量降到规定的数值以下。

3. 分子筛使用时的注意事项

1）更换干燥过滤器时，开封后要立即安装到制冷系统中，以防空气中的水分进入分子筛而被带入制冷系统。

2）干燥过滤器吸收水分太多后就不能继续使用了。若要重新使用，需进行再生处理，方法是将其放在箱温为 320℃ 以上的烘箱里，连续烘烤 2h 后取出，冷却至室温即可使用。

三、了解商用制冷设备干燥过滤器

商用制冷设备干燥过滤器与家用冰箱干燥过滤器在构造上略有不同，其使用的干燥剂一般为硅胶，过滤器一般分为气体过滤器和液体过滤器两种。气体过滤器安装在压缩机的吸气管路上或压缩机的吸气腔上，以防止机械杂质进入压缩机气缸。液体过滤器一般安装在热力膨胀前的液体管路上，防止污物堵塞或损坏阀件。过滤器的工作过程是用金属网阻挡污物，见图 6-3。

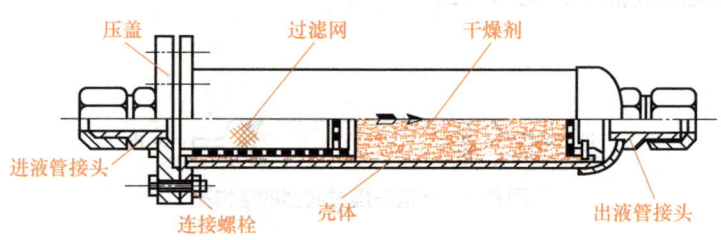

图 6-3　商用制冷设备干燥过滤器

任务评价

任务考核评价单

序号	评价内容及分值	评价标准	学生自评 10%	小组互评 10%	教师评价 60%	企业评价 20%
1	学习方法 10分	课前完成必备知识的自学；课中认真观察思考，并主动操作实践；课后归纳反思				

(续)

序号	评价内容及分值	评价标准	学生自评 10%	小组互评 10%	教师评价 60%	企业评价 20%
2	学习态度 20分	工作态度端正，具有吃苦耐劳、诚实守信、认真负责的品质，对知识和技能能够认真学习钻研				
3	沟通表达 10分	能够及时与同组成员及指导教师、技术人员沟通交流				
4	合作能力 10分	团队协作意识强				
5	创新实践 10分	能够结合生产实际改进管理措施，减少管理成本，提高管理效率				
6	职业能力 10分	熟悉常见干燥过滤器的结构				
7	学习成果 30分	了解干燥过滤器中分子筛的吸水原理				
		合计				

任务二　干燥过滤器的检测与更换

🏷 任务目标

进行干燥过滤器的检测与更换，掌握拆卸和更换干燥过滤器的方法，学习干燥过滤器的故障判断与型号选择。

✅ 任务实施

1）通过一台干燥过滤器有故障的冰箱，观察干燥过滤器的故障现象，判断故障原因。

① 手摸感受干燥过滤器表面的冷热程度，过滤器表面正常温度应与环境温度相近，手摸有微温的感觉。若出现显著低于环境温度甚至一侧热一侧凉，或有结霜的现象，说明其中过滤网的大部分网孔已被阻塞，导致制冷剂流动不畅，而产生节制降温现象。

② 取下干燥过滤器，更换新的。更换时应根据所用的制冷剂的不同选用相匹配的干

燥过滤器型号。R12 制冷剂应选用 XH-5 型分子筛的干燥过滤器；R134a 制冷剂应选用 XH-7 型分子筛的干燥过滤器；R600a 制冷剂应选用 XH-9 型分子筛的干燥过滤器。

③ 若干燥剂是硅胶，则可以拿一粒硅胶放在嘴唇上贴一下，往下拿时有不易拉脱的感觉为好；还可将水滴在硅胶颗粒上，能听到有微微的崩裂声为好。以分子筛为干燥剂的制冷系统，分子筛失效的标志是制冷系统经常发生冰堵。应经常更换或加热干燥剂，更换下来的硅胶也可再生使用，方法是把硅胶放在温度为 100~120℃ 的烘箱中加热 2h。分子筛可减压加热至 350℃，维持 3h 左右。

2）将制冷剂放掉，然后在压缩机工艺管上焊上连接表阀的铜管。连接表阀的一端用扩口器加工成喇叭口状，铜管焊好后连接三通修理阀（表阀）。

3）用专用剪刀断开毛细管，用焊枪焊接干燥过滤器。

4）在备选的干燥过滤器中选择新的干燥过滤器。选择型号要尽量和原来使用的型号一致。

5）焊接新的干燥过滤器，注意管口的清理以及毛细管的插入长度要合适。先焊接毛细管与干燥过滤器的接口，焊好后通入氮气检查是否存在焊堵，确定毛细管畅通后，再焊接另一端。

6）通过修理阀，向焊好的制冷系统中充入 0.6MPa 的高压氮气，用肥皂水仔细检查各焊口、管接头及可能泄漏之处，若有肥皂泡鼓起，即为泄漏点，应重新焊接。然后保持 1 个大气压左右 4h，观察压力下降情况。若压力下降明显，则应继续查漏。

任务评价

任务考核评价单

序号	评价内容及分值	评价标准	学生自评 10%	小组互评 10%	教师评价 60%	企业评价 20%
1	学习方法 10 分	课前完成必备知识的自学；课中认真观察思考，并主动操作实践；课后归纳反思				
2	学习态度 20 分	工作态度端正，具有吃苦耐劳、诚实守信、认真负责的品质，对知识和技能能够认真学习钻研				
3	沟通表达 10 分	能够及时与同组成员及指导教师、技术人员沟通交流				
4	合作能力 10 分	团队协作意识强				

(续)

序号	评价内容及分值	评价标准	学生自评 10%	小组互评 10%	教师评价 60%	企业评价 20%
5	创新实践 10分	能够结合生产实际改进管理措施,减少管理成本,提高管理效率				
6	职业能力 10分	掌握判断干燥过滤器的故障方法				
7	学习成果 30分	掌握干燥过滤器的更换方法				
		合计				

项目小结

本项目重点讨论了冰箱和商用制冷设备的干燥过滤器的结构、干燥原理,其中干燥过滤器中分子筛的吸水原理是需要掌握的重点内容。干燥过滤器的检测与更换在制冷系统的维修中经常遇见,因此一定要牢固掌握。

思考与练习

一、理论测试

1. 冰箱制冷系统中为什么要加装干燥过滤器?
2. 简述干燥过滤器中分子筛的吸水原理。
3. 简述干燥过滤器的检测与更换方法。

二、技能测试

分小组检测并更换制冷系统干燥过滤器。

07 项目七
气焊认知

项目导学
- 制冷系统的管道通常是铜、铝或钢材料，管道的焊接一般采用气焊。制冷系统维修所用的气焊是用可燃气体乙炔（或液化气）和助燃气体氧气混合后点燃产生的高温火焰来熔化两个被焊件的连接处，熔点较低的焊料（填充物）加热溶化后，渗入并填满连接处，达到焊接管道的目的。

项目目标
- 知识学习目标：了解气焊设备的使用常识和各种材料的气焊焊接工艺。
- 技能培养目标：掌握同种材料的焊接工艺和异种材料（铜与钢）的焊接工艺。
- 职业情感目标：激发学生对气焊的学习兴趣，培养学生的组织纪律性及一丝不苟的工作态度。

扫码看视频

任务一　认识气焊

任务目标

了解气焊设备的使用常识。

任务实施

一、认识常用气焊设备

常用气焊设备见图 7-1。气焊设备各部件说明见表 7-1。

项目七 气焊认知

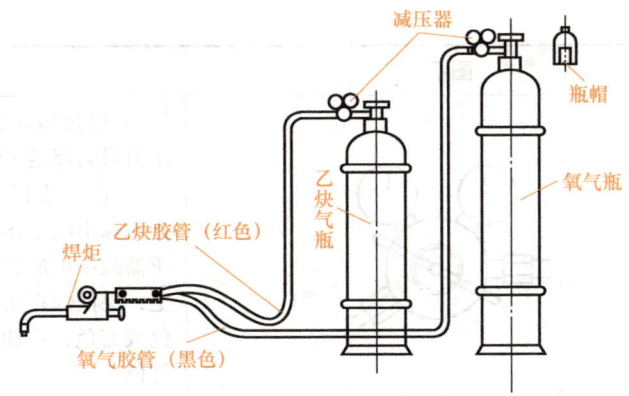

图 7-1 气焊设备工具连接图

表 7-1 气焊设备各部件说明

部件名称	图示	作用
氧气瓶（天蓝色）		可贮藏 15MPa 氧气
氧气减压器		1) 使瓶内高压氧气转变为制冷系统工作用的低压氧气，焊接时一般用 0.1MPa 左右（表压）的氧气 2) 焊接工作中需保持氧气固定压力 3) 高压表指示瓶内气压，低压表指示输出的工作气压
乙炔气瓶（白色）		贮藏乙炔气体，贮藏满额时压力达 1.5MPa

079

(续)

部件名称	图示	作用
乙炔减压器	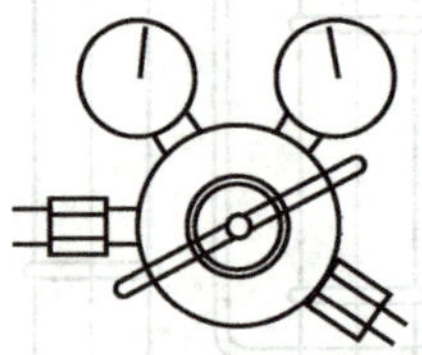	1）通过减压器，使瓶内乙炔气体压力降为焊接工作所需的压力 2）高压表指示瓶内气压，低压表指示输出的工作气压。输气通道把减压器减压后的氧气和乙炔输送到焊炬上，保证焊炬正常工作。氧气管为黑色或蓝色，乙炔管（或液化气管）为红色
焊炬（焊枪）	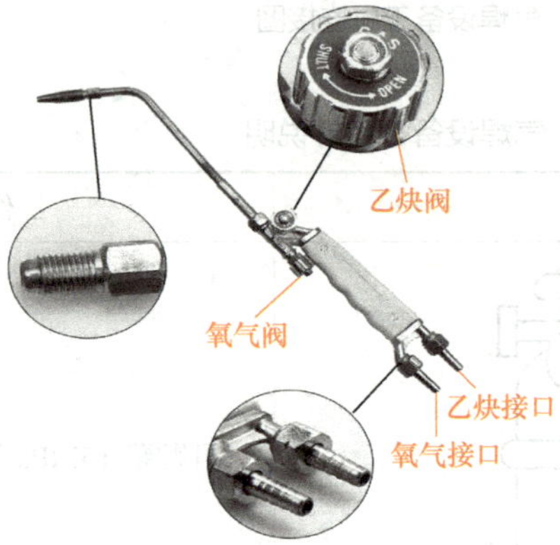	通过氧气调节阀和乙炔（或液化气）调节阀，使两种气体按需要的比例在焊炬中均匀混合，并由一定孔径的喷嘴喷出，燃烧并形成所需的焊接用火焰

二、掌握气焊设备使用时的安全注意事项

气焊设备使用时的安全注意事项见表 7-2。

表 7-2　气焊设备使用时的安全注意事项

名称	安全注意事项
全套设备	1）严禁漏气 2）禁止吸烟和油污 3）气焊设备出现故障，需修复后才能使用，严禁带故障使用 4）严禁把点燃的焊枪搁置，人离开
氧气瓶	1）按国家规定必须漆成天蓝色 2）直立放在专用支架上并固定，个别情况下卧放时，要把瓶颈垫高，并用木块垫紧 3）装上减压器前，应将瓶阀缓缓打开，吹掉瓶口的灰尘和金属物质。操作员不要站在出气口前方，以免气流射伤人体 4）远离高温区。熔融金属及明火均应离氧气瓶 10m 以上 5）瓶内气体不得用完，应使剩余氧气的压力不低于 0.2MPa，以防可燃气体倒流入瓶内，发生安全事故 6）氧气瓶应有防振胶圈，搬运前应检查氧气瓶的安全帽是否拧紧

(续)

名称	安全注意事项
乙炔气瓶	1）瓶身必须直立，切勿倒放。倒放会使瓶内丙酮随乙炔流出，甚至流入胶管和割、焊炬内，这是非常危险的 2）瓶体远离明火 10m 以上 3）严禁暴晒和靠近热源，瓶体温度不超过 40℃ 4）瓶内气体不得用完，剩余气体应保持 0.05MPa 以上的压强
减压器	1）开启减压器时，操作者要站在减压器正面或氧气瓶出气口前方 2）气焊操作时，氧气低压表示数应在 0.1~0.4MPa，乙炔低压表示数以不超过 0.05 MPa 为宜 3）若减压器冻结，严禁用火烤，可用热水或蒸气进行解冻

三、掌握气焊设备的使用方法

气焊设备的使用方法见表 7-3。

表 7-3 气焊设备的使用方法

序号	步骤	方法
1	检查氧气瓶和乙炔气瓶气压是否处于正常值范围	查看高压表，若氧气压力低于 0.2MPa，乙炔压力低于 0.05MPa，则要充气并达到正常值范围后才允许使用。若压力超过正常值，则一定要查明异常原因，排除故障后再使用
2	戴护目眼镜	根据视力情况选择，一般用 3~7 号黄绿色镜片
3	检漏	检查各部分是否漏气，可听声音或用肥皂水检验
4	开启氧气瓶阀	缓慢地逆时针（从上向下看）开启氧气瓶阀
5	开启减压器	缓慢地顺时针（从上向下看）转动氧气减压器开关调节杆，向焊炬输出 0.1~0.4MPa 压气的氧气
6	检查焊炬的射吸能力	将红色的氧气胶管接在焊炬下方氧气管接头上，不接乙炔管，接着打开焊炬上乙炔调节阀和氧气调节阀，当氧气从焊嘴射出时，用手指堵住焊炬上的乙炔进气口，若感到有明显的吸力，则表明焊炬的射吸能力正常，可以正常使用，然后再接上乙炔（或液化气）胶管，并固定牢靠
7	开启乙炔气瓶阀	缓慢地逆时针（从上向下看）转动乙炔气瓶阀门
8	调节乙炔减压器	缓慢地顺时针（从上向下看）转动乙炔减压器调节开关，输入小于 0.5MPa 的乙炔气
9	打开焊炬的氧气调节阀，输出氧气	先缓慢地调节焊炬的氧气调节阀，使焊炬输出很小的氧气流量

(续)

序号	步骤	方法
10	打开焊炬的乙炔调节阀，输出乙炔气	缓慢地打开焊炬的乙炔调节阀，输出乙炔气
11	点火	用火柴或点火枪点燃，再细调氧气和乙炔流量，直到火焰合适为止（点火时，焊枪不能对准他人和自己，以免引起烧伤）
12	关闭焊枪	关闭焊枪时，按开启的反方向旋转气阀（这样的顺序可防止回火和产生黑烟火），直到旋转到底，然后再关闭各气瓶和减压器的阀门

注：制冷系统管道焊接维修时若采用小型气焊设备，使用更简单，操作方法同上。

四、了解气焊的火焰

气焊火焰的大小可通过调节焊炬的氧气调节阀和乙炔调节阀来实现，气焊火焰有碳化焰、中性焰和氧化焰 3 种，它们都由焰心、内焰和外焰 3 部分构成，内焰是整个火焰温度最高的部分，制冷设备管道焊接维修一般采用内焰焊接，所以内焰又称焊接区。3 种气焊火焰的特征及调节方法见表 7-4。

表 7-4　气焊火焰的特征及调节方法

名称	火焰特征	调节方法
碳化焰	乙炔偏多的火焰，最高温度为 2700~3000℃，火焰较长，焰心、内焰、外焰没有明显的轮廓。乙炔过多时火焰尖部冒黑烟	点燃焊炬后，一般乙炔气体流量较大，得到的就是碳化焰
中性焰	由氧气和乙炔按（1.1~2）∶1 的比例混合燃烧而形成，内焰温度最高为 3050~3150℃，整个内焰是蓝白色的，制冷系统管道焊接维修时一般采用内焰焊接	在碳化焰基础上逐渐增加氧气流量，火焰由长变短，内焰逐步变得很小，焰心、外焰轮廓很清楚（看起来好像只有两层火焰），这时就是标准的中性焰
氧化焰	氧气偏多的火焰。焰芯的最高温度可达 3500℃	在中性焰的基础上逐渐增加氧气流量，火焰由长变短且发出"咝咝"的响声，此时即为氧化焰

五、掌握焊料、焊剂与焊接要点

1. 焊料

焊料俗称焊条。焊料被气焊火焰熔化后，渗入并填满焊件连接处，达到牢固连接的目的。常见制冷系统管道焊接维修用焊料见表 7-5。

表7-5 常见制冷系统管道焊接维修用焊料

名称	常见规格	特点及用途
铜磷焊条、低银焊条（俗称银焊条）	① 焊丝系列：Φ0.8mm、Φ0.3mm 盘丝 ② 焊条系列：Φ0.8mm、Φ2.5mm 直条，厚1.3mm×宽3.15mm扁焊条。常见的有12号、25号、45号	熔化温度较低，多为900℃以下，焊接温度要略高一些。可用于接触钎焊和气体火焰钎焊。有良好漫流、填缝和湿润性，不需助焊剂，常用于铜管与铜管的焊接，不宜焊接黑色金属管件
铜银焊条、铜锌焊条（俗称铜焊条）	一般长1m、直径3.0mm和长0.9m、直径2.5mm，铜锌常见的有36号、48号、54号	熔化温度为900~1100℃。用于铜管与钢管、钢管与钢管，以及铜管与铜管的焊接，漫流、填缝和湿润性比银焊条差，所以需要助焊剂。焊完后要清理焊口附近的残留焊剂，以防腐蚀

2. 焊剂

焊剂（也称焊药、焊粉）的作用是防止被焊金属及焊料氧化，有效除去焊接部位的氧化物杂质，增强焊料的流动性和湿润性。

3. 焊接温度

制冷系统管道接头的焊接质量对制冷系统的正常运转特别重要。要确保焊接质量，掌握焊接温度是关键。纯铜管的焊接温度和颜色的关系见表7-6，根据焊管的颜色就可以粗略知道其温度。

表7-6 纯铜管的焊接温度与颜色

颜色	温度/℃	颜色	温度/℃
微红色	525	亮樱色	1000
暗红色	700	亮白色	1400
樱红色	900	炫目	1500

4. 正确处理接头

两铜管套接时，如果两管直径相等，需用胀管器将其中管胀粗，将较细管插入较粗管内，插入深度、细管外表面与粗管内表面间的间隙见表7-7。

表7-7 铜管套接插入深度与间隙 （单位：mm）

管径	<10	10~20	20~25	>20
间隙	0.06~0.10	0.06~0.20	0.06~0.26	0.06~0.55
插入深度	6~10	10~15	>15	>15

六、了解铜管的基本加工常识

铜管基础加工工具的结构特点及作用见表7-8。

表7-8 铜管基础加工工具的结构特点及作用

名称	图示	结构特点	作用
割管器		割管器主要由切轮、支架和调整钮组成,利用切轮绕铜管圆周挤压切割,将铜管切断	割管器又称割刀,是用来割断铜管的,直径为4~12mm的铜管不允许用钢锯锯断,必须使用割管器切断
剪刀		毛细管管径细,管壁薄,因此不能用一般割管器去割,可用剪刀划出划痕再掰断,也可用专用的毛细管钳切割,本书介绍常用的剪刀切割	用于在毛细管上划出划痕
弯管器		弯管器有直径不一的凹圆形槽沟,放入铜管后转动两手柄,在一定的力矩作用下加力,将铜管折弯,铜管四周由于受力均匀,因此铜管在折弯的过程中不会被夹扁。弯管器有多种规格	用来折弯铜管,适合弯制半径小于20mm的铜管
胀管器		胀管器可利用夹具夹紧铜管,通过旋转螺栓把一个锥头压入铜管管口,从而把铜管管口胀成喇叭形(若胀管头是柱状的则会胀成杯形),不同的管径有不同的胀管头和夹具孔与之对应。夹具孔的上口有60°的倒角	用来将铜管胀成杯形口或喇叭口。两根铜管对接时,需要将一根铜管插入另一根铜管中,这时往往需要将被插入铜管的端部的内径胀大,以便另一根铜管能够吻合插入,只有这样才能使两根铜管焊接牢固;另外,当采用螺纹接头时,管口要胀成喇叭形才能保证连接处的密封性
封口钳		相当于一把电工钳,不过其钳口是半圆形的,避免在夹扁铜管时把铜管夹断;另外,当把铜管夹扁时,封口钳能保持锁紧状态,直到人为打开为止	封口钳在冰箱、窗式空调器等全封闭制冷系统维修时封闭工艺口时使用

任务评价

任务考核评价单

序号	评价内容及分值	评价标准	学生自评 10%	小组互评 10%	教师评价 60%	企业评价 20%
1	学习方法 10分	课前完成必备知识的自学;课中认真观察思考,并主动操作实践;课后归纳反思				
2	学习态度 20分	工作态度端正,具有吃苦耐劳、诚实守信、认真负责的品质,对知识和技能能够认真学习钻研				
3	沟通表达 10分	能够及时与同组成员及指导教师、技术人员沟通交流				
4	合作能力 10分	团队协作意识强				
5	创新实践 10分	能够结合生产实际改进管理措施,减少管理成本,提高管理效率				
6	职业能力 10分	了解使用气焊设备的安全注意事项				
7	学习成果 30分	掌握常用气焊设备的使用方法				
		合计				

任务二 同种和异种材料(铜与钢)的焊接

任务目标

掌握铜管和钢管气焊的基本技能。

任务实施

1)铜管焊接深度的示意图见图7-2。

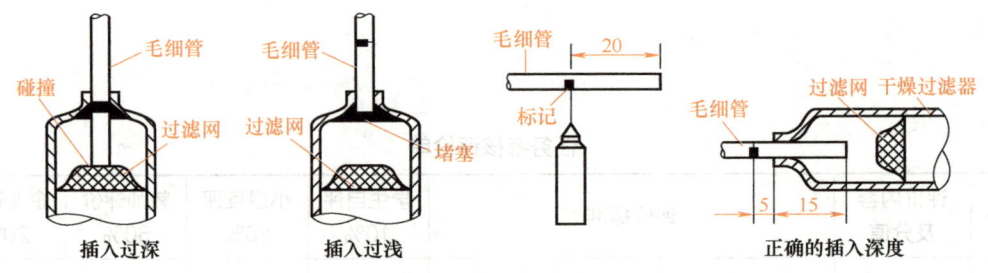

图 7-2 铜管的焊接深度（单位：mm）

2）焊接操作。下面以较难焊接的铜管与钢管为例，用图表结合的方式介绍焊接操作，见表 7-9。

表 7-9 焊接操作示意图表

步骤	方法	图示
步骤 1：预热	用中性焰略微加热铜焊条的一端	
步骤 2：加焊剂	将铜焊条的受热端插入助焊剂，沾上一些助焊剂	
步骤 3：加热	用中性焰内焰加热待焊处，火力主要集中在钢管时，顺带加热铜管（因为钢的熔点比铜高）。为了使同种材料受热均匀，火焰可以适当移动	
步骤 4：焊接	当钢管发红并且铜管呈暗红至亮樱色时，即可送焊料到焊接口（焊料要与管道接触），内焰继续加热焊缝周围部位，用外焰适当加热焊料，使其熔化，自动流满一圈，可在未焊住的地方加焊一次。如果怀疑有气孔，可以再次短时加热焊接处，使焊料再次融化，必要时可适当补充焊料	
步骤 5：检漏	关闭气焊设备，对焊接后的管道充入氮气或干燥空气，用肥皂水检漏	

注：铜管与铜管的焊接可以使用低银焊条，不需焊剂，操作方法与上面所述相同，只是焊缝附近要均匀加热，焊接更容易成功。

知识拓展

1. 焊接经验技巧

焊接的经验技巧见表 7-10。

表 7-10　焊接的经验技巧

技巧	解释
焊料未凝固前，焊口绝对不能振动	振动会导致接头强度下降，易出现气孔，也可能使熔化的焊料进入管道，形成堵塞或半堵塞
加热时间不能太长，尽量避免反复加热	加热时间太长，管内会出现氧化物，脱落后易堵塞管道。焊料凝固后，其质地疏松，强度低，易出现泄漏或渗透性泄漏
焊接温度不能过高，注意管道颜色的变化	温度过高，融化的焊料不易聚集在焊缝处，而往往流向焊缝两边的管道，也容易使焊接处融化塌陷致焊接失败
需要焊剂时，用量要适当	使用焊剂过多，易形成夹渣，导致泄漏
一般焊接，使用中性焰，较厚管可适当使用氧化焰，较薄管和较细管可适当使用碳化焰	合理选用火焰，有利于提高焊接质量和速度

2. 优良的接头和部分有缺陷的接头

焊接后，优良接头和部分有各种缺陷的接头的说明和处理方法见表 7-11。

表 7-11　优良接头和部分有缺陷的接头的说明和处理方法

名称	说明和处理方法
优良接头	焊接时间恰当，焊面光滑、圆润，焊料不多不少，无气泡、砂眼，无半堵和全堵现象
有缺陷的接头（不合格）	接头无泄漏和堵塞，能勉强使用。其缺陷是焊接时间较长，使用焊料和焊剂较多。以后可能会出现接头腐蚀、渗透性泄漏
有砂眼的不合格接头	有砂眼，泄漏。补焊后可以使用
不合格接头	焊剂用量过少，火焰温度不够，有毛刺。可适当补充焊剂，再次加热，使之融化，用火焰的气流适当吹动毛刺和不平处，使之平滑圆润

任务评价

任务考核评价单

序号	评价内容及分值	评价标准	学生自评 10%	小组互评 10%	教师评价 60%	企业评价 20%
1	学习方法 10 分	课前完成必备知识的自学；课中认真观察思考，并主动操作实践；课后归纳反思				

(续)

序号	评价内容及分值	评价标准	学生自评 10%	小组互评 10%	教师评价 60%	企业评价 20%
2	学习态度 20 分	工作态度端正，具有吃苦耐劳、诚实守信、认真负责的品质，对知识和技能能够认真学习钻研				
3	沟通表达 10 分	能够及时与同组成员及指导教师、技术人员沟通交流				
4	合作能力 10 分	团队协作意识强				
5	创新实践 10 分	能够结合生产实际改进管理措施，减少管理成本，提高管理效率				
6	职业能力 10 分	掌握气焊时使用火焰的最佳部位				
7	学习成果 30 分	掌握气焊的方法				
		合计				

任务三　铜管加工工艺训练

🏷 任务目标

掌握制冷系统中常用铜管的割、弯、胀和封等加工方法，毛细管的截断方法，以及常用铜管型号的选择。

✅ 任务实施

学习铜管的切割和弯曲、铜管的胀口、压缩机工艺管的封口、毛细管的割断等操作。铜管的基本加工工艺方法见表 7-12。

表 7-12 铜管的基本加工工艺方法

项目	方法	说明
割管	① 取一根适当管径的铜管,并将其放置在滚轮与切轮之间,铜管的侧壁贴紧两个滚轮的中间位置 ② 转动调整钮使切轮的切口与铜管垂直夹紧。随即均匀地将割刀整体环绕铜管旋转 ③ 旋转一圈后再拧动调整转柄,使切轮进一步切入铜管,继续转动割刀直至将铜管切断 ④ 用割管器自带的铰刀沿管口边缘刮几圈,将管口边缘的毛刺去掉,防止铜屑进入制冷系统 ⑤ 观察切口是否平整、无缩口现象,否则应重新切割	每次进刀量不宜过多,只需拧进 1/4 圈即可,否则可能会造成铜管挤压变形,出现缩口现象
弯管	① 用气焊火焰把铜管加热成暗红色,然后放在空气中自然冷却,这一过程称为退火 ② 将退火后的铜管放入弯管器的相应槽沟内,用搭扣扣住铜管 ③ 慢慢旋转手柄直到达到所需的角度为止	① 为了不使铜管的管壁凹瘪,各种铜管的弯曲半径应不小于其管径的 5 倍。因此,弯曲不同管径的铜管,应选择不同规格的弯管器 ② 对于管径较小的铜管,可将弹簧弯套管套入铜管外直接徒手弯曲
胀套口	① 胀套口又称胀杯形口,目的是连接铜管。根据不同的铜管管径,选用不同的钢冲旋到胀管器的螺杆上 ② 将退火后的铜管放入夹具相应的孔径内,铜管露出高度要稍大于管径。然后将管冲对准铜管管口慢慢旋转手柄,使钢冲压入铜管,胀到所需长度即可	为了增加焊口的焊接强度,一般要使套管套口的内径比被套管外径大 0.5mm 左右,套口的长度应在 10mm 左右,以便焊料能够流入套口间隙中,形成能满足需要的焊接面。铜管管口露出夹具表面的高度应略大于胀头的深度。扩管器配套的系列胀头对于不同管径的胀口深度及间隙都已制作成型,一般小于 10mm 铜管管径的伸入长度为 6~10mm,间隙为 0.06~0.1mm
胀喇叭口	将铜管扩口端退火,并用锉刀锉修平整,然后把铜管放置于相应管径的夹具中,拧紧夹具上的紧固螺母,将铜管牢牢夹死。扩喇叭口时铜管管口必须高于扩管器表面,其高度大约与孔倒角的斜边相同,然后将扩管锥头旋固在螺杆上,连同弓形架一起固定在夹具的两侧。扩管锥头顶住管口后再均匀缓慢地旋紧螺杆,锥头也随之顶进铜管管口内	旋进螺杆时不要过分用力,以免顶裂铜管。一般每旋进 3/4 圈后再倒旋 1/4 圈,这样反复进行直至扩制成型。最后扩成的喇叭口要圆正、光滑、没有裂纹
封口	① 根据铜管管壁的厚度调整钳柄尾部的螺栓,使钳口的间隙小于铜管壁厚的 2 倍 ② 调整适宜后将铜管夹于钳口的中间,合掌用力紧握封口钳的两个手柄,钳口便把铜管夹扁而铜管的内孔也随即被侧壁挤死,起到封闭的作用 ③ 气焊封口后拨动开启手柄,在开启弹簧的作用下,钳口自动打开	① 钳口间隙要调整适当,过大时封闭不严,过小时易将铜管夹断 ② 封口后可检测是否封住。检查方法:排出铜管到压力表里面的氟利昂,然后关闭表阀,观察压力表的压力变化。如果不变则封闭起作用,反之就必须重新调整钳口,二次封闭
毛细管的加工	① 用左手拿住毛细管,右手拿着剪刀,轻轻转动剪刀,划出整圈的刀痕 ② 在将要划透的时候,放下剪刀,双手捏住划痕处的两端掰开	要注意剪刀不可用力过猛,另外不要试图划透,这样操作可以防止由于断口处出现缩口而影响制冷剂正常流动

任务评价

任务考核评价单

序号	评价内容及分值	评价标准	学生自评 10%	小组互评 10%	教师评价 60%	企业评价 20%
1	学习方法 10分	课前完成必备气焊知识的自学；课中认真观察思考，并主动操作实践；课后归纳反思				
2	学习态度 20分	工作态度端正，具有吃苦耐劳、诚实守信、认真负责的品质，对知识和技能能够认真学习钻研				
3	沟通表达 10分	能够及时与同组成员及指导教师、技术人员沟通交流				
4	合作能力 10分	团队协作意识强				
5	创新实践 10分	能够结合生产实际改进管理措施，减少管理成本，提高管理效率				
6	职业能力 10分	掌握扩铜管喇叭口的方法				
7	学习成果 30分	掌握铜管的弯曲方法				
		合计				

项目小结

本项目主要阐述了各种铜管气焊加工工具的使用方法，然后详细列表叙述了铜管的气焊基本加工工艺方法。铜管的气焊加工质量直接关系制冷系统的维修、施工的成败，是制冷系统管道维修工作的一项基本功，因此必须熟练掌握其要领。

思考与练习

一、理论测试

1. 铜管加工工具有哪些？
2. 截断毛细管应如何操作？
3. 铜管的气焊基本加工工艺有哪些？

二、技能测试

分小组进行铜管的气焊加工工艺操作训练。

08 项目八
氨系统冷库各类事故防范

项目导学
- 果蔬贮藏中,冷库安全很重要。本项目对氨系统漏氨及闪爆的原因进行分析。

项目目标
- 知识学习目标:了解氨系统热氨冲霜的方法。
- 技能培养目标:掌握热氨冲霜和湿冲程处理技术。
- 职业情感目标:激发学生对各类氨系统事故防范措施的学习兴趣,培养科学的学习态度和安全生产的意识。

任务一 了解氨系统冷库事故

任务目标

了解氨系统冷库事故发生的原因,熟悉防范其发生的措施。

任务实施

一、了解冷库管道氨系统漏氨事故

2013年库尔勒源田冷库氨系统铝排管冷库在U形弯处爆裂,出现库内管道破裂(图8-1～图8-3)。氨液泄漏使库内香梨受到氨液污染,造成上百万元的重大经济损失。图8-4为被氨气污染的香梨。

1. 事故原因

事后,冷库经营业主认为供货商的设备质量不达标,造成铝排管冷库内排管的承压力

不足,所以在 U 形管的拐弯处出现爆裂。供货商则认为是由于冷库业主单位的操作工误操作所为。两方各执一词。

图 8-1　铝排管供液

图 8-2　铝排管的 U 形弯

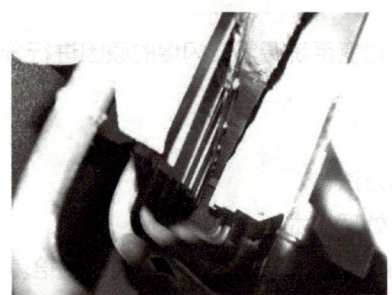

图 8-3　U 形弯爆裂处

图 8-4　被氨气污染的香梨

2. 原因分析

当冷库停止工作后,冷库排管中的氨液将继续蒸发,引起压力升高。这时如果回气阀关闭,可能造成如下不良后果:

1)由于压力过高,超过试压强度时易产生蒸发排管爆裂事故。氨液从排管泄漏以后会对库内香梨造成严重污染,造成不可逆损失。

2)操作人员不能及时了解库房蒸发压力(温度)回升情况,当蒸发压力达到一定数值时,应开机,使冷库内排管的氨液回到贮液桶。否则,易出现安全事故。

3. 防范措施

1)排管选材一定要有正规生产厂家提供的国家统一标准的合格证书,管材各种金属的含量一定要符合国家标准。

2)冷库停止工作时,氨液分离器上的回气阀不应关闭。同时,操作人员一定要按运行技术标准进行规范操作,并做好冷库机械设备运行记录以备检查。

二、了解冷库闪爆事故

新疆库尔勒经济技术开发区王世光冷库于 2021 年 7 月发生闪爆。闪爆原因如下:

冷库穿堂进门右手边库房,由于建库时库门偏小,准备改成小型冷藏车可以进入的冷库,施工人员用等离子切割机进行切割,由于库内较密闭,切割库体聚氨酯保温材料和砖混结构墙体时产生大量的粉尘,粉尘在高温离子催化下发生闪爆,造成库体坍塌、在场工作人员严重烧伤的恶性作业事故，现场 5 人送医后，经抢救无效 2 人死亡。还有 2 人在医院治疗严重烧伤。冷库内降温用的是排管，但是所幸因为维修，排管内的氨液已经抽空，否则造成的后果可能更严重。

任务评价

任务考核评价单

序号	评价内容及分值	评价标准	学生自评 10%	小组互评 10%	教师评价 60%	企业评价 20%
1	学习方法 10 分	课前完成必备知识的自学；课中认真观察思考，并主动操作实践；课后归纳反思				
2	学习态度 20 分	工作态度端正，具有吃苦耐劳、诚实守信、认真负责的品质，对知识和技能能够认真学习钻研				
3	沟通表达 10 分	能够及时与同组成员及指导教师、技术人员沟通交流				
4	合作能力 10 分	团队协作意识强				
5	创新实践 10 分	能够结合生产实际改进管理措施，减少管理成本，提高管理效率				
6	职业能力 10 分	了解氨系统冷库漏氨及闪爆的原因				
7	学习成果 30 分	掌握氨系统冷库事故的防范措施				
	合计					

任务二 湿冲程的处理和热氨冲霜

任务目标

掌握处理制冷压缩机湿冲程的操作要领、热氨冲霜的方法及制冷系统有空气的表现。

任务实施

1. 湿冲程的处理

在制冷压缩机运转中,由于操作不当或其他原因,液体制冷剂可能进入制冷压缩机的气缸,从而引起气缸壁结霜或冲击安全假盖(敲缸)现象。

制冷压缩机发生严重湿冲程时应先停机,把液体制冷剂处理妥当再重新开机,处理步骤如下:

1)迅速关小制冷压缩机的吸气阀,如果出现敲缸则应关闭吸气阀。等到压缩机声音正常时再微开吸气阀,同时关小或关闭供液阀。对于氨泵供液系统,在关闭低压循环贮液桶供液阀的同时,应将制冷剂通过氨泵迅速输入相关蒸发器内,以降低低压循环桶的液面高度。

2)将能量调节手柄拨到最小位置,只留一组气缸工作,使气缸中的液体制冷剂逐渐汽化。

3)制冷机的排气温度逐渐上升,气缸和吸气腔外部的霜层融化,制冷机的声音正常,可逐渐开大吸气阀,并增加一组气缸工作。排气温度上升到70~80℃时,可缓慢开启吸气阀,并逐挡上载,恢复正常工作状态。

4)湿冲程调节时,关闭制冷压缩机的吸气阀后曲轴箱压力降低,此时应注意调整好油压和油温参数。如果油温下降,油的黏度增加,导致油泵的输油效率降低,机器的运转条件恶化。此时可以增加曲轴箱内油冷却气器和气缸冷却水套内的水温,以提高油温,保持油压。防止油冷却气器和气缸冷却水套冻裂。当油压低于0.05MPa而无法调节时,应立即停机,并利用连通管道,用其他制冷机代抽,以避免发生压缩机的严重磨损。为尽快恢复压缩机运转,也可将压缩机内的积氨通过排空阀排出。

2. 热氨(氟)冲霜

热制冷剂气体冲霜常用于氨制冷系统和氟制冷系统,即使用热制冷剂气体将融霜管道外的霜层除去。这种融霜方法效果好,冲霜时间短,既能将蒸发器管道外的霜层融化干净,又能将蒸发器内的积油及时排出。

冷风机冷库的热氨冲霜方法如下:

1)关闭供液阀,待蒸发器内的压力下降后关闭回气阀,并停止冷风机的风机运行。

2)开启排液阀,缓慢开启热制冷剂气体的融霜阀,对霜层进行热融,使霜层和管外壁结合处的霜先融化。注意融霜气体的压力应控制在0.6~0.8MPa。

3)热融5min后开启冲霜水阀,对蒸发器淋水约20min,将霜层冲掉。然后关闭冲霜水阀。

4)10min后热制冷剂气体已将蒸发器管外的水烘干。可关闭热制冷剂的融霜阀,延时2min后关闭排液阀。正常运行。

5）慢慢开启回气阀，待蒸发器压力降至回气压力时适当开启供液阀，恢复冷风机的正常运行。

3. 制冷系统有空气的表现

制冷系统有空气时常表现为压缩机的排气温度、冷凝温度与冷凝压力高于正常值，排气压力表指针急剧摆动，压缩机的回气温度过热。

任务评价

任务考核评价单

序号	评价内容及分值	评价标准	学生自评 10%	小组互评 10%	教师评价 60%	企业评价 20%
1	学习方法 10分	课前完成必备知识的自学；课中认真观察思考，并主动操作实践；课后归纳反思				
2	学习态度 20分	工作态度端正，具有吃苦耐劳、诚实守信、认真负责的品质，对知识和技能能够认真学习钻研				
3	沟通表达 10分	能够及时与同组成员及指导教师、技术人员沟通交流				
4	合作能力 10分	团队协作意识强				
5	创新实践 10分	能够结合生产实际改进管理措施，减少管理成本，提高管理效率				
6	职业能力 10分	掌握判断氟利昂系统有空气的方法				
7	学习成果 30分	掌握氨湿冲程的处理方法				
		合计				

项目小结

氨液泄漏和闪爆属于冷库重大责任事故，绝对不允许发生。但必须有相应的应急措施。湿冲程也是一种操作事故，应学会处理，争取把各项损失和危害降到最低限度。

思考与练习

1. 简述氨系统冷库维修时的注意事项。
2. 氨系统冷库哪些部位容易造成液氨泄漏？
3. 如何处理氨系统湿冲程？
4. 如何进行热氨冲霜？

第二部分
果蔬贮藏加工

09 项目九
果蔬采后生理品质测定

项目导学 > 利用奥氏气体分析仪或便携式氧气和二氧化碳检测仪测定水果的呼吸强度，测定果蔬在贮藏过程中的果实硬度、可溶性固形物、维生素 C 含量的变化，为果蔬贮藏加工服务。

项目目标 >
- 知识学习目标：了解果蔬采后的生理变化，熟悉果实硬度、可溶性固形物及维生素 C 的测定方法。
- 技能培养目标：掌握氧气和二氧化碳检测仪、奥氏气体分析仪的使用方法，掌握果实硬度、可溶性固形物及维生素 C 的测定方法。
- 职业情感目标：激发学生对果蔬贮藏加工技术的学习兴趣，培养科学的态度和求知精神。

相关知识

库尔勒香梨（以下简称"香梨"）的果形记载多有不同，如"果形不规则，一般呈广卵形或长椭圆形，平均果重 85g。萼片脱落或宿存，一般有种子 5~7 粒""果实呈纺锤形或椭圆形，单果重平均 154.2g，萼片宿存或个别脱落""果实中等大，平均单果重 104~120g，呈纺锤形或倒卵形，萼片脱落或残存，萼洼深中广"。香梨果形在不同条件下表现不同，果形不规律，一般是在近圆形→广卵形→圆形→长椭圆形的范围内变化。果形指数（纵径与横径的比值）一般为 1.1~1.4。一般情况下果形偏于近圆形者多数萼片脱落萼端凹陷，果形指数较小；偏于纺锤形者多数萼片宿存，萼端凸出，果形较大。新疆维吾尔自治区农业科学院园艺所徐庆峋把萼端凹陷者称为正形果，把萼端凸出者称突顶果。

据调查，正形果有 53% 萼片脱落，突顶果有 90% 以上萼片宿存。据对 650 个香梨果实的调查，单果重 120g 以上者突顶果占 74.6%，80~120g 的占 42.5%，小于 80g 者只有 9.5% 为突顶果。一般情况下突顶果较大，果形细长。

T/XLXH001—2019《库尔勒香梨》中描述库尔勒香梨为小果型品种，平均重 110g，一般为倒卵圆形。萼洼凹或凸，萼片脱落或宿存。果梗平均长 3.7cm，靠近果实部膨大呈半肉质化。果面光滑，蜡质较厚。成熟后果皮底色为黄绿色，经自然贮藏可变为鲜黄色，部分果实阳面有红晕或纵向宽条纹。果点小而密、红褐色。果皮较薄，果肉白色多汁、细嫩酥脆、甘甜清香，果核微酸可食、石细胞较少。

库尔勒香梨的果心中大，靠近萼端，果心线抱合，两侧对称成卵圆形。心室5个，中等大，长卵圆形。一般有种子5~9粒/果。种子较小、饱满，形状稍弯，先端尖，表面呈棕褐色。

库尔勒香梨的果实硬度为54~73.5N/cm², 含水量为84%~86%、可溶性固形物含量为11%~13%、可溶性糖含量为9.13%、总酸含量为0.09%、维生素C含量为2.535mg/100g，品质极好。

库尔勒香梨的果实耐贮藏，在冷藏条件下可贮至第二年6月，且此时仍鲜嫩如初，气调冷藏条件下可贮至第二年8月，品质无明显下降。

扫码看视频

任务一　果蔬产生的氧气、二氧化碳浓度的测定

🏷 任务目标

掌握便携式氧气和二氧化碳检测仪的使用方法。

✅ 任务实施

采用自动检测控制系统。气调贮藏库内检测控制系统的主要作用是对气调贮藏库内的温度、湿度和O_2、CO_2气体浓度进行实时监测，以确定是否符合气调技术指标要求，并进行自动（或人工）调节，使之处于最佳气调参数状态。在自动化程度较高的现代气调贮藏库中，一般采用自动检测控制设备，它由传感器、控制器、计算机及取样管、阀门等组成。整个检测控制系统由一台中央控制计算机实现远距离实时监控，既可以获取各个分库内的O_2和CO_2浓度、温度、湿度数据，显示运行曲线，自动打印记录和启动或关闭各系统，又能根据库内贮藏产品情况随时改变控制参数，使技术人员可以方便直观地获取各方面的环境信息。

便携式氧气和二氧化碳检测仪同气调库内的中央控制计算机原理相同，操作步骤如下：

1）将便携式氧气和二氧化碳检测仪的进气管同塑料袋相连。

2）开启电源就可以方便快捷的检测任何一个空间中CO_2、O_2的浓度。经过实测，小塑料袋内500g冬枣存放1周的O_2浓度为19.3%、CO_2浓度为0.2%。发芽洋葱密闭1h的O_2浓度为16.4%、CO_2浓度为3.7%。测定方式见图9-1和图9-2。

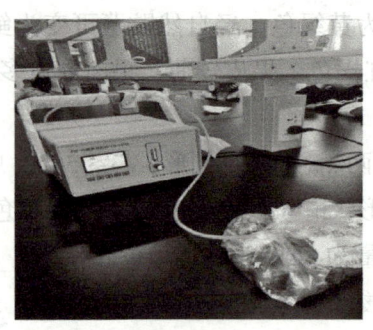
图 9-1 塑料袋内冬枣 O_2、CO_2 浓度测定

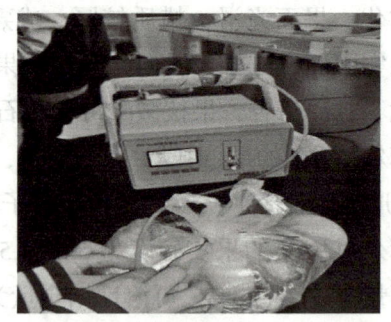
图 9-2 塑料袋内洋葱 O_2、CO_2 浓度测定

任务评价

序号	评价内容及分值	评价标准	学生自评 10%	小组互评 10%	教师评价 60%	企业评价 20%
1	学习方法 10 分	课前完成必备知识的自学；课中认真观察思考，并主动操作实践；课后归纳反思				
2	学习态度 20 分	工作态度端正，具有吃苦耐劳、诚实守信、认真负责的品质，对知识和技能能够认真学习钻研				
3	沟通表达 10 分	能够及时与同组成员及指导教师、技术人员沟通交流				
4	合作能力 10 分	团队协作意识强				
5	创新实践 10 分	能够结合生产实际改进管理措施，减少管理成本，提高管理效率				
6	职业能力 10 分	掌握气体测定仪的使用的方法				
7	学习成果 30 分	掌握各类果蔬贮藏过程中 CO_2、O_2 含量的变化的指标				
		合计				

任务二 果实硬度、可溶性固形物、维生素 C 含量的测定

任务目标

测定香梨各种与贮藏有关的数据。

任务实施

1. 香梨果实硬度的测定

用数字式果实硬度计测定果实硬度（或变形度）。

1）采用数显式水果硬度计（GY—4）测定果实硬度。具体方法：预先在果实对应两面的最大横径处（果实腰部）薄薄削去一层皮（略比测头大一些），一手握果实，并以柱塞垂直地指向削去表皮的部分，另一手握住硬度计，施加压力直到测头顶端部分压入果肉10mm为止。

2）测定方法。

① 材料及用具。香梨、硬度计、水果刀。

② 内容及操作步骤。用手握硬度计，使硬度计垂直于被测水果表面，压头均匀压入水果内，此时读数开始变化，当压头压到刻度线（10mm）处停止，显示的读数即为水果的硬度，取3次测量的平均值。测量后置零。

2. 香梨可溶性固形物含量的测定

用手持折光仪（测糖仪，见图9-3）测定可溶性固形物含量。

1）香梨主要化学物质的含量。与成熟度有关的化学物质有淀粉、糖、有机酸、可溶性固形物等，可溶性固形物中主要是糖分，其含量高标志着含糖量、成熟度高。简单测定含糖量的方法为使用折光仪测定产品的可溶性固形物含量。总含糖量与总酸度的比值称"糖酸比"，可溶性固形物与总酸的比值称为"固酸比"，它们不仅可以衡量果实的风味，也可以用来判断果实成熟度。

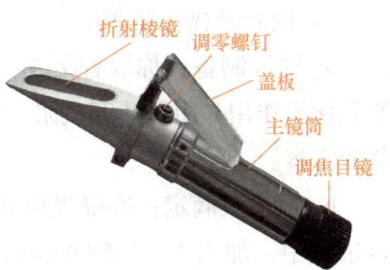

图9-3　手持折光仪

2）测定方法。

① 材料及用具。蒸馏水、烧杯、滴管、纱布或卷纸、手持折光仪。

② 内容及操作步骤。打开手持折光仪盖板，用干净的纱布或卷纸小心擦干棱镜玻璃面。在棱镜玻璃面上滴2滴蒸馏水，盖上盖板。于水平状态从眼部处观察，检查视野中明暗交界线是否处在刻度的零线上。若与零线不重合，则旋动刻度，调节螺旋，使分界线刚好落在零线上。打开盖板，用纱布或卷纸将水擦干，然后如上法在棱镜玻璃面上滴2滴梨汁，进行观测，读取视野中明暗交界线上的刻度，即为梨汁中可溶性固形物含量（%），重复3次，取平均值。

3. 香梨果实维生素C含量的测定

用2,6-二氯酚靛酚法测定维生素C。

1）氧化型2,6-二氯酚靛酚在酸性溶液中呈粉红色，在中性或碱性溶液中呈蓝色，还原型2,6-二氯酚靛酚无色。当用此染料滴定含有维生素C的酸性溶液时，在维生素C未全部氧化前，滴下的染料立即被还原成无色；一旦滴定中的维生素C全部被氧化时，则滴下的染料立即使溶液显示浅红色，此时即为滴定终点，表示溶液中的维生素C刚刚被氧化完全，从滴定时2,6-二氯酚靛酚标准液的消耗量，可以计算出被检物质中维生素C的含量。

2）测定方法。

① 试剂。

a. 1.2%草酸溶液：草酸2g溶于100mL蒸馏水中。

b. 1%草酸溶液：1g草酸溶于100mL蒸馏水中。

c. 标准抗坏血酸溶液（0.1mg/mL）：准确称取50.0mg纯抗坏血酸（维生素C），溶于1%草酸溶液，并稀释至500mL。贮于棕色瓶中，冷藏，最好临用时配制。

d. 1%氯化钠溶液。

e. 0.1%2,6-二氯酚靛酚溶液：500g 2,6-二氯酚靛酚溶于300mL含有104mg碳酸氢钠的热水中，冷却后加水稀释至500mL，滤去不溶物，贮于棕色瓶内，冷藏（4℃可保存约1周）。每次临用时以标准抗坏血酸液标定。

② 器材。香梨，1.0mL、10.0mL吸管，25mL、100mL容量瓶，5mL微量滴定管，天平，研钵，漏斗（口径8cm）。

③ 内容及操作步骤。

a. 样液制备：称取香梨5g，加少量2%草酸（1%草酸因浓度太低而不能抑制抗坏血酸氧化酶作用）用研钵磨成浆，漏斗（＋脱脂药棉）过滤，滤液转入25mL容量瓶后用2%草酸定容。

b. 标准液滴定：准确吸取0.1mg/mL的标准抗坏血酸溶液各1.0mL，分置2个100mL容量瓶中，加入1%草酸9.0mL，用微量滴定管以0.1%2,6-二氯酚靛酚滴定至浅红色并保持15s即为终点。由所用染料的体积计算出T值（平均值），即1mL染料相当于多少毫克的维生素C。

c. 样液滴定：准确吸取已制备的样品滤液各2份，每份10.0mL，分别放入2个100mL容量瓶内，滴定方法同前。

3）注意事项。

① 滴定过程宜迅速，一般不超过2min，因为样品中某些杂质也能还原二氯酚靛酚，尽管其还原能力较弱且还原速度较维生素C更慢。

② 滴定所用染料宜控制在1~4mL，如果样品含维生素C含量过高或过低，可酌量增或减样液。

③ 样品提取液应避免日光直射，否则会加速维生素C氧化。维生素C的含量为

$$m = \frac{VT}{m_0} \times 100$$

式中　m——100g样品中含维生素C的质量（mg）；

V——滴定时所用染料体积（mL）；

T——每毫升染料能氧化的维生素C质量数（mg/mL）；

m_0——10mL 样液含样品的质量数（g）。

任务评价

任务考核评价单

序号	评价内容及分值	评价标准	学生自评 10%	小组互评 10%	教师评价 60%	企业评价 20%
1	学习方法 10分	课前完成必备知识的自学；课中认真观察思考，并主动操作实践；课后归纳反思				
2	学习态度 20分	工作态度端正，具有吃苦耐劳、诚实守信、认真负责的品质，对知识和技能能够认真学习钻研				
3	沟通表达 10分	能够及时与同组成员及指导教师、技术人员沟通交流				
4	合作能力 10分	团队协作意识强				
5	创新实践 10分	能够结合生产实际改进管理措施，减少管理成本，提高管理效率				
6	职业能力 10分	掌握果蔬硬度和可溶性固形物的测定方法				
7	学习成果 30分	掌握果蔬维生素C的测定方法				
	合计					

项目小结

氧气和二氧化碳浓度、果实硬度、可溶性固性物、维生素C含量的测定是了解果蔬贮藏与加工过程中果蔬品质变化最基本的技能。

思考与练习

一、理论测试

果蔬硬度和可溶性固形物的测定方法是什么？

二、技能测试

1. 分组测定果蔬维生素C的含量。
2. 分组测定塑料袋内果蔬的呼吸强度。

10 项目十
香梨、苹果、葡萄贮藏

项目导学 > • 本项目主要学习香梨、苹果、葡萄的贮藏方法，为提高相关果蔬贮藏保鲜质量提供技术保障。

项目目标 > • 知识学习目标：了解香梨、苹果、葡萄的贮藏病害，掌握香梨、苹果、葡萄的贮藏指标。
• 技能培养目标：掌握香梨、苹果、葡萄的贮藏方法，了解葡萄贮藏中的关键环节。
• 职业情感目标：激发学生对香梨、苹果、葡萄贮藏技术的学习兴趣，培养科学的学习态度和求知精神。

相关知识

一、香梨、苹果、葡萄的贮藏病害

扫码看视频

香梨的贮藏病害见彩图1~彩图7，苹果的贮藏病害见彩图8和彩图9，葡萄的贮藏病害见彩图10。葡萄贮藏时一般采用上覆保鲜纸（内含灭菌药剂）、吸水纸的方式保鲜（彩图11）。

二、红地球葡萄采前采用的农业技术措施与贮藏的关系

目前，用于贮藏的红地球葡萄大部分仍为自产自贮，贮藏的好坏与采前的葡萄质量关系极大。只有优质的葡萄在贮藏后才可能保持优质。因此，采前的农业技术措施非常重要。

1. 施肥和灌水

施化肥过多，特别是氮肥过多，会使果实含糖量低，果皮发育不良，果梗木质化程度低，耐贮性下降。因此，应注意施用肥料的种类，多施磷钾肥和微量元素肥，多施有机肥，并要控制氮肥施用量。

红地球葡萄适宜于干旱和半干旱的气候条件，生长季节多雨或者灌水太多，特别是采收前一个月多雨或连阴天，会导致果实品质变差，发病率高，不耐贮藏。采前灌水对葡萄贮藏影响很大，因此红地球葡萄果园应在采前10~15d停止灌水，如果采前遇雨，则应推迟采收。

2. 套袋

红地球葡萄抗病性差，特别是不抗黑痘病、灰霉病、炭疽病等。因此，栽培时应注意防病。果实套袋是防止果穗病害及果实农药污染的最好方法，提倡红地球葡萄套袋的另一原因是该品种在北方地区的成熟季节气温低，常常由于气温较低和昼夜温差大而导致果实色泽过深，呈紫黑色或暗红色，套袋成熟果则呈鲜红色。使用未经消毒和不具防病功能的果袋，会导致袋内果实感染或潜伏大量的病原微生物，建议栽培者使用红地球专用果袋。灰霉病等田间病害是红地球葡萄最易发生的贮藏病害，该病在花前已开始潜伏在花序上，花前防病是贮藏好红地球葡萄的关键技术之一。

3. 产量控制及疏花疏果

产量过高时，葡萄果肉硬度低，含糖量低，在贮藏过程中易腐烂，而且贮藏品质差，适宜的产量应控制在每亩产1500kg左右（1亩≈666.7m^2）。红地球葡萄极易坐果，果穗大而紧实，贮藏过程中常出现从果穗内部霉变的现象，故应在花期前后疏除1/3以上的花序分枝，保持果穗疏散，提倡花前使用花序拉长剂，以利于果实全面上色，提高果实品质，增加耐贮性。

4. 耐贮性

如果在果实生长期和成熟期使用果实膨大剂、增色剂，葡萄耐贮性将明显下降。

三、阿克苏红富士苹果的种植环境与贮藏的关系

阿克苏地区属温带大陆性干旱气候，年日照时数达2600h以上，得天独厚的光能资源对红富士苹果品质的提高起到了很大的作用。并且，果园用水通过灌溉调节。光、水条件比日本原产地和我国东部及西北东部的苹果产区更为优越。

新疆阿克苏地区位于我国最大的内陆河——塔里木河的腹地。这里水资源充沛，是新疆重要的绿洲带，也是古代丝绸之路的必经之地。阿克苏地处中纬度，位于塔里木盆地西北部，主要受西风带天气系统影响，但是西、北两面分别有海拔4000m以上的帕米尔高原和天山阻隔，东面距塔里木盆地向东的缺口500km以上，冷空气不易直接入侵。而在我国东北、西北东部等苹果产区，冷空气入侵的频率和影响程度都大得多。阿克苏地区北高南低，日照时间充足，热量适宜，盆地边缘绿洲区斜坡地形又增加了光能的有效利用率，浅山区及绿洲都适用灌溉农业。阿克苏地区的光、热、水等气候条件适合晚熟和中晚熟品种苹果种植。

阿克苏地区昼夜温差大，一般在10℃左右，有利于果实的着色和糖分的积累。阿克苏红富士苹果外观和口感均较好。在我国西北东部和华北等地，除日照少、降

水多以外，9月温度过高常引发采前落果，而在阿克苏地区则这种情况较为少见。过早或过晚采收，都会失去红富士苹果应有风味，又会损坏果实耐贮运的能力。成熟的红富士果实可耐 $-6\sim-4℃$ 的低温，但温度过低会引起冻伤或腐烂。11月15日，阿克苏地区日最低温度大多在 $-6℃$ 以上，果实采收期较长，从10月上旬开始，可持续40d以上。

任务一　香梨、苹果的贮藏

任务目标

掌握香梨、红富士苹果的贮藏方法。

任务实施

1. 入库前的库房消毒

果实入库前，库房要清扫、晾晒和保温消毒。库房消毒方法：把硫黄与锯末混合后点燃，用量为 $3kg/100m^3$，密闭2d，再打开通风；或用福尔马林（40%甲醛）1份加水40份，配成消毒溶液，喷布地面及墙壁，密闭24h后通风。

2. 入库

采后24~48h入库，并迅速降温。根据入库数量，分批进行入库，入库量不超过库容量的20%。分批制冷，待全部入库后闭门3d，梯度将温度降至0℃左右。

3. 码垛

每5个塑料周转筐平放为1层，根据库房情况大垛之间间隔10cm，以利于气体流通，用木托盘分3层码放。每层托盘上码塑料周转筐6层，一共码18~20层，一般在库门口留出放梯子的空间，这样便于在贮藏期间抽样检测。另外，用塑料筐在排管冷库贮藏时，最顶层用塑料布遮盖，以防果品表层冻害。

4. 温度调控

香梨和苹果贮藏的适宜温度为 $-1\sim0℃$，香梨和苹果等的贮藏温度偏低，这是因为香梨的耐低温能力强，即便是有轻微的冻害，也可以慢慢恢复，且色、香、味变化不大。这与葡萄不同，如果葡萄贮藏温度过高，果实呼吸加快，贮藏期就会缩短；贮藏温度太低，易产生冻害，果实中的功能酶遭到破坏，使果实褐变和贮藏期缩短。所以贮藏温度过高、过低均会降低葡萄的好果率和品质。

5. 气体调整和湿度保持

要保持冷库内适宜的相对湿度。香梨和苹果贮藏的适宜相对湿度为85%~95%。湿度低时，要设法增湿，一般采用地面洒水或在库内放置加湿器等措施。香梨、苹果的气体浓度一般控制在氧气3%~5%、二氧化碳1%~2%，贮藏期可达8~10个月。

知识拓展

香梨的采收

1. 采收时间

香梨的采收适期是9月上中旬，即开花后150d，种子开始变为褐色，香梨展现出其固有的色、香、味，果实可溶性固形物在12%~14%时采收。果实按商品要求严格分级、确保质量。剔出病虫果、小果、污染果、畸形果，然后将商品果按要求的等级，单个果实用包装纸及泡沫网套包好装箱。近年来，有的种植单位和果农为使香梨提前上市，赚取超额利润而不顾果实质量，不等香梨成熟便于8月下旬甚至更早开始采收，严重影响库尔勒香梨的质量和品牌声誉。

2. 香梨始熟期的判断

香梨是呼吸跃变型的水果。它的成熟可分为4个时期：始熟期→完熟期→过熟期→衰老期。采收入库的香梨应在始熟期，如果在完熟期入库就会影响香梨的贮藏，采收过早的香梨因为糖分太低、自身进行呼吸代谢，在能量不够时很容易发生其他的代谢，从而使香梨发黄。判断果实始熟期最简单的方法是观察种子的颜色。将果实剖开，如果种子完全是白色的，说明果实成熟度太差，如果种子完全是浅褐色的，没有一粒发白，或者多数是浅褐色的，那就说明是完熟期的香梨，如果浅褐色和白色种子各占一半或有些种子浅褐和白色参半，就是始熟期的标志，这时采收入库较为合适。另外，红富士苹果在完熟期采收。

3. 果实色泽的显现和变换

香梨在成熟时显示出其固有的果皮颜色（黄色）。果皮的颜色可作为判断果实成熟度的重要标志之一。随着果实成熟，叶绿素逐渐分解，类胡萝卜素和花青素形成，果实由绿变黄，香梨在绿色时采收为好。但颜色的变化也受环境的影响，如光强、受光时间长有助于果实着色；采前阴雨较多、日照时间短，表面着色就较差。在入库时，可将香梨颜色分成5个等级，即绿—绿黄—黄绿—黄—金黄，并登记入库。红富士和香梨一样，在成熟时也显示出它的固有果皮颜色（红色）。

4. 果实硬度

果实硬度是指果肉抗压能力的强弱，抗压力愈强，果实的硬度就越大。一般随着成熟度的提高，硬度会逐渐下降，因此，根据果实硬度，可判断果实的成熟度。通常香梨果实去皮硬度为5.5~$7.5kg/cm^2$。

任务评价

任务考核评价单

序号	评价内容及分值	评价标准	学生自评 10%	小组互评 10%	教师评价 60%	企业评价 20%
1	学习方法 10分	课前完成必备知识的自学；课中认真观察思考，并主动操作实践；课后归纳反思				
2	学习态度 20分	工作态度端正，具有吃苦耐劳、诚实守信、认真负责的品质，对知识和技能能够认真学习钻研				
3	沟通表达 10分	能够及时与同组成员及指导教师、技术人员沟通交流				
4	合作能力 10分	团队协作意识强				
5	创新实践 10分	能够结合生产实际改进管理措施，减少管理成本，提高管理效率				
6	职业能力 10分	掌握香梨、苹果的贮藏方法				
7	学习成果 30分	掌握香梨、苹果贮藏需要的气体浓度				
		合计				

任务二 红地球葡萄的贮藏

任务目标

掌握红地球葡萄的贮藏方法。

任务实施

1. 包装

用于红地球葡萄贮藏保鲜包装箱应以装量为 5kg 以下、放一层果为宜，可用木箱、纸箱和塑料箱。保温性能好的聚苯乙烯泡沫箱在运输中较受欢迎，但不宜用于贮藏，因为它会使箱内果品温度不能很快下降，造成贮藏期出现箱内高温，导致果品很快霉烂或漂白。所以，贮藏期间最好的包装仍是塑料箱和板条箱。

2. 选用保鲜袋

保鲜袋有两个作用：一个是保持贮藏环境较高的湿度，以减少葡萄水分损耗，防止干梗和脱粒；另一个是保持贮藏环境较适宜的气体成分，抑制果实的代谢和微生物的活动。在选择保鲜袋时要注意选用红地球专用的 PVC 或 PE 调气透湿袋。这种保鲜袋具有结露轻甚至不结露、葡萄品质变化小、果梗保绿性能较好等优点，但 PVC 袋开袋较困难，因此应提前 1 个月左右购买，在葡萄装袋前要对保鲜袋进行试漏。

3. 放入保鲜剂

研究表明，红地球葡萄对二氧化硫较敏感，因此应选用 CT 复合型保鲜剂，包括 CT_2 和调湿保鲜膜，使用剂量为每 5kg 葡萄用 6~7 包 CT_2 和 1 张保鲜垫。

知识拓展

保鲜剂的使用量及使用方法

采收无伤、无病、完全成熟的果穗，将其单层轻放在内衬无毒 PVC 葡萄专用保鲜袋或有孔塑料箱内（也可使用板条箱、带孔纸箱），每箱装量为 5kg，并立即放入 -1℃ 专门预冷库进行贮前快速预冷。当果温降至 -1~0℃ 时，首先在果穗上部垫一张 30cm×20cm 的疏水性较强的纸，每 5kg 葡萄用 6~7 包保鲜剂（2 片 / 包），用 2 号大头针在每包上扎 2 个透眼，均匀地放在疏水纸上，同时，再将保鲜垫（每张 2 小包，每包用 2 号大头针均匀地扎 4 个透眼），也放置在疏水纸上面，再用另一张与上述规格相同的疏水纸盖好，以实现保鲜剂均匀释放，避免果穗出现局部漂白现象。最后，扎紧袋口，控制果实品温为 0~-1℃。

4. 采收及采后处理

用于贮藏的葡萄须在早晨露水充分干后采收，采收前 2d 必须对果穗喷布红地球葡萄专用防腐保鲜剂（食品添加剂型），采收后配合使用保鲜剂，才能得到较好的贮藏效果。红地球葡萄不耐 SO_2，采前在田间使用保鲜剂弥补这一不足，是延长贮期，防止贮藏期发生霉变的关键技术之一。

葡萄浆果特别易发生机械伤，因此在采收、装箱、运输、贮藏过程中要轻拿轻放，避免或减少磕碰、挤压、摩擦、震动造成的损伤。收时最忌用手提拉果粒和倒箱，采后的葡萄应立即剔除病、伤、青、小的果粒，将果穗轻轻地摆放在内衬 PVC 调气透湿葡萄专用保鲜箱内，装箱后立即运到预冷库预冷。葡萄从采收到预冷以不超过 12h 为宜，预冷速度越快越好。

5. 快速预冷与贮藏

葡萄运至预冷库后应打开袋口在 -1℃ 条件下进行预冷，使葡萄的品温尽快下降，当果实品温在 24h 左右下降到 0℃ 时，将保鲜剂按使用要求放入袋内，然后扎紧袋口，

在 -1~0℃条件下进行贮藏。为防止红地球葡萄发生保鲜剂释放引起的伤害和霉变，应建立专门的预冷库。防止扎袋后的结露是红地球葡萄贮藏的关键技术之一。

6. 贮藏期管理

（1）**温度管理** 在贮藏过程中应保持库温为 -1~0℃，必须保持库温的稳定，库温波动应小于 0.5℃，库温波动太大易造成袋内结露而引起果实的腐烂和发生保鲜剂伤害。另外，库内温度要均衡一致，近几年的贮藏经验表明，用手动调温的氨制冷库贮藏红地球葡萄，因库容量太大，入库时间拖得长或管理不当，贮藏效果不理想或失败的例子不少。冷库具有自动控温装置且性能可靠，自控程度高，可有效地减少库温波动。还要注意：

1) 堆码方式应以"品"字形为佳，这样有利于冷气循环。

2) 垛与垛之间以及垛与墙壁之间、垛与地面之间、垛与顶棚之间要留有一定的空隙或通道，而且垛与垛之间的通道方向要与冷气循环方向相平行，码垛不易过大，以 5000kg 左右 1 垛为宜。

3) 靠近风机、送风管处的葡萄应加覆盖物，防止葡萄受冻。库内温度计的选择非常重要，目前生产上有的用价格低廉的酒精温度计（基部温度敏感部位为红色）、非气象用的水银温度计，误差很大，而且分划值（每个小格的温度）大，会因温度计指示的温度不准确而发生库温过低或过高的现象，由此造成大量经济损失。因此库内应选择分划值为 0.1℃的水银温度计。

（2）**通风换气** 红地球葡萄采后在低温条件下虽然呼吸代谢较弱，但贮藏过程中库房通风仍是非常必要的，通风有利于红地球葡萄的贮藏。要注意通风时间的选择，应选择库内外温差较小时通风，防止库温波动太大。外界空气湿度大（如下雨或雾天）时不宜通风。

（3）**检查** 目前，对发生霉变、漂白保鲜剂伤害的贮藏果尚无有效的补救措施，因此在贮藏过程中要经常检查葡萄的贮藏情况。如发现葡萄果梗已显干枯、变褐、腐烂或有保鲜剂伤害发生时，要及时销售。

注意：无论是红地球葡萄还是木纳格葡萄，贮藏时间不要超过 3 个月，因为要达到更为长久贮藏的目的，就必须加大防腐剂的用量，但加大防腐剂的用量以后，贮藏时间延长了，葡萄却会变酸、品质劣变。

任务评价

任务考核评价单

序号	评价内容及分值	评价标准	学生自评 10%	小组互评 10%	教师评价 60%	企业评价 20%
1	学习方法 10 分	课前完成必备知识的自学；课中认真观察思考，并主动操作实践；课后归纳反思				

(续)

序号	评价内容及分值	评价标准	学生自评 10%	小组互评 10%	教师评价 60%	企业评价 20%
2	学习态度 20分	工作态度端正，具有吃苦耐劳、诚实守信、认真负责的品质，对知识和技能能够认真学习钻研				
3	沟通表达 10分	能够及时与同组成员及指导教师、技术人员沟通交流				
4	合作能力 10分	团队协作意识强				
5	创新实践 10分	能够结合生产实际改进管理措施，减少管理成本，提高管理效率				
6	职业能力 10分	掌握葡萄贮藏保鲜剂的使用方法				
7	学习成果 30分	掌握葡萄贮藏的方法				
	合计					

项目小结

通过对香梨、苹果、葡萄的贮藏方法的学习，为今后在果蔬贮藏工作中取得好的经济效益打下良好基础。

思考与练习

1. 香梨、苹果贮藏中的注意事项有哪些？
2. 葡萄入贮前的注意事项有哪些？
3. 苹果的贮藏温度是多少？
4. 简述香梨、苹果贮藏的操作流程。
5. 列举贮藏葡萄的方法。
6. 怎样防止出现苹果贮藏病害？

11 项目十一
冬枣贮藏和红枣制干

项目导学
- 本项目学习冬枣在冷库及塑料袋内贮藏和红枣制干的技术,为提高相关果蔬贮藏质量提供技术保障。

项目目标
- 知识学习目标:了解冬枣贮藏保鲜技术知识和冬枣在干燥地区制干注意事项。
- 技能培养目标:掌握冬枣的保鲜贮藏技术、冬枣在塑料袋内贮藏保鲜技术、红枣制干技术。
- 职业情感目标:激发学生对冬枣贮藏和红枣制干技术的学习兴趣,培养科学的学习态度和求知精神。

相关知识

灰枣,又名大枣,原产于河南新郑、中牟、尉氏一带,现为南疆地区若羌、阿克苏等地区的主栽品种。这个品种枣树的树冠为圆头形,树姿开张,多年生枝为灰褐色。结果母枝大,叶片较小、叶缘有波状锯齿,深绿色。果实中大,长圆形,纵径3.8cm,横径2.6cm,单果平均重13.3g,果顶微凹,梗洼中深而广。果皮中厚,橙红色,肉厚、质脆、汁液中多,味甜,含折光糖32%以上;干枣含糖77.35%。核小细长,可食用率占果重的92.54%,品质上乘,为优良的鲜食制干兼用品种,制干率为55%~60%。其枣树树势健壮,枝条稀疏,较丰产,25年生树产鲜枣60kg/株,在产地4月中旬萌芽,5月下旬开花,果实9月中旬成熟,植株耐干旱,瘠薄,较抗风和耐盐碱,但对龟蜡介壳虫和枣疯病抵抗力较弱。

任务一 冬枣智能化塑料保鲜袋贮藏

任务目标

掌握冬枣贮藏的方法。

任务实施

冬枣独产于中国，是目前公认的品质最好的鲜食枣品种，以其成熟晚而得名。冬枣果形美观，味道鲜美，富含19种人体所需的氨基酸和多种维生素，同时含有多种微量元素和较多的药用成分，有很高的食疗价值和多种保健功效，被誉为"活维生素丸"，有着广阔的市场前景。

冬枣的耐贮性因栽培地域、成熟期、品种不同而有较大差异，一般采收及贮藏保鲜流程见图11-1。

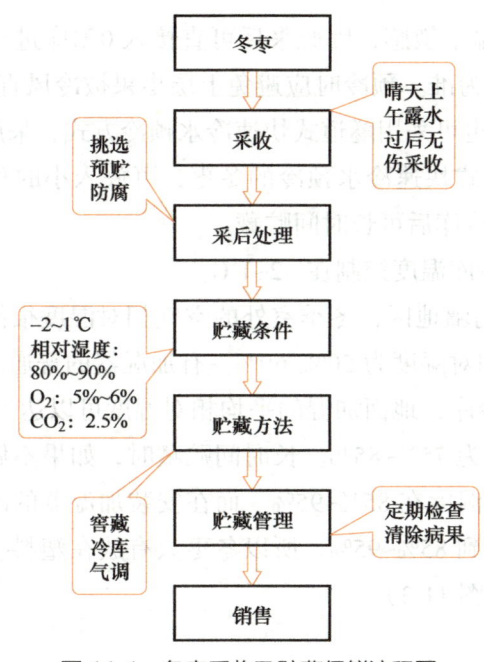

图11-1 冬枣采收及贮藏保鲜流程图

具体操作步骤如下：

1. 采收及采后处理

1）采收。应选晴天上午露水过后采收，采收前要求剪指甲或戴薄手套，以免划伤枣果或沾染汗迹；采收时应注意轻摘轻放，避免出现机械碰伤。并且要求先摘外围果，后摘冠内果；先摘下层果，再摘上层果。并根据枣果成熟情况、大小及加工要求分次采收。采收时要掌握用力大小和方位等技巧，枣果最好带果柄。也可以采取一只手托住枣果，另一只手拿剪刀剪果柄的方法摘取。试验证明，不带果柄的冬枣失水萎蔫快，梗洼处易霉烂，耐贮性大为降低，因此这是冬枣保鲜期的一项重要措施。

2）挑选和分级。采收后要进行严格分级，剔除有机械伤、病虫害及畸形果。

3）包装。采收装箱的枣果要求无病果、无虫果，并按枣果大小和成熟程度分级分类贮藏。用于贮藏的鲜枣要用塑料周转筐或特制纸箱包装。摘后12h内入箱，不宜在外长久存放。盛枣的筐、箱宜浅，每箱装入5kg左右。箱内衬清洁、柔软、干燥的垫层，以免损伤果实。

从市场采购长×宽为2m×1m的PVC塑料袋，内部空间为1.2m×0.5m×0.45m，厚度为0.07mm。在塑料袋上用水接头固定4个脱气孔。孔的直径为7mm左右。同时在塑料袋上固定1个排风扇，大小可以根据塑料袋的大小选择。用胶带将排风扇固定在塑料袋上，当袋内CO_2浓度超标，可以用排风扇降低袋内的CO_2浓度。

4）运输。在搬运过程中要做到轻装轻卸，防止挤压、磕碰，造成果实损伤。

2. 气调贮藏

1）预冷。冬枣对低温不敏感，因此采后可直接入0℃库进行预冷。预冷时间以枣果温度降到预冷要求的温度为准。预冷时应避免上层枣果被冷风直吹。经清洗处理的鲜枣，预冷和晾干可同时进行；也可采用隧道式快速冷水预冷方式，采用这种方式可同时进行表面消毒处理；不采用隧道式快速冷水预冷的冬枣，可放入小的塑料筐内，先在冷库内预冷，再放入塑料袋内，入冷库后可长时间贮藏。

2）温度的保持。将冷库温度控制在-2~1℃。

3）湿度的保持。在南疆地区，冬季室外的空气相对湿度很低。冬季室内的相对湿度为20%~30%，普通冷库相对湿度为50%~60%。有加湿器的普通冷库平均相对湿度可以达到70%~80%。对于排管冷库，地面加湿的平均相对湿度可以达到70%~80%；安装加湿器的排管冷库平均相对湿度为75%~85%。长时间贮藏时，如果不做保湿处理冬枣还是会失水。冬枣保湿的平均相对湿度在85%~95%。而在安装加湿器的冷库中，将冬枣放入塑料袋内平均相对湿度才能达到85%~95%，所以冬枣只有放在塑料袋内才能保持湿度，否则就会失水萎缩（图11-2和图11-3）。

图11-2 冬枣放药剂保存

图11-3 冬枣保湿贮藏方式

注意：盛放冬枣的塑料筐，在放入塑料袋之前，筐底要垫1~2层吸水纸。

4）气体调节。冬枣对低O_2和高CO_2极为敏感，给贮藏保鲜带来极大的困难，不同研究者对枣果贮藏保鲜的气体成分的争异较大，这可能与品种有关，但就冬枣而言，各种研究结果也不尽相同，甚至差异很大。一般说来，长期贮藏的冬枣（如贮藏期在4个月以上),其 O_2 浓度宜控制在 5%~6%,CO_2 浓度为 2.5%。当然,如果贮藏期不太长,O_2 和 CO_2 的浓度范围还可适当放宽一些。在冬枣贮藏期间,一定要定期对贮藏环境中的气体成分进行检测。在冷库管理时,还要对贮藏环境进行定期排风,以排出果实释放的乙醇等有害气体(图 11-4 和图 11-5)。

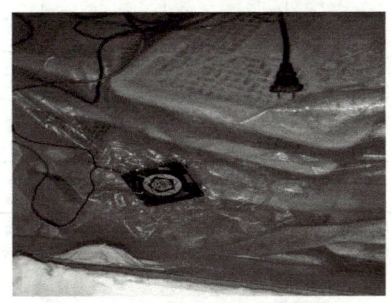

图 11-4 带排风扇的塑料袋

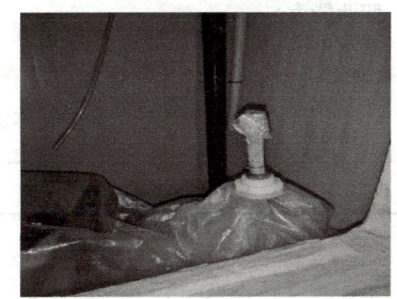

图 11-5 塑料袋放气孔或进气孔

5)灭菌。在冷库放入塑料袋内的冬枣,由于湿度在 85%~95%,容易滋长各类病菌,影响冬枣的安全贮藏。因此,每 20d 需要用 $300mg/m^3$ 的臭氧处理 30min,这样做可以使冬枣贮藏 140d,好果率达 92.4%。

目前国内冬枣的保鲜技术很多,还新发明了许多新的贮藏保鲜技术,如减压贮藏、臭氧保鲜贮藏、保鲜纸箱、微波保鲜、加压保鲜、陶瓷保鲜袋、烃类混合物保鲜等保鲜新方法。

任务评价

任务考核评价单

序号	评价内容及分值	评价标准	学生自评 10%	小组互评 10%	教师评价 60%	企业评价 20%
1	学习方法 10分	课前完成必备知识的自学;课中认真观察思考,并主动操作实践;课后归纳反思				
2	学习态度 20分	工作态度端正,具有吃苦耐劳、诚实守信、认真负责的品质,对知识和技能能够认真学习钻研				
3	沟通表达 10分	能够及时与同组成员及指导教师、技术人员沟通交流				
4	合作能力 10分	团队协作意识强				

(续)

序号	评价内容及分值	评价标准	学生自评 10%	小组互评 10%	教师评价 60%	企业评价 20%
5	创新实践 10分	能够结合生产实际改进管理措施，减少管理成本，提高管理效率				
6	职业能力 10分	掌握冬枣贮藏的温度				
7	学习成果 30分	掌握冬枣贮藏中气体成分的控制				
		合计				

任务二　红枣制干

任务目标

掌握红枣的制干技术。

任务实施

1. 自然通风晾干

枣果采收后，拣除烂枣，摊放在树阴下的箔上或大型的编筐内，堆放厚度不超过30cm，使枣果逐渐散发水分，约经过1个月，即可晾干。也可把采下的鲜枣按干湿程度分开，成垄形摊放在通风的室内，一般垄高30cm左右，每隔2~3d翻动1次，阴雨天每天翻动1次。湿度大时要勤翻，湿度小的可少翻。当含水量降至28%以下、手握不发软，即可分级收藏。自然晾干的红枣，色泽鲜艳，外形比较饱满，皱纹少而浅，比较美观。此法适用于北方干旱枣区，枣果已在树上充分成熟或枣肉薄而质地粗松的品种。

2. 席箔晒枣

选通风向阳的场地，在地面铺展席箔或竹箔，将鲜枣均匀地摊选通风向阳的场地，在地面铺展席箔或竹箔，将鲜枣均匀地摊放在其上，厚3~4cm，每天翻2~3次，使枣成高低起伏的瓦垄状，晚上集中成堆盖席或布单子，防止露水返潮。第二天早晨露水干后，再摊开重晒，经15~20d即可晒干，手握枣不发软、含水量降到25%以下，即可分级贮藏。为了加快干制速度，可用砖砌成小墩，间隔30cm、高20cm左右，放上木杆，将席箔或竹箔撑起，以利于通风，席箔上可摊6~10cm厚，每天多翻动几次，使枣堆上下均匀失水干燥。此法干制的红枣品质好，色、香、味俱佳，且耐贮运，是干制红枣最常用的方法。

3. 塑料薄膜晒枣

选向阳平坦场地，铺10cm厚的干草，或在支架上放箔，箔上盖黑布单，堆叠3层鲜枣，最上面盖聚乙烯塑料薄膜，四边压实，在阳光下晒1~2h后将塑料布上蒸发的水分抖掉后再翻过来盖上，每天轻抖3~4次水珠，无直射阳光的白天或夜间、早晚要揭膜通风大晾，此法晒枣卫生，色泽鲜艳，破烂极少。一般每千克塑料薄膜可覆盖鲜枣100~150kg。

4. 太阳能烘枣

建造坐北向阳、倾斜34°的单斜面玻璃温室，将鲜枣放于温室内的箔架上，利用日光玻璃温室的热能把枣烘干。此法不受阴雨天气的干扰，损失很小，但成本较高，宜在有条件的地方应用，如果结合冬季栽培花卉蔬菜，使温室得以充分利用，将会降低建造成本，提高经济利益。

5. 小型炕烤枣

为了缩短红枣制干时间，减少腐烂、降低损耗率，提高制干率和商品率，河南、陕西、山西等地研究总结出了小型红枣烤房与小型土炕烤枣法，效果良好。炕房或烤房多为土木结构，建筑材料主要是土坯、麦秸泥、木材等，适合家庭使用。升温采用回垄加温，通风排潮采用墙基式进气和房顶烟囱式排气的装置，装载可用竹木烤架分层分排设置。将枣果按大小、成熟度分级装盘，以堆叠2层枣为宜。炕枣时要掌握3个阶段：

① 升温阶段。需6~8h，温度55℃为宜，加温不能过快，否则干枣全成硬壳果。

② 高温阶段。需8~10h，此时游离水大量蒸发，向外扩散很快。火力加大，室温上升至65~68℃为宜，最高不能超过70℃，否则会使枣中的糖分焦化，相对湿度高（大于85%）时随即排气，及时翻动，防止枣被蒸熟。

③ 降温阶段。约需2h，由68℃下降到55℃，然后停火维持在55℃，3h左右便可出炕。出炕的枣含水量在30%左右，短期内不会烂果。出炕后应及时晾晒，一则散发过多水分，二则可改善红枣成色。采用短期炕干，比日晒法出干枣率提高18%、好果率提高5%以上，枣色红亮，清洁卫生，炕制时间短，可每天一炕，还可杀死枣中的部分桃小食心虫。

烘烤时如遇上阴雨天气，宜一次烘干，适当延长烘烤时间。若天气好，可烘烤至八成干（用手捏枣果，感觉松软有弹性，松手能恢复原状），然后再晾晒3~4d，至达到成品的干燥要求为止。这样干制的枣品质比一次烘干的更好。

6. 其他

（1）利用远红外线　利用波长为5.6~25μm的电磁波，使枣产生自发的热效应，一般1h左右即可完成。但这种方法的温度高达120℃，脱水方式为由内向外烤制，而烤制的红枣色泽不佳，还要继续晒2~3d。采用此法干制时青枣不会变红，且耗电量大，成本高，目前很少应用。

（2）真空脱水　利用真空泵等设备，靠负压使枣果脱水，干制后的红枣必须抽气密封贮藏，否则常温下红枣易吸水，导致霉变。

任务评价

任务考核评价单

序号	评价内容及分值	评价标准	学生自评 10%	小组互评 10%	教师评价 60%	企业评价 20%
1	学习方法 10分	课前完成必备知识的自学；课中认真观察思考，并主动操作实践；课后归纳反思				
2	学习态度 20分	工作态度端正，具有吃苦耐劳、诚实守信、认真负责的品质，对知识和技能能够认真学习钻研				
3	沟通表达 10分	能够及时与同组成员及指导教师、技术人员沟通交流				
4	合作能力 10分	团队协作意识强				
5	创新实践 10分	能够结合生产实际改进管理措施，减少管理成本，提高管理效率				
6	职业能力 10分	掌握红枣制干中水分含量的控制				
7	学习成果 30分	掌握红枣制干中温度的控制				
		合计				

项目小结

冬枣气调贮藏时，温度设置为 $-1\sim 0$℃，库内相对湿度一般控制在85%~95%，氧气浓度为5%~6%，二氧化碳浓度为2.5%，贮藏期为3个月。红枣制干是一项要求较高的技术，必须掌握关键技术环节才能完成。

思考与练习

1. 冬枣贮藏的相对湿度是多少？
2. 红枣制干的含水量达到多少较好？
3. 如何避免红枣在高湿环境下发生霉变？
4. 简述干枣在高温蒸后糖分发生的变化。

12 项目十二
辣椒酱加工

项目导学 ● 辣椒酱是生活中常见的果蔬加工产品。通过对辣椒酱加工方法的学习,为今后从事辣椒酱加工打下坚实的基础。

项目目标
● 知识学习目标:了解各类辣椒酱的制作工艺。
● 技能培养目标:掌握各种辣椒酱的加工技术。
● 职业情感目标:激发学生对辣椒酱制作技术的学习兴趣,培养科学的学习态度和求知精神。

相关知识

新疆维吾尔自治区博湖县位于天山南麓,地处焉耆盆地东南部,开都河下游,东北与和硕县交界,西北与焉耆回族自治县毗邻,西南与库尔勒市接壤,南隔库鲁克塔格山与尉犁县相连。该县地域辽阔,气候湿润,属于中温带大陆性气候。县内有我国最大的内陆淡水湖——博斯腾湖,生态环境优美、土地平坦肥沃,渠道纵横。由于博斯腾湖对空气的调节作用,当地冷热变化并不十分剧烈,光能资源较为丰富,热量适中,年均无霜期175d,年降水量64.7mm,年平均气温7.9℃,大于10℃的有效积温为3400℃,年平均日照达3074~3143h,3月开春升温迅速,少雨干燥,充足的阳光和湖水水面二次折射光保证了辣椒幼苗期和开花结果期所需要的光照,赋予了博湖辣椒着色度好且含钙量高的特殊品质。这里生产的红辣椒红色素、辣椒碱和维生素C含量高,肉厚、成熟度好、色泽好、外观综合性状优,病虫害少、产量高、品质优,畅销国内外市场,博湖也因此被誉为"中国辣椒之乡"。全县现有耕地近25万亩,近年来通过不断调整农业产业结构,形成了以工业番茄、辣椒等大宗农作物为主的农产品生产布局。博湖辣椒因其独特品质享誉全国,其营养价值高,品质好,口感极佳,深受广大消费者喜爱。每到春、秋两季,外地各大食品公司来博湖县签订种植合同和收购辣椒,大部分辣椒被加工成辣椒色素、辣椒粉、辣椒丝、辣椒酱,销往全国各地以及中亚、日本、韩国、美国、欧洲等一些发达国家和地区。博湖辣椒在乌鲁木齐市等地的大型批发市场也一直占主要份额。博湖"红色产业"欣欣向荣,当地辣椒的知名度逐年提高,已经成为和库尔勒香梨、轮台白杏齐头并进的巴音郭楞蒙古自治州(简称"巴州")"三宝",是名副其实的巴州特产。

博湖辣椒农产品地理标志地域保护范围为塔温觉肯乡、本布图镇、乌兰乡、查干诺尔乡、才坎诺尔乡和博斯腾湖乡6个乡镇27个行政村。地理坐标为东经86°19′~87°26′,北纬41°33′~42°14′,海拔1047~1082m,原产地保护面积为5000hm²。

任务　博湖辣椒酱加工

任务目标

掌握博湖辣椒酱的加工方法。

任务实施

1. 博湖蒜蓉辣椒酱加工

(1)材料　鲜辣椒(红尖椒)、大蒜、番茄,调味料如白醋、白糖、盐。

(2)步骤　把鲜辣椒洗干净后晾干水分,大蒜去皮,番茄去皮去籽。快速加工法:直接把材料放进搅拌机打碎,倒入干净的碗里,加入白醋、白糖和盐调味,最后装入干净无异味的玻璃瓶里,铺一层保鲜膜,盖上盖密封后放置半个月后即可食用。也可将调好味的蒜蓉辣椒酱放置于微波炉内高火3~5min或用白锅熬制,加热后的蒜蓉辣椒酱可以直接食用,但需要冰箱保鲜,防止变质。制作辣椒酱时,可随个人喜好调整材料的比例,控制好咸淡;直接泡制的手工剁蒜蓉辣椒酱,操作过程中不能沾上生水、油或异味,可加入少许高度白酒,使辣椒酱的味道更香。

2. 博湖老干妈豆豉风味辣椒酱加工

(1)材料　菜籽油1碗,豆豉1碗(满),干辣椒1碗(满),灯笼干辣椒半碗,郫县豆瓣酱2大匙,花椒1.5匙,八角3颗,料酒2大勺,白糖4大勺,黑酱油2勺,味精1勺。

(2)步骤

1)将豆豉用温水泡15min(去盐分)后沥干水分,分出一半搅碎成豆豉面,另一半留原粒备用,干辣椒与灯笼干辣椒用搅碎机搅至九成碎备用,花椒、八角也搅碎成粉状备用。

2)热锅,将菜籽油用中火烧至中热(油开始流动时)转为小火即下花椒与八角粉炒出红油(8~10min),再依次将郫县豆瓣酱、豆豉与干辣椒碎下锅翻炒均匀后再熬制大约10min。

3）下料酒再多熬制 1h 后下白糖、黑酱油与味精。调好味后再熬制 0.5h 熄火，冷却后即可装瓶。可在冰箱冷藏室贮藏 15~30d。

3. 博湖豉香辣椒酱加工

（1）材料　干辣椒碎 250g，干豆豉 40g，泡发干香菇 5~6 朵，麻椒 10g，大蒜 1 头，葱、姜适量，白酒 2 大勺，味极鲜 2 大勺，浓缩鸡汁 1 大勺，盐 1 茶勺，食用油 100mL。

（2）步骤

1）将干净炒锅烧热，放入麻椒翻炒，上色后取出，稍凉后用擀面杖压成花椒粉待用。

2）将盐、味极鲜、浓缩鸡汁加入干辣椒碎，搅拌均匀，腌制待用。

3）将香菇、大蒜和葱、姜切成小块，与干豆豉一起加入料理机，加白酒打成豆豉泥。

4）将锅再次烧热，倒入食用油。待六分热时加入豆豉泥，使劲搅拌打散。烧到"吱吱"冒泡时加入腌好的辣椒碎，翻炒，等到油炸至"噼里啪啦"响时即可。冷却后装入洁净密封的玻璃容器内。

4. 博湖泰式辣椒酱加工

（1）材料　紫朝天椒 1kg，蒜 500g，柠檬 3 个，鱼露 200mL，白糖 5 大勺。

（2）步骤　所有材料放入搅拌机打成茸，然后放进密闭的玻璃瓶或瓦罐里封存 2 周即成，做好的辣椒酱用来蘸肉类或做凉拌菜都非常好。由于这种辣椒酱会发酵，所以装瓶时半满就好，装多了会导致发酵后的辣椒酱溢出。

5. 博湖柠香辣椒酱加工

（1）材料　柠檬 2 个，小红辣椒 7 个，鱼露 2 茶勺，水适量。

（2）步骤　把所有材料用搅拌机打碎即可。搅拌时可能要加一些水，分量可自行掌握，浓稠适当即可。鱼露是用于调味的，不喜欢鱼露的可以用盐代替。

6. 博湖香辣酱加工

（1）材料　食用油（一般的炒菜用的油均可）500g，干红辣椒 80g，豆豉 80g，熟花生米 200g，白芝麻 20g，蒜 4~5 瓣，姜 1 块，酱油 60mL，白糖 20g，五香粉 10g，盐适量。

（2）步骤

1）将干红辣椒剪碎（尽量剪得碎一些），熟花生米切碎，蒜、姜切末。

2）向锅中倒油，烧热后先倒入豆豉、蒜末、姜末。

3）烧出香味后，先后倒入花生碎、辣椒碎、盐、白芝麻、五香粉、白糖，然后炒匀。

4）小火煮约 5mL，倒入酱油，再煮 3~4min，即可关火。

5）彻底晾凉后，装入容器中密封，放入冰箱保存。

7. 博湖香辣牛肉酱加工

（1）材料　牛肉糜 500g，郫县豆瓣酱 1 勺，六必居黄酱 2 勺，食用油适量，老抽、红糖适量，葱、姜、蒜各 10g，红辣椒 5g，花生米、芝麻各 100g，鸡蛋 2 个。

（2）步骤

1）将花生米炒熟后碾碎，然后炒芝麻。黄酱 50g 用水化开，葱、姜、蒜切碎，红辣椒切碎。

2）油热后，放入豆瓣酱炒香。油要多放一些。

3）放入葱、姜、蒜、辣椒炒香。

4）放入黄酱炒香，不停地搅拌，让油和酱相融，浓郁的酱香也是此时炒出来的。

5）放入牛肉糜，搅碎并炒制 2min。

6）放入煮好的鸡蛋，加入老抽、红糖，小火熬制 10min。

7）放入花生碎和芝麻，熬制 5min 即可。

任务评价

任务考核评价单

序号	评价内容及分值	评价标准	学生自评 10%	小组互评 10%	教师评价 60%	企业评价 20%
1	学习方法 10 分	课前完成必备知识的自学；课中认真观察思考，并主动操作实践；课后归纳反思				
2	学习态度 20 分	工作态度端正，具有吃苦耐劳、诚实守信、认真负责的品质，对知识和技能能够认真学习钻研				
3	沟通表达 10 分	能够及时与同组成员及指导教师、技术人员沟通交流				
4	合作能力 10 分	团队协作意识强				
5	创新实践 10 分	能够结合生产实际改进管理措施，减少管理成本，提高管理效率				
6	职业能力 10 分	掌握香辣牛肉酱的加工技术要点				
7	学习成果 30 分	掌握辣椒酱的加工方法				
		合计				

项目小结

本项目通过对辣椒酱的加工方法的学习,使学生对果蔬的加工工艺和制作过程有了较为深入的认识,为学生进入果蔬加工行业打下一定的技术基础。

思考与练习

1. 白醋在蒜蓉辣椒酱制作过程的作用是什么?
2. 辣椒酱放在冰箱冷藏室一般可以贮藏多长时间?
3. 简述番茄酱(见项目十五)和辣椒酱加工方法的区别。
4. 列举辣椒酱的加工方法。

13 项目十三
杏酱和杏干加工

项目导学
- 杏酱、杏干是生活中常见的果蔬加工产品，通过对杏酱、杏干加工方法的学习，为今后从事相关产品加工、设备管理、车间操作等工作打下坚实的基础。

项目目标
- 知识学习目标：了解杏酱、杏干的加工方法。
- 技能培养目标：掌握杏酱、杏干的加工技术。
- 职业情感目标：激发学生对杏酱、杏干制作技术的学习兴趣，培养科学的学习态度和求知精神。

相关知识

小白杏的植株为乔木，起源于我国西北地区，是我国新疆轮台、库车等地区的传统果树，也是新疆少数民族栽培最普遍的果树之一。小白杏全身都是宝，其鲜果除生食外，特别适合加工成杏酱、杏干、杏汁饮料等产品；小白杏的核也是制作炒货的珍贵原料，它集天然、营养、保健功能于一身，营养价值远高于其他仁果类产品。

小白杏是新疆库车名产，种植基地位于塔里木盆地附近，当地属于温带大陆性气候，降水稀少，昼夜温差大，无霜期长达280d，日照积温3000h，且能长期汲取天山甘洌的雪水，春末夏初是库车小白杏成熟的季节。小白杏果实光洁，呈黄白色或浅橙色，质细多汁，纤维少，含糖量高，清香蜜甜。将小白杏叫作"白色蜂蜜"十分恰当，品质好的小白杏含糖量高达27%左右，可与吐鲁番无核白葡萄媲美，小白杏还含各种氨基酸、消化酶、苦杏仁苷等16种微量元素。中医上杏常用于润肺化痰、清热解毒；杏干有防衰老、抗癌的功效；杏仁能滋阴强肾，提高自身免疫力，杏仁油霜的营养成分对干燥和损坏性皮肤有补偿和治疗作用。

任务一　杏酱加工

任务目标

掌握杏酱的加工方法。

任务实施

浓缩杏酱主要为浓度为30%~32%、包装规格为200L钢桶［内衬55加仑（约208L）无菌袋］的产品，该产品主要销往国外市场。产品质量主要从感官、理化及微生物3个方面进行评价，具体指标有色泽、香气与滋味、组织形态、杂质（黑斑数）、净重、净重公差、可溶性固形物含量、总酸、pH、重金属（砷、铅、铜、锡）、农药残留、细菌总数、致病菌、大肠菌群、霉菌等。

浓缩杏酱生产工艺流程及操作见图13-1和图13-2。

1. 原料采收、贮运

将成熟适度的杏原料采收后运输至加工厂，检验合格后倒入料池，利用水力输送（流送）至一级提升机。经喷淋冲洗、挑选后由二级提升机输送至破碎离核机分离出杏核，对果浆进行辅料调配，再经预热、精制分离出皮渣，制成原浆。原浆经三效蒸发器蒸发浓缩，然后送入杀菌机杀菌、冷却，在无菌的状态下灌装至无菌袋中，然后贴标，静置查验，经检验合格后可贮藏装运。

2. 原料验收

在每年杏酱生产季节来临前，由公司的原料科对本公司采购杏原料区域或临近地区的土壤及原料的农药、重金属、放射性元素等有害化学物质残留量进行数据收集，以确定杏酱的安全原料区域。采购员对杏原料按计划发放收购合同，原料收购组凭原料合同，按照公司的原料验收标准进行收购。

鲜杏原料到达本公司后，由质检收购人员按照原料验收标准和验收程序对原料进行外观、理化检验后划分等级，确定扣杂比例，对符合收购要求的予以收购。原料要求新鲜、成熟度在80%以上，不得收购霉烂果、生青果、病害果及不符合收购要求的品种。

此阶段可能存在的危害包括生物性、物理性和化学性危害。生物性危害指的是原料表面的微生物，可由杀菌工序进行控制；物理性危害指的是石块、铁丝、塑料、树叶等异物，可由沉淀槽、贮料池、流送、挑选工序进行控制；化学性危害指的是农残、重金属、放射性元素等，可由原料科提供安全性证明材料进行控制。

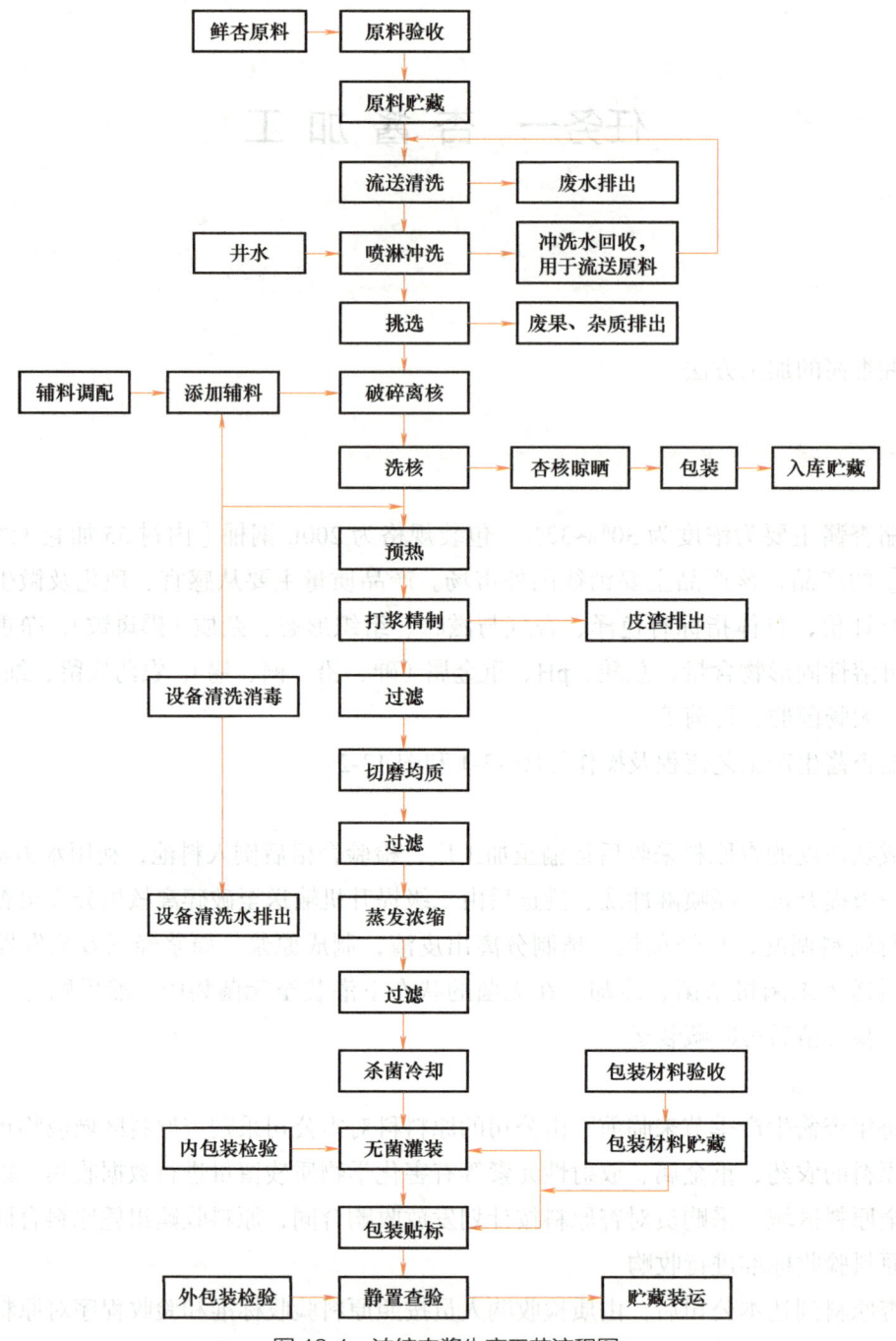

图 13-1 浓缩杏酱生产工艺流程图

3. 原料贮藏

将检验合格的原料倒入清洁的料池中待用（料池流送沟在使用前须彻底清理沉淀物及杂物）。放料时采用先进先用的原则，料池贮藏原料至投入使用不得超过 24h，每当料池放空时，须用清水冲洗、刷洗干净料池。此阶段可能存在的危害主要是生物性危害，即原料表面的微生物，可由蒸发、杀菌工序进行控制。

杏果清洗

杏果挑选

杏酱生产

杏酱装罐

图 13-2　浓缩杏酱生产工艺操作图

4. 洗果

杏果原料经流送、一级提升进入喷淋洗果机，清洗去除尘土杂质，可使绝大部分物理杂质落入沉降槽。此阶段无危害出现。

5. 挑选

挑选台上的挑选员工，将洗涤后原料中的各类不良果（腐烂果、病虫害果、生青果）及杂物剔出。此阶段无危害出现，但本步骤可通过人工挑选对原料收购工序中可能存在的物理性危害进行控制。

6. 破碎离核

杏果原料经破碎去核机初步分离出果肉和带肉果核。果肉由绞龙输送进入锤式破碎机再度破碎；带肉果核进入洗核机，在高速旋转的洗核机刮板与筛网间的摩擦力及向心力作用下，将果肉完全洗净，果核由绞龙输出，果肉通过筛网进入螺杆泵料斗，由螺杆泵输送进入锤式破碎机下的果浆收集槽，与经锤式破碎机破碎后的浆料混合。此阶段无危害出现。

7. 辅料调配

准确称取维生素 C，用符合饮用标准的水配制成一定浓度的溶液，由辅料加料泵输送，均匀喷洒在破碎时的果浆表面。维生素 C 的使用量应符合 GB 2760—2024《食品安全国家标准　食品添加剂使用标准》的要求。

8. 预热

预热采用列管或套管预热系统，将破碎后的果浆进行预热处理，以杀灭果胶酶，软化果肉。要求预热温度控制在 70~85℃。从本阶段开始，以后工序的物料加工与输送均在封闭的设备及管道内进行，不与外界直接接触。此阶段无危害出现。

9. 打浆精制

经预热软化处理后的果浆采用双道打浆机进行精制处理，打浆机由带叶片的转子及筛网构成。进入精制腔的果浆在转子旋转的离心力作用下，皮渣和粗纤维被滤出，果汁（浆）经过筛网进入贮罐，皮渣和粗纤维经螺旋输送机排出。根据产品要求可调整精制机转速（不同生产线设计转速不同），筛网与转子的间隙，选用适宜的筛网孔径获得需要黏度的产品。本段设备与物料接触的润滑部位，润滑剂采用符合食品生产要求的润滑脂。此阶段无危害出现。

10. 切磨均质

为提高经打浆精制后的果浆的细腻度，再由螺杆泵将其送入切磨机，经高速切磨均质，使果浆更加细腻，提高成品的品质。因切磨机的刀具由特殊的材料制成，不会产生碎屑危害产品安全，此阶段无危害出现。

11. 蒸发浓缩

精制后的果汁（浆）由泵输送进入蒸发器。蒸发器由加热系统、真空系统及冷凝液抽出系统构成，加热系统为列管预热方式，在一定的真空下，沸腾果汁（浆）中的水分在分离器中分离，分离的水分由冷凝液抽出系统抽出（设计蒸发温度小于 82℃），尽可能保存果浆的天然营养成分。预热蒸气与物料为逆流方式，预热蒸气可重复利用。物料由第三效至第一效逐步进行连续浓缩，并且在第一效上放置了浓度传感器（折光仪），根据产品要求，设置浓度设定值，浓缩到需要的浓度后，由出料泵自动打向杀菌贮罐。此阶段无危害出现。

12. 杀菌冷却

杀菌器采用夹套列管式杀菌冷却系统。生产前对杀菌冷却系统进行 115℃以上、保持 30min 以上的杀菌，管道连接处设有蒸气屏蔽，保证了整个系统的无菌状态。

浓缩后的产品经过合适的滤网由压力泵打入杀菌系统，杀菌管内外两层为过热水，中间层为物料，过热水与物料流向为逆流。在杀菌段，酱体由内、外层的循环高温水加热到设定值大于或等于 104℃，经过既定的工艺管路（即保持一定时间），若杀菌温度以及保温温度不低于设定值下限，进入冷却系统。经两段冷却水冷却，冷却水与热物料采用逆向流动降温，将物料迅速冷却至 50℃以下，由泵输送至灌装机。若杀菌温度瞬时低于杀菌设定下限，转换阀自动关闭，酱体在杀菌段循环，进行重新杀菌。此阶段可能出现的危害为生物性危害，即如果杀菌不彻底会造成微生物繁殖，产生胀袋或腐败，此阶段为杏酱质量的关键控制点。

13. 无菌袋、钢桶的检验

在无菌灌装前由送桶、选袋人员逐条逐桶仔细检查无菌袋，查看无菌袋有无红色无菌标识及其他异常情况，以及钢桶内壁有无铁舌、锈蚀等情况，不合格的包装物不能投入使用,以确保灌装产品的安全、可靠。

14. 无菌灌装

灌装机在生产前同杀菌器一样,须经过彻底的杀菌,管道连接屏蔽及无菌灌装头均采用蒸气杀菌,保持无菌状态,两个灌装头交替进行灌装。操作时,将包装袋袋嘴卡入无菌灌装头后,对袋嘴自动进行杀菌、拔盖、灌装、上盖等操作。要控制灌装室温度大于或等于95℃,若其中一个灌装头低于设定温度,灌装机自动停止灌装,自动进行15min的无菌室杀菌,直到达到设定的温度并完成杀菌时间后才自动切入灌装;若两个灌装头均低于设定温度,灌装机自动停止灌装,必须对灌装系统执行一次杀菌操作才允许继续灌装,自动杀菌温度大于或等于95℃,杀菌时间为30min。此阶段可能出现的危害是生物性危害,即灌装头如果不能保持无菌状态,将会造成致病菌残存,造成产气胀袋或产品腐败变质,此阶段为杏酱质量的关键控制点。

15. 包装、贮藏、查验、发运

灌装后的包装袋,经擦拭水分或浆(酱)汁后,检查袋体应完好,压盖正常后上桶盖、称重并计算净重、打印标签、贴标,将每托盘上的4只桶(大托盘)或2只桶(小托盘)用钢带打包,然后码垛。码垛后的杏酱桶经外包装检验及至少保温10d后商业无菌检验、标识均无异常后即可入库、贮藏。在发运前,查验员对要发运的产品内外包装质量逐批抽查检验,内包装按5%抽样查验,剔除胀袋及外包装不合格的产品。产品所有项目检验完毕后,向成品保管提供产品出厂检验结果单,并经出入境检验检疫报验合格后,可进行发运。

任务评价

任务考核评价单

序号	评价内容及分值	评价标准	学生自评 10%	小组互评 10%	教师评价 60%	企业评价 20%
1	学习方法 10分	课前完成必备知识的自学;课中认真观察思考,并主动操作实践;课后归纳反思				
2	学习态度 20分	工作态度端正,具有吃苦耐劳、诚实守信、认真负责的品质,对知识和技能能够认真学习钻研				
3	沟通表达 10分	能够及时与同组成员及指导教师、技术人员沟通交流				
4	合作能力 10分	团队协作意识强				

(续)

序号	评价内容及分值	评价标准	学生自评 10%	小组互评 10%	教师评价 60%	企业评价 20%
5	创新实践 10分	能够结合生产实际改进管理措施，减少管理成本，提高管理效率				
6	职业能力 10分	掌握杏酱加工中破碎预热的温度要求				
7	学习成果 30分	掌握杏酱加工工艺的方法				
		合计				

任务二　杏　干　加　工

🏷 任务目标

掌握杏干的加工方法。

✅ 任务实施

1. 选料和处理

选充分成熟、个大肉厚、离核、水分少、风味香甜、肉呈橙黄色的品种，按大小分级并剔除腐烂果、破损果后，清水洗净。用锋利的刀沿果实的腹缝线将杏对切成两半，除去果核，再切分成 1~2cm 厚的片状。

2. 熏硫

果片切面向上排列在筛盘上，不可重叠。摆好后用 3% 盐水喷洒果片，防止变色。将筛盘送入熏硫室，熏硫 3~4h，硫黄用量为 0.3%（以果重计）。

3. 干制、回软

熏硫后的果片放在日光下暴晒至七成干后，转入阴干至所要求的干度，即自然干制。或采用初温 50~55℃、终温 70~72℃ 的人工干制方法干制。

4. 包装

干制后回软 3~4d，再进行包装。

产品质量标准：果片形状完整厚薄均匀，无严重弯曲，果肉呈金黄色或橙红色，肉质柔糯，甜酸适宜，具杏的风味，含水量为16%~18%。杏干制品加工工艺流程见图13-3，杏制干设备见图13-4和图13-5。

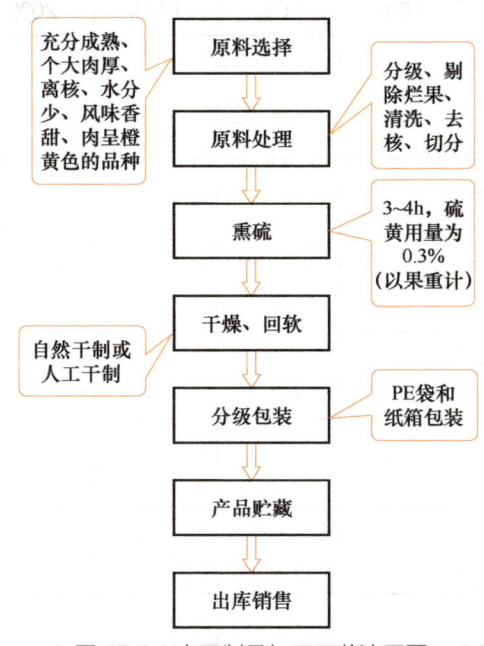

图13-3　杏干制品加工工艺流程图

图13-4　双波集热型太阳能干燥器

图13-5　太阳能晾晒架

任务评价

任务考核评价单

序号	评价内容及分值	评价标准	学生自评 10%	小组互评 10%	教师评价 60%	企业评价 20%
1	学习方法 10分	课前完成必备知识的自学；课中认真观察思考，并主动操作实践；课后归纳反思				

(续)

序号	评价内容及分值	评价标准	学生自评 10%	小组互评 10%	教师评价 60%	企业评价 20%
2	学习态度 20分	工作态度端正,具有吃苦耐劳、诚实守信、认真负责的品质,对知识和技能能够认真学习钻研				
3	沟通表达 10分	能够及时与同组成员及指导教师、技术人员沟通交流				
4	合作能力 10分	团队协作意识强				
5	创新实践 10分	能够结合生产实际改进管理措施,减少管理成本,提高管理效率				
6	职业能力 10分	掌握杏干熏硫的技术要点				
7	学习成果 30分	掌握杏干加工的方法				
		合计				

📈 项目小结

本项目通过对杏酱、杏干的加工工艺流程的学习,使学生对小白杏的加工技术和过程有深入的认识,为学生进入果蔬加工行业打下一定的技术基础。

思考与练习

1. 杏酱打浆精制的方法是什么?
2. 杏干产品的质量标准是什么?
3. 简述杏酱的加工方法。
4. 简述杏干的加工方法。

14 项目十四
饮料加工

项目导学 ● 新疆地区独特的光热资源，使得新疆的瓜果色香味俱全，糖分、色泽和口感俱佳，南疆地区生产的梨汁饮料与国内外优良梨汁饮料在质量和口感上差别不大。了解和掌握以梨汁饮料为代表的果蔬汁饮料的生产工艺和技术对果蔬贮藏与加工人员非常重要。

项目目标
● 知识学习目标：了解果蔬汁饮料生产过程中存在的常见质量问题，果汁及饮料的分类，以及梨汁饮料调制加工技术。
● 技能培养目标：掌握以梨汁饮料为代表的果蔬汁饮料加工的基本工序和各类果蔬汁饮料加工的特殊工序。
● 职业情感目标：激发学生对果蔬汁饮料加工方法的学习兴趣，培养科学的求知态度和求知精神。

相关知识

一、梨汁饮料加工过程中的常见质量问题及防范措施

果蔬汁饮料在加工、贮藏、运输和销售过程中，如果控制不当，经常会出现一些如变色、变味、酸败等的质量问题，这是饮料生产上比较突出的问题。防止这些不良现象的产生是提高产品品质的关键所在。以下以梨汁饮料为例，介绍果蔬汁饮料加工过程中的常见质量问题及防范措施。

1. 微生物对梨汁饮料质量的影响

梨汁中含有糖、无机盐、水等营养成分，因此刚榨出的梨汁具有微生物生长的良好条件，在梨汁饮料生产过程中易发生微生物污染，有时会导致梨汁变质、败坏，通常表现为表面长霉、发酵，同时产生二氧化碳、醇或醋酸等，严重影响梨汁的质量。危害梨汁饮料安全生产和贮藏的主要微生物是细菌、酵母菌和霉菌等。

（1）细菌　由于梨汁饮料的 pH 低，污染的细菌通常是嗜酸性细菌，主要是乳酸菌，

此外还有醋酸菌及丁酸菌等。乳酸菌耐酸性较强，能在 pH 为 3.5 以上的梨汁中生长，它能利用梨汁中的有机酸生长，并产生乳酸、二氧化碳等，还产生醋酸、丙酸、乙醇，并产生异味，某些乳酸菌能使梨汁中的糖类发生黏稠状变质；乳酸菌还耐二氧化碳，在真空和无氧条件下也能迅速繁殖，在温度低于 8℃ 时活动受到限制。醋酸菌的耐酸性极强，在 pH 为 4.3 以下时繁殖，并多在液面形成膜，产生挥发性酸臭，醋酸菌的生长发育需氧参与，故应避免梨汁与氧气接触。丁酸菌也属于耐酸性的细菌，pH 为 4.0 左右时能生长发育，其产物丁酸具有异味，它们对低酸性梨汁产生极大的危害。

（2）酵母菌　酵母菌是污染梨汁饮料，并使其败坏的最重要的一种微生物，它能在低 pH 条件下生长、繁殖，引起梨汁的发酵，把糖分解成乙醇和二氧化碳，使果汁发生沉淀，呈混浊状。若二氧化碳积累过多，还易发生胀罐，甚至使容器破裂。酵母菌还可以分解梨汁中的有机酸，产生新的酸或酯类物质。酵母菌生长需氧，低温条件可以抑制其生长活性。

（3）霉菌　霉菌引起梨汁饮料变质的现象比其他微生物要少，它主要侵染新鲜的果蔬原料，尤其当原料受到机械损伤后，霉菌能迅速侵入损伤部位造成果蔬腐烂。经霉菌污染的原料混入后引起加工产品带有霉味。霉菌污染后常分解有机酸产生新的酸；有的产生色素物质，使梨汁变色、变味；有的能破坏果胶，产生沉淀。大多数霉菌的生长都需要氧，对二氧化碳耐受力差，耐热能力差，一般巴氏加热杀菌时大多数霉菌可以被杀死。

2. 防止微生物污染的措施

梨汁饮料生产加工中的微生物主要来自于果蔬表面、生产设备和果实内部。因此可以采取以下措施：加强原料洗涤管理，对于表面污染严重的可以适当使用洗涤剂或用氯进行表面消毒，还要剔除果蔬中的腐烂、病害原料，防止其在加工中污染梨汁；在生产前后及生产过程中，生产设备及其附属设施都必须进行有效的清洗和消毒，保持清洁卫生，加工工艺过程要格遵守操作规程；选用正确的灭菌工艺，严格控制灭菌的时间和温度，彻底杀灭梨汁中残留的微生物，可以适当降低梨汁的 pH 来提高灭菌效果；尽量避免破碎的原料与氧气接触，抑制好氧性微生物的生长繁殖；另外，还可以在成品中加入山梨酸钾等人工防腐剂，抑制微生物的生长繁殖。

3. 梨汁饮料在加工和贮藏期间的质量变化

（1）色泽的变化　色泽的变化是梨汁饮料生产中的常见问题，变色原因主要有两个方面：一是果蔬本身所含色素物质的改变引起变色，二是褐变引起变色。

1）色素物质的改变。包括叶绿素、类胡萝卜素和多酚类色素等天然色素的改变。

① 叶绿素的改变。叶绿素的改变是绿色蔬菜汁失绿的主要原因。叶绿素在常温下的弱碱性条件下稳定，在梨汁的酸性条件下会脱镁变成脱镁叶绿素，使色泽变暗，进而使梨汁颜色消失；在光的作用下会发生光敏反应，被氧化裂解为无色物质；同时，存在于果蔬中的叶绿素水解酶也会使叶绿素水解，进而氧化成无色物质。因此，要想保持梨汁中叶绿素的绿色，可以将清洗后绿色果蔬原料在稀碱液中浸泡，使叶绿素转变为稳定的叶绿酸，

使其保持稳定的鲜绿色；也可将果蔬用稀碱液烫漂 2min 左右，钝化叶绿素酶；此外，用锌或铜取代叶绿素分子中的镁离子，生成的叶绿酸盐对酸和热比较稳定，也可以达到护绿的效果。

② 类胡萝卜素的改变。含天然类胡萝卜素的梨汁饮料主要是含柑橘汁和胡萝卜汁等的橙黄色饮料。类胡萝卜素可以分为胡萝卜素和叶黄素两大类。这些色素均为脂溶性色素，性质比较稳定，耐 pH 变化，耐热，在锌、铜、锡、铝、铁等金属离子存在的条件下也不易被破坏，只有强氧化剂才能使其氧化褪色；但是对光比较敏感，极易发生光敏氧化而褪色。因此，对于含有此类色素的果蔬饮料必须采取避光保存或包装方法。

③ 多酚类色素的改变。多酚类色素包括花青素、花黄素和单宁类物质等，许多水果的颜色就是由这一类水溶性色素体现出来的。花青素种类较多，从红色到紫色都有，但是它极不稳定，颜色随 pH 的变化而变化，容易氧化褪色，对光和温度也比较敏感。含有花青素的梨汁饮料在光照或稍高的温度下会很快褐变，二氧化硫也可以使其褪色或变成微黄色。花青素还可以与铜、镁、锰、铝、铁等金属离子络合而变色。故含花青素的饮料要注意避光，同时避免与金属离子接触，生产中最好根据生产原料加入相应色泽的色素来稳定产品的色泽质量。花黄素主要是黄酮及其衍生物，天然情况下颜色自浅黄至无色，偶尔呈现出鲜明橙黄色，在碱性条件下变成明显的黄色，遇铁离子会变成蓝绿色。因此，控制梨汁中铁离子的含量可以降低花黄素对产品色泽的影响。

2）褐变。梨汁的褐变方式有酶促褐变和非酶褐变两种。

① 酶促褐变。酶促褐变是由原料中的酚类物质在多酚氧化酶的作用下和氧结合生成褐色或黑色的醌类物质引起的褐变反应。它的发生必须具备 3 个条件，即氧气、多酚类物质和多酚氧化酶，三者缺一不可。因此，只要控制其中的一个条件就可以阻止酶促褐变的发生。

酶的活性可以通过加热处理方式钝化，95~100℃处理 5min 即可使酶失活，原料的热处理以及高温杀菌都是对护色有利的操作；还可以通过改变酶所处环境的 pH 来抑制酶的活性，多酚氧化酶的最适 pH 为 6~7，在梨汁中添加适量的柠檬酸、苹果酸等就可以降低梨汁的 pH，抑制酶的活性。

进行脱气处理，脱除梨汁中的氧是加工中减轻色泽变化的最有效措施。脱气处理不仅可以抑制褐变，还可以防止梨汁中营养成分或风味物质的氧化变质；另外，在整个加工过程中要注意减少或避免与氧气的接触，包装时尽量防止氧气混入包装，以防止褐变。

选择原料时，要选择充分成熟的新鲜原料，尽量减少原料中的多酚类物质；也可以用适量的盐溶液浸泡原料，使多酚类物质盐析出来，再用清水洗去残留的盐溶液。

② 非酶褐变。非酶褐变是在没有酶的参与下，梨汁中的物质发生化学反应而引起的褐变，主要包括美拉德反应、焦糖化作用及抗坏血酸的氧化反应。影响非酶褐变的主要因素是温度和 pH。美拉德反应在碱性条件下容易发生，而抗坏血酸的氧化在 pH2.0~2.5 时易发生，因此，调节梨汁在 pH 为 3.5~4.5 范围内可以抑制褐变。在加工过程中，要尽量

降低梨汁的受热程度，避免长时间加热处理，同时避免非不锈钢类金属接触，以减少非酶褐变。梨汁在低温下贮藏也可以延缓褐变的过程。另外，选用甜味剂时不宜使用易发生美拉德反应的还原性糖类，应选用蔗糖作为甜味剂。

（2）味道的改变　梨汁风味是感官质量的重要指标，是能否满足消费者要求的关键。梨汁加工方法或贮藏不当，很容易导致风味的变化。原料不新鲜会导致产品风味不佳；加工过程中调配不当，会使梨汁饮料风味下降；过度加热，会使梨汁带有"焦味"或"蒸煮味"；加工和贮藏过程中，各种氧化、褐变反应及微生物污染会使梨汁风味劣化；金属离子的存在也会改变梨汁的风味。针对引起风味变化的多方面原因，防止梨汁变味要从多方面采取措施。

一是选择新鲜良好的原料。加工过程中，采取合理的工艺措施，合理加热、合理调配，除掉不良风味，如胡萝卜汁加工过程中，采用切片、软化、冷却、浸泡的工艺可以除去胡萝卜的怪味。二是采用先进的加工工艺，避免不良风味的产生；或者将不同的梨汁按一定比例合理搭配，在风味上相互补充。三是产品运输、贮藏过程中要严格管理，贮藏的温度宜低不宜高，贮藏时间不宜过长。

（3）后混浊、沉淀与分层　澄清梨汁要求果汁澄清透亮，但其在加工或贮藏过程中很容易出现不溶性悬浮物，产生后混浊现象或产生沉淀；混浊汁及果肉饮料要求呈现均一稳定的混浊状态，但其在存放过程中容易发生分层和沉淀现象，失去稳定性。这些变化使得梨汁在贮藏和销售期间达不到要求，成为梨汁生产中的主要质量问题。

1) 澄清汁的后混浊。引起澄清汁发生后混浊的原因很多，加工过程中杀菌不彻底，贮藏过程中微生物生长繁殖并产生代谢物，从而出现混浊；梨汁澄清工艺操作不合理，悬浮颗粒和易产生沉淀的物质去除不彻底，这些物质在贮藏过程中会继续沉淀；另外，梨汁中含有较多的淀粉、果胶、多酚类化合物和蛋白质等化合物，它们在一定条件下发生酶促反应、美拉德反应或蛋白质变性等，产生沉淀，使汁液混浊；加工中用水符合软饮料用水标准，引入沉淀或混浊物质；配料时糖和其他辅料质量差，杂质含量较多，处理不彻底，会引入产生混浊或沉淀的物质；另外，梨汁腐蚀金属设备或容器，还会使梨汁中的物质和金属离子发生反应而产生沉淀。

防止澄清汁混浊现象发生的措施：采用成熟新鲜的原料，减少多酚类化合物的含量；加强生产和卫生管理，保证原料的清洗质量，防止微生物污染导致混浊；加强原辅料管理，避免带入沉淀和混浊物质；采取合理的加工工艺，尤其是澄清处理工艺及充分灭菌，尽可能地去除易引起沉淀的成分，这是减少梨汁混浊和沉淀的重要保障；可以合理采用先进的加工技术，如超滤技术来降低后混浊的发生；采用低温贮藏，可以降低后混浊产生的速度。

2) 混浊汁的分层及沉淀。导致混浊汁发生混浊与沉淀现象的主要原因有以下几方面：梨汁中果胶含量太少、黏度较低或梨汁中残留有果胶酶水解梨汁中的果胶，使混浊汁失去胶体性质和果胶的保护作用，同时导致黏度下降，引起悬浮的细微颗粒下沉；加工用水中含有的盐类与梨汁中的有机酸发生反应，破坏了胶体溶液体系的 pH 和电离平衡，引起胶体物质及悬浮物的沉淀；微生物繁殖分解果胶，产生易沉淀的物质；调配时，香精种类和用量不当或糖中的蛋白质与单宁物质发生沉淀反应，引起沉淀和分层；梨汁所含的果肉微粒粒径太大或大小不均，失去重力平衡而沉淀；脱气不彻底，果粒附有气体，使其在梨汁中的浮力增大而引起上浮分层。

应根据引起混浊汁沉淀和分层的原因采用不同的措施。尤其是榨汁前后，要注意对果蔬原料和榨汁设备进行加热灭酶处理，破坏果胶酶的活性，同时严格进行均质、脱气和杀菌操作，这是防止分层和沉淀的主要手段。另外，还可以增加汁液的浓度，加入果胶物质或稳定剂提高汁液的黏度，以保持混浊汁稳定均一的混浊度。

（4）营养成分的损失　在加工和贮藏过程中，果蔬原料中的风味物质和某些营养成分，如维生素、矿物质等会发生不同程度的破坏损失。损失的程度主要取决于加工工艺和贮藏条件。例如，维生素 C 极易被氧化破坏，浓缩过程中很容易造成挥发性芳香物质的损失等。为了减少这些损失，常采用以下措施：在整个加工过程中，要尽量减少或避免原料、梨汁与氧气的接触，并尽量缩短操作时间；采用真空脱气处理，减少维生素 C 等还原性物质的氧化；加强加工工艺的管理，合理使用酶技术和膜分离技术、超滤等先进加工技术，减少营养成分的损失；尽可能在低温下贮藏，并且避免过长时间的贮藏。

（5）罐内壁腐蚀　大部分梨汁饮料属酸性食品，对马口铁罐的内壁具有一定的腐蚀作用。梨汁及饮料用水要求硝态氮含量不得大于 1mg/L，否则会使内壁的锡溶出，而且顶隙大，溶出的锡也会增多。可以用玻璃罐或薄纸板、铝箔及无毒塑料制成的软罐装盛，避免内壁腐蚀。成品梨汁饮料在低温条件下贮藏，可以减缓其对马口铁罐内壁的腐蚀。

二、其他果蔬汁的技术处理

1. 柑橘类果汁的苦味物质

柑橘加工产品特别是果汁类产品出现的过度苦味是柑橘加工业面临的严重问题，造成了重大的经济损失，成为限制柑橘加工业发展的一个重要因素。

柑橘类苦味物质主要分布在外皮、海绵层、筋络和种子中。主要由两类物质组成：一类是类柠檬苦素，是一组三萜衍生类化合物，主要代表物为柠碱（柠檬苦素）和诺米林等，具有强烈的苦味，以柠碱产生的苦味最为严重；另一类是多种黄酮苷类化合物，其中柚皮苷为葡萄柚和苦橙等柑橘类果汁中的主要黄酮苷。

2. 苦味的脱除

目前，柑橘类苦味物质脱除的主要方法有代谢脱苦、屏蔽脱苦、吸附脱苦、固定化酶法脱苦、超临界 CO_2 萃取脱苦、膜分离脱苦等。

（1）代谢脱苦　人们很早就发现用晚采收的柑橘榨出的果汁要比用早采收的柑橘榨出的果汁苦味小。受这一现象的启发，人们纷纷通过各种方法来加速柑橘苦味物质的代谢。

研究者用乙烯利浸果，取得一定效果。乙烯利处理能加速柑橘果实内柠碱类的代谢，而不影响柑橘果实的风味，从而降低柠碱产生的苦味。

（2）屏蔽脱苦　环糊精是具有环状结构的多糖大分子，其孔腔可以包结具有适当大小的分子，屏蔽脱苦就是利用环糊精的包结作用，降低柑橘汁的苦味。环糊精可以与柚皮苷和柠碱形成包埋化合物，并使柚皮苷由可溶性变成不可溶性。环糊精的添加量因柑橘汁种类的不同而异，一般添加 0.3%~0.5%，苦味就会明显降低，而对柑橘汁风味及营养无影响，添加最多不要超过 1%，以免苦味成分重新析出。

（3）吸附脱苦　吸附法是采用吸附剂有选择地吸附除去柑橘类果汁中的苦味成分，达到脱苦目的。广泛使用的吸附剂分为三大类：中性多聚吸附剂、弱酸性（阳离子交换）树脂、碱性（阴离子交换）树脂。用到的吸附剂主要包括苯乙烯-二乙烯基苯交联共聚物等离子交换树脂、纤维素酯吸附胶、硅胶、弗洛里西（Florisil）等，可采用间歇或柱法处理，各种吸附剂对不同的成分吸附能力不同。在柑橘类果汁脱苦中用得最多的就是苯乙烯-二乙烯基苯交联共聚物，已经用于商业化生产。

（4）固定化酶法脱苦　按作用对象，用于柑橘类果汁脱苦的酶可分为黄烷酮糖苷类化合物脱苦酶和柠檬苦素类化合物脱苦酶。在用固定化酶对柑橘汁进行脱苦时使用最多的是柚皮苷酶。有关柠檬苦素类脱苦酶，其最适 pH 都偏向碱性，如果直接固定化用于脱苦，必须先调节酸性柑橘汁的 pH，这样就会使柑橘汁的品质变劣。而柚皮苷酶最适 pH 与柑橘汁的自然 pH 相接近，柚皮苷酶能在不影响柑橘类果汁品质的情况下较好地去除苦味。另外，酶法脱苦具有操作简单、脱苦条件温和、脱苦效率高、应用方便等优点，因此受到广大果汁生产厂家的青睐。

另外，为了避免柑橘类果汁的低 pH 影响柠檬苦素类脱苦酶在柑橘加工中的使用，可以将产生这些酶的细菌细胞固定化，用于柑橘类果汁的脱苦。

3. 其他脱苦方法

研究者还尝试了将超临界 CO_2 萃取、超滤和吸附联用技术、膜分离技术和基因工程等方法应用到柑橘汁的脱苦生产中，并且取得了一定的进展。虽然有很多技术可用于柑橘类果汁的脱苦，但能真正用于大规模工业化生产的却不多，运用最多的是吸附法脱苦，但存在吸附剂易饱和、吸附剂再生时间长等缺点，使其应用受到一定的限制。膜分离技术脱苦具有分离效率高、操作温度低、处理量大、易于连续化生产等优点，特别是随着材料科学的发展，性能更加优良的膜材料不断出现，必将会使膜分离技术在柑橘类果汁的脱苦中具有更加广阔的市场应用前景。

三、果汁及果汁饮料分类

1. 原果汁（果汁）

采用机械方法将水果加工制成的未经发酵但能发酵的汁液，用物理方法除去加入的水，或在浓缩果汁中加入原果汁浓缩时失去的自然水分等量的水，具有原水果的色泽、风味和可溶性形物含量。含有种或两种以上原果汁的制品称为混合原果汁。

2. 原果浆

采用打浆工艺将水果或水果的可食部分加工制成未发酵但能发酵的浆液，或在浓缩果浆中加入原果浆在浓缩时失去的天然水分等量的水，具有原水果果肉的色泽、风味和可溶性固形物含量。

3. 浓缩果汁与果浆

采用物理方法从原果汁中除去一定比例的天然水分，制成具有原果汁应有特征的制品。

4. 果肉果汁

在原果浆（或浓缩果浆）中加入水、糖液、酸味剂等调制而成的制品，成品中原果浆含量不低于30%（质量/体积）。用高酸、汁少肉多或风味强烈的水果调制而成的制品，成品中原果浆含量不低于20%（质量/体积）。

含有两种或两种以上果浆的果橙汁、肉果汁饮料称为混合果肉果汁饮料。

5. 果汁饮料

在原果汁（或浓缩果汁）中加入水、糖液、酸味剂等调制而成的清汁或混汁制品。成品中原果汁含量不低于10%（质量/体积），如橙汁饮料、菠萝汁饮料、芒果汁饮料等。含有两种或两种以上果汁的果汁饮料称为混合果汁饮料。

6. 果粒果汁饮料

在果汁（或浓缩果汁）中加入水、柑橘类的砂囊（或其他水果经切细的果肉等）、糖液、酸味剂等调制而成的制品。成品原果汁含量不低于10%（质量/体积），果粒含量不低于5%（质量/体积）。

7. 水果饮料浓浆

在原果汁（或浓缩果汁）中加入水、糖液、酸味剂等调制而成的含糖量较高、稀释后方可饮用的制品。成品原果汁含量不低于5%（质量/体积）乘以本产品标签上标明的稀释倍数，如西番莲饮料浓浆等。含有两种或两种以上果汁的水果饮料浓浆称为混合水果饮料浓浆。

8. 水果饮料

在原果汁（或浓缩果汁）中加入水、糖液、酸味剂等调制而成的清汁或混汁制品。成品中原果汁含量不低于5%（质量/体积）乘以本产品标签上标明的稀释倍数，如柑橘饮料、菠萝饮料、芒果饮料等。含有两种或两种以上果汁的水果饮料称为混合水果饮料。

四、蔬菜汁及蔬菜汁饮料分类

蔬菜汁及蔬菜汁饮料为用新鲜或冷藏蔬菜（包括可食的根、茎、叶、花、果实、食用菌、食用藻类及蕨类）等为原料，经加工制成的制品。

1. 蔬菜汁

在用机械方法将蔬菜加工制得的汁液中，加入水、盐、糖液等调制而成的制品，如番茄汁、胡萝卜汁等。

2. 蔬菜汁饮料

在蔬菜汁中加入水、糖液、酸味剂等调制而成的可直接饮用的制品。含两种或两种以上蔬菜汁的蔬菜汁饮料称为混合蔬菜汁饮料。

3. 复合蔬菜汁饮料

在蔬菜汁和果汁中加入水、糖液等调制而成的制品。

4. 发酵蔬菜汁饮料

蔬菜或蔬菜汁经乳酸发酵后制成的汁液中加入水、盐、糖液等调制而成的制品。

5. 食用菌饮料

在食用菌子实体的浸提液或浸提液的制品中加入水、糖液、酸味剂等调制而成的制品；或选用无毒可食用的培养基，接种食用菌菌种，在经液体发酵制成的发酵液中加入糖液、酸味剂等调制而成的制品。

6. 藻类饮料

将海藻或人工繁殖的藻类，经浸提、发酵或酶解后所制得的液体中加入水、糖液、酸味剂等调制而成的制品，如螺旋藻饮料等。

7. 蕨类饮料

用可食用的蕨类植物（如蕨的嫩叶），经加工制成的饮料制品。

任务一　梨汁饮料加工

任务目标

以梨汁饮料的加工工序为例，了解怎样通过澄清、精滤、均质、脱气、浓缩等工序加工出可口的果蔬汁饮料。

任务实施

果蔬原料和产品虽然是多种多样的，但就果蔬汁的生产工艺而言，基本原理和加工工艺流程大同小异，主要生产加工过程有果蔬原料的挑选与清洗、破碎、取汁、粗滤等，其工序基本相同，而澄清、精滤、均质、脱气、浓缩等工序多为某一产品的特定工序，梨汁饮料生产的一般工艺流程见图 14-1。

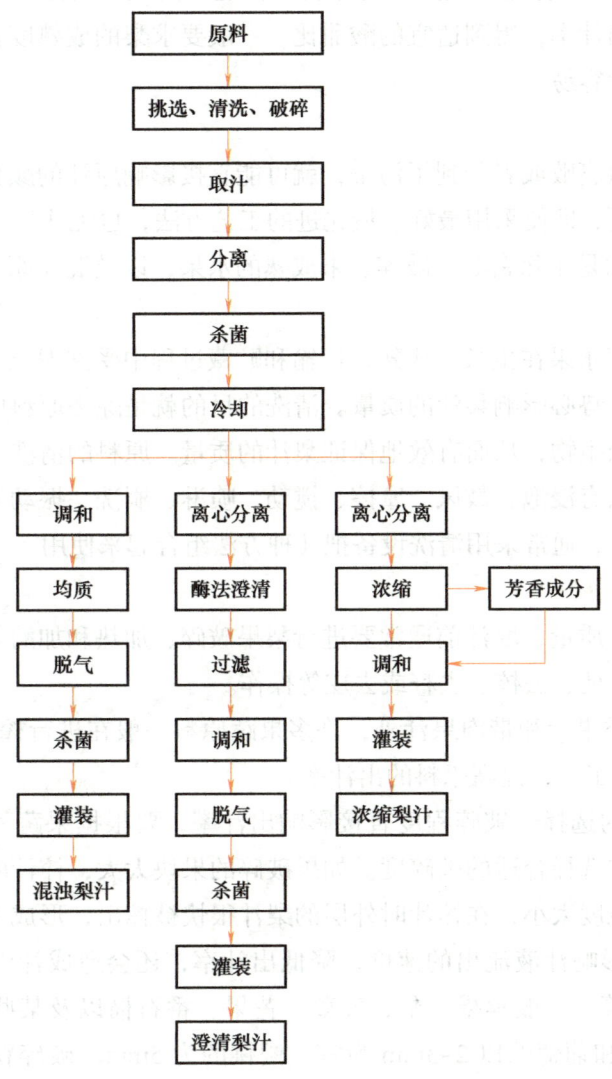

图 14-1 梨汁饮料生产的一般工艺流程图

1. 选择原料

对原料的基本要求：严格根据梨汁加工工艺的要求，选择适合制汁工艺的品种，这是梨汁饮料生产的一个重要环节。

1）新鲜度。原料的新鲜度是影响梨汁饮料风味的重要因素。果实越完整，新鲜成品的品质就越好。如果贮藏期太长，水分蒸发损失，新鲜度降低，酸度降低，糖分增高，维生素损失增大，同时易发生腐烂变质。

2）品质。果实无腐烂、霉变、病虫害和机械伤害，要求汁液丰富、香味浓郁、取汁容易、糖分含量高、营养价值高。其中病虫果和腐烂果对梨汁的成品风味影响最大。良好

的原料品质是保证出汁率和产品风味的重要因素

3）成熟度。选用具有适当成熟度的原料不仅能提高成品的芳香程度、可溶性固形物的含量，还能提高出汁率，得到适宜的酸甜比。一般要求梨的成熟度在九成熟左右，可以保证酸低糖高、榨汁容易。

2. 挑选与清洗

只要有少数原料腐败或者受到了污染，就可能直接影响原汁的颜色、香气和风味。一旦原料出现这些问题，即使采用最好、最先进的工艺方法，也无法提高原汁的质量。

（1）挑选　目的是排除腐败、破碎、未成熟的水果，以及混在原料中的异物，以保证产品质量。

（2）清洗　由于水果在生长、成熟、运输和贮藏过程中受到泥土、微生物、农药及其他有害物质的污染，势必影响梨汁的质量。清洗的目的就是除去原料中一切不符合作业要求的杂质，尤其是微生物，从而有效地保证梨汁的质量。原料的清洗一般采用物理方法和化学方法。物理方法有浸泡、鼓风、摩擦、搅动、喷淋、刷洗、振动等，化学方法可用清洗剂、表面活性剂等，通常采用清洗设备把几种方法组合起来使用。

3. 原料取汁前预处理

为了提高梨汁的质量，取汁前通常要进行梨果破碎、加热和加酶等预处理。还有一些果蔬原料还要进行去梗、去核、去籽或去皮等操作。

除了加工柑橘类果汁和带肉果汁外，许多果蔬原料一般在进行榨汁前要先进行破碎，采用"破碎-压榨"工序，提高原料的出汁率。

（1）破碎程度的选择　破碎程度直接影响出汁率，要根据果蔬种类、取汁方式、设备、汁液性质和要求选择合适的破碎度。如果破碎的果块太大，榨汁时汁液流速慢，会降低出汁率；但破碎粒度太小，在榨汁时外层的梨汁很快被榨出，形成一层厚皮，使内层汁液流出困难，也会影响汁液流出的速度，降低出汁率，还会造成汁液中悬浮物质含量增大、澄清成本增加等。一般苹果、梨、菠萝、芒果、番石榴以及某些蔬菜的破碎粒度以3~5mm为宜，草莓和葡萄的以2~3mm为宜，樱桃的为5mm。破碎粒度的大小随原料品种而异。

根据原料不同的性质和生产工艺要求，可以采用不同的设备和处理加工方式进行破碎处理。对于葡萄、草莓等浆果类可选用桨叶型破碎机，使破碎与粗滤一起完成；也可以选用挤压式破碎机，调节辊距大小使果实破裂而不损伤种子。对于肉厚且组织致密的苹果、梨、桃等，可选用锤碎机、辊式破碎机等。生产带果肉果蔬汁时，可选用磨碎机等，桃和杏等水果可以用磨碎机磨成浆状，并将果核、果皮除掉；对于许多种类的蔬菜如番茄，可以用打浆机加工成碎末状再进行取汁，通过打浆机果肉浆从筛眼中渗出，而种子、皮、核从出渣口排出，筛眼的大小可根据产品要求调节。对于有些汁液较少、取汁困难的原料如山楂等，按工艺要求宜压裂但不宜压碎，可以选用挤压式破碎机，将果实压裂而不使果肉分离成细粒时最合适。破碎时由于果肉组织接触空气，可以在破碎时喷雾加入维生素

C、异维生素 C 或氯化钠及维生素 C 配制成的抗氧化剂，采用一些措施防止原料发生氧化反应。

(2) 破碎方式的选择　按破碎的原料是否需要加热，可将破碎方式分为冷破碎和热破碎。

1) 冷破碎。在常温下进行。由于果蔬中果胶分解酶的活性较强，在短时间内就能降解果胶，从而使梨汁等果蔬汁的黏稠度降低。对于澄清汁型的果蔬汁，采取冷破碎具有明显的优越性。由于冷破碎梨汁的黏稠度较热破碎低，有利于榨汁，更有利于过滤、澄清等操作，可以降低梨汁澄清所需的酶制剂的用量。

2) 热破碎。即在破碎前用热水或蒸气将果蔬加热，然后进行破碎，或者是在破碎后立即将破碎物或浆体加热。加热抑制了果胶酶的活性，可以保留较多的果胶，使果蔬混合汁或果肉汁保持一定的黏稠度，增加其稳定性，果蔬浆等的生产采用热破碎的方式是比较理想的。

4. 榨汁前的预处理（预排汁）

预处理的目的是通过改变果蔬细胞的通透性，软化果肉，破坏果胶质，降低黏度，提高出汁率。不同的果蔬品种采用不同的预处理方式，主要有热处理和酶处理两种。

(1) 热处理　由于破碎过程中和破碎后果蔬中的酶被释放，活性大大增加，特别是多酚氧化酶会引起梨汁色泽的变化，对果蔬加工质量极为不利。可以通过加热抑制酶的活性，使果肉组织软化，细胞中的蛋白质凝固，改变细胞的半透性，使细胞中的可溶性物质容易向外扩散，有利于果蔬中可溶性固形物、色素的提取。适度加热还可以使果蔬中的胶体物质发生凝聚，使果胶水解，降低了汁液的黏度，因而可提高出汁率。一般加热处理条件为 70~75℃、10~15min。

(2) 酶处理　果胶含量少的果实取汁容易，而果胶含量高的果实如苹果、樱桃、猕猴桃等黏性较大，取汁困难。果胶酶可以有效地分解果肉组织中的果胶物质，降低汁液黏度，使取汁过滤更容易，提高出汁率。因此，在取汁前有时需要在果蔬浆中添加果胶酶对果蔬浆进行酶解。

酶处理时要合理控制加酶量、酶解时间和温度。果胶酶制剂的添加量一般按果蔬浆质量的 0.01%~0.03% 加入，酶反应的最佳温度为 45~50℃，反应时间为 2~3h。若酶量不足或反应时间过短则达不到目的，反之则会分解过度。保持作用时的温度不仅影响分解速度，而且影响产品质量。为了防止酶处理阶段的过分氧化，通常将热处理和酶处理相结合。简单的方法是在 90~95℃下对果蔬浆进行杀菌，然后冷却到 40~50℃再进行酶处理。

5. 榨汁和浸提

在预处理过程中通过破碎、加热等操作，破坏了果蔬细胞的生理功能，使果蔬细胞中的汁液及可溶性物质渗透到细胞外面。破碎后的果肉应尽快取汁，生产上一般采用压榨法取汁，对于果含量少、取困难的原料可以采用浸提法取汁。

(1) 压榨法　利用外部的机械挤压力，将果蔬汁从果蔬或果蔬浆中挤出的过程称为压榨。大多数原料，通过破碎就可以榨汁，但是某些水果，如柑橘类果实和石果实，都有一层很厚的外皮，榨汁时外皮中的不良风味物质和色素物质会进入果汁；柑橘类果实外皮中的精油极易变化而产生萜品臭，果皮、囊衣及种子中存在柚皮苷和柠碱等导致苦味的化合物，为了避免这些物质进入果汁，这类果实不宜采用破碎压榨法取汁，应采用特殊的榨汁方法取汁。石榴皮中含有大量单宁物质，故应先去皮后再进行榨汁。

1) 榨汁机选择。榨汁机的种类很多，目前国际流行的榨汁机主要有以下几种。

① 液压式压榨机。适合多种果蔬的榨汁，并能达到固液分离的要求。在压榨室内装入果蔬浆，压榨头工作时，挤压浆料，汁液通过滤网和滤板进入贮汁槽。压榨结束后，卸渣油缸工作，开始出渣，完成一个压榨循环。滤板径一般为 50 目筛（孔径约为 0.3mm），生产能力最大达 2t/h（浆料），出汁率达 82%~84%，可用于大多数果蔬原料的榨汁。液压式压榨机的缺点：榨汁过程是间歇式的，而且榨出的混浊汁在贮藏过程中易产生褐变，因而只适用于果蔬澄清汁的生产。

② 带式榨汁机。带式榨汁机是连续式的榨汁设备，可连续出汁和出渣，我国北方地区苹果浓缩汁的生产广泛采用这种榨汁机。它的自动化连续工作生产能力强；结构紧凑，占地面积小；设备投资少，动力消耗低。但因它是敞开式压榨作业，卫生状况也较差，梨汁易接触空气而氧化变质。

③ 离心式压榨机。离心式压榨机是利用离心力的原理使果汁与果肉分离的。在离心力的作用下，果汁从锥形转鼓的筛孔中甩出，流至出汁口，果渣从出渣口排出，出汁率（苹果）达 67% 左右。这种榨汁机自动化程度高，工作效率高，常用于预排汁操作。

④ 卧式螺旋沉降离心机。简称卧螺，可用于预排汁操作。它的榨汁时间短，可以减少梨汁的酶促褐变反应，还可以减少梨汁中淀粉的含量，但其缺点是噪声大。

⑤ 柑橘榨汁机。这类榨汁机专用性很强。对于柑橘类果实，榨汁时为了避免存在于囊衣、脉络组织和海绵层的苦味物质进入果汁，常采用切半榨汁机和全果榨汁机。

采用这类榨汁机，在榨汁过程中，造成果汁不良风味的柑橘皮和种子被分离出来，而且是在管内与大气隔绝的状态下榨汁的，能保留柑橘的芳香物质，果汁黏性小，榨汁机的后过滤器及其输送管道是封闭式的，因此在通常的卫生条件下生产，可保证生产果汁的质量。

2) 果实的出汁率。果实的出汁率取决于果实的质地、品种、成熟度、新鲜度、加工环节、榨汁机的效能、压榨饼的孔隙度、挤压力、挤压速度、果蔬破碎程度、挤压层厚度等因素。果蔬压榨法取汁的出汁率可按下式计算：

$$出汁率 = \frac{所得汁液质量}{原料质量} \times 100\%$$

一般以浆果出汁率最高，柑橘类和仁果类略低。

（2）浸提法 浸提法就是将破碎的果蔬原料浸泡在水中，在浓度差的作用下，可溶性物质由高浓度方向向低浓度方向渗透，即果蔬细胞中的可溶性固形物透过细胞膜进入浸汁（溶剂）中，所得浸出液即浸出果蔬汁。浸提法不仅适用于含汁量较少、用榨汁法难以取汁的果蔬，而且为了提高苹果、梨等的出汁率，有时也会采用浸提法提取工艺。

1）浸提效果。评价浸提效果的指标主要是出汁量和汁液中固形物的含量。通常用浸提率表示浸提效果。浸提率是指单位质量的果蔬原料被浸出的可溶性固形物的量与单位质量果蔬原料中可溶性固形物的量的比值，即：

$$浸提率 = \frac{单位质量果蔬中被浸出的可溶性固形物的量}{单位质量果蔬中的可溶性固形物的量} \times 100\%$$

$$= \frac{浸提汁浓度 \times 浸提汁质量}{果蔬中可溶性固形物含量 \times 果蔬质量} \times 100\%$$

可见，浸提率和出汁率是截然不同的两个概念。而果蔬浸提汁也不是果蔬原汁，是果蔬汁和水的混合物，即加水的果蔬汁，这是浸提汁与榨取汁的根本区别。出汁率与浸提时的加水量有关，加水量多，出汁量也多，即出汁率多，但汁中的可溶性固形物的含量就会降低。为了提高浸提率，在浸提时间一定的条件下，出汁量（或加水量）和浸提汁浓度这两个指标应有一个合理的应用范围。

2）影响浸提效果的因素。影响果蔬浸提的主要因素包括加水量、浸提温度、浸提时间和果实的破碎程度4个方面。

① 加水量。加水量直接表现为出汁量的多少。根据浸提汁的用途来确定浸提汁中可溶性固形物的浓度范围，以控制合理的出汁率。如果制作浓缩汁，为了避免蒸气的能耗太高，就要求浸提汁中可溶性固形物的含量要高，加水量既要保证出汁率，又要保证果蔬汁浓度，一般为原料的1~2倍。

② 浸提温度。浸提温度影响出汁速率，同时还会影响到果蔬汁的质量。温度越高，分子的扩散速度越快，越有利于果蔬中的可溶性固形物向浸提汁中渗透，同时高温也可抑制微生物的繁殖；但温度过高，易热解且挥发的成分损失较大，果蔬汁的色泽和营养会遭到不同程度的破坏，带来一定的质量问题。一般浸提温度控制在60~80℃，最佳温度为70~75℃。

③ 浸提时间。浸提时间越长，果蔬中可溶性固形物的浸提就越充分，即浸提率就越高，但是时间过长，扩散接近平衡，浸提速率变慢，降低设备利用率，影响生产效益，而且浸提时间长，也可能引起微生物的繁殖，影响浸提汁的质量。在一般情况下，一次浸提时间为1.5~2h，多次浸提时间总计为6~8h是适当的。

④ 果实的破碎程度。果蔬破碎后，表面积增大，与水接触机会增加，扩散距离变小，有利于可溶性固形物的浸提。但如果破碎过度则不利于浸提，而且浸提汁中会含有细小果屑，增加后过滤难度，也会影响浸提汁质量，同时，果屑还会堵塞浸提设备的滤波孔，不利于浆渣分离。

以上这4个因素是相互关联、相互制约的。应该根据浸提汁的用途和对浸提汁质量的要求，正确制定合理的工艺条件，以获得较为理想的浸提效果。

3）浸提方式。果蔬浸提法主要有一次浸提法和多次浸提法。

① 一次浸提法。浸提过程一般是在浸提容器内进行的。在密闭或敞口的容器内，根据工艺及容器容量加入一定量的温水，再加入相应的预处理的果蔬原料略加搅拌，浸提一定时间后，放出浸提汁。浸提汁进入下一道过滤与澄清工序处理，作为原料汁使用，滤渣不再浸提取汁。一次浸提法浸出汁的浓度一般为 4.5~4.6°Bx（白利糖度）。采用一次浸提法得到的梨汁果胶含量低、透明度高、色泽明亮、氧化程度小、微生物含量低。

② 多次浸提法。一次浸提后的果蔬渣中还含有较多的糖、酸、维生素 C 等营养物质，这些果蔬渣可以作为加工原料进行综合利用，但是对于专一的果蔬加工厂来说，果蔬渣就是废弃物。为了减少浪费，充分利用原料中的有效成分，提高原料的利用率，可以采用多次浸提法取汁，即对分离梨汁后的渣滓依次用相同的方法进行浸提，然后将各次的汁液混合，经过过滤、澄清等处理作为原料汁使用。多次浸提法的浸提率高，果蔬中的有效成分提取较充分，但是多次浸提得到的混合汁可溶性固形物含量低，浓缩时会增加能耗，且维生素 C 和芳香性物质损失较大。为了改善这一状况，生产上常采用逆流式多次浸提法，即除了最后一次用清水浸提果渣外，都使用前一次果渣的浸提汁浸提新鲜果蔬或果渣。相对而言，逆流法不但能把果渣中的有效成分提取出来，而且浸提汁的可溶性固形物的含量也较高，一般可达到 8~10°Bx，将其作为原料汁生产浓缩汁可也大大节省能耗，提高生产效率。

6. 粗滤

粗滤又称筛滤，主要作用是去除分散于梨汁中的粗大颗粒或悬浮粒。对于澄清梨汁，粗滤后还要精滤，或先行澄清而后过滤，务必除尽悬浮粒。

新鲜粗榨汁中含有的悬浮粒的类型和数量因压榨方法和原料的组织结构不同而异。其中粗大的悬浮粒来自于梨细胞的周围组织或梨细胞本身的细胞壁。悬浮粒，尤其是来自种子、果皮和其他非食用器官或组织的颗粒，不仅影响到果汁的外观状态和风味，也会使果汁很快变质。柑橘类果实的新鲜榨出液中的悬浮粒，也有柚皮苷和单宁等不需要的物质，这些物质可先借低温使之沉淀而去除一部分。

在生产上，粗滤可以安排在榨汁过程中进行。例如，设有固定分离筛的榨汁机和离心分离式榨汁机等，榨汁与粗滤在同一台机器上完成的；也可在榨汁后安排独立的粗滤操作单元，所用设备为各种筛滤机，如具有多孔金属筛和挡板的回转筒筛，具有螺旋输送器的固定多孔金属筛等。这类粗滤设备的筛孔直径约为 0.5mm。此外，也可以将板框式压滤机用于粗滤。

7. 澄清梨汁的澄清与过滤

澄清是制造澄清汁的关键工序。在制造澄清梨汁时，通过澄清和过滤，可以除去新鲜榨出汁中的全部悬浮物及容易产生沉淀的胶粒。悬浮物包括发育不完全的种子、果心、果皮和维管束等的颗粒及色粒。这些物质中除了色粒外，主要成分是纤维素、半纤维素、糖苷、苦味物质和酶等，这些物质都会影响梨汁的质量和稳定性，必须加以消除。

（1）澄清　梨汁中的亲水胶体主要由果胶质、树胶质和蛋白质等胶态颗粒组成。电荷中和、脱水和加热，都足以引起胶粒的聚集沉淀，一种胶体能激化另一种胶体，并使之易被电解质沉淀，混合带有不同电荷的胶体溶液，能使之共同沉淀。以上这些特性就是澄清时使用澄清剂的理论根据。常用的澄清剂有明胶、皂土、单宁和硅溶胶等。梨汁生产中常用的澄清方法有以下几种。

1）自然澄清法。将压榨出的梨汁置于密闭容器中，经长时间静置，使悬浮物沉淀，同时果胶质逐渐水解，而降低了梨汁的黏度，蛋白质和单宁也可逐渐形成不流动性的沉淀，使果汁澄清。但梨汁经过长时间静置，易发酵变质，因此必须加入适当的防腐剂。此法只限于亚硫酸贮藏梨汁半成品生产。

2）明胶-单宁澄清法。此法利用单宁与明胶络合成不溶性的鞣酸盐而沉淀的作用来澄清梨汁。压榨出的新鲜梨汁本身就含有少量的单宁，单宁和明胶或鱼胶、干酪素等蛋白质物质可形成明胶单宁酸盐的络合物，随着络合物的沉淀，梨汁中的悬浮颗粒被缠绕而随之沉淀，此外，梨汁中的果胶、纤维素、单宁及多缩戊糖等带有负电荷，酸介质、明胶带正电荷，它们在正负电荷微粒的相互作用下凝结沉淀，也可使梨汁澄清。

明胶的用量因梨汁的种类和明胶的种类而不同，故对每一种梨汁、每种明胶和单宁，均需在使用前进行澄清试验，然后确定使用量。但如果明胶使用过量，不仅会妨碍聚集过程，而且会保护和稳定胶体，形成胶态溶液，进而影响梨汁成品的清澈性。一般每100L梨汁需明胶20g左右、单宁10g左右。使用时，将所需明胶量和单宁量称好，配成1%溶液，不断搅拌，按实际需要量缓慢加入梨汁中并混合均匀。明胶溶液的浓度不能过高，且必须在充分搅拌下缓慢加入。溶液加入后应在8~12℃条件下静置6~10h，使胶体凝集、沉淀。此法还可用于苹果汁等的澄清，效果较好。

3）加酶澄清法。加酶澄清法是利用果胶酶、淀粉酶等分解梨汁中的果胶物质和淀粉等，使梨汁中其他胶体失去果胶的保护作用而共同沉淀，达到澄清目的。大多数果汁中含有0.2%~0.5%的果胶物质，它具有强烈的水合能力，特别是可溶性果胶多以保护胶体形式裹覆在许多混浊物颗粒表面，阻碍果汁的澄清。使用果胶酶，可以使果汁中果胶物质分解而失去胶凝作用，混浊物颗粒就会相互聚集，形成絮状沉淀。通常所说的果胶酶是指分解果胶的多种酶的总称，用来澄清梨汁的果胶酶制剂为含大量水解果胶的霉菌酶制剂。未成熟的仁果类水果原料含淀粉，采用先进的榨汁设备时，常常使大量的淀粉进入果汁，可使用淀粉酶分解淀粉。

使用果胶酶应注意反应温度与处理时间，通常控制在55℃以下。加酶澄清需要的时间取决于温度、梨汁的种类、酶制剂的种类和数量，如低温所需时间长，高温所需时间短。但高温易导致梨汁发酵，故不宜采用。反应的最佳pH因果胶酶种类不同而异，一般在pH3.5~5.5范围内的弱酸性条件下进行。酶制剂用量视梨汁性质和酶活力而定，生产中按照使用说明，通过预备试验确定最佳用量。

酶制剂可直接加入榨出的新鲜梨汁中，也可在梨汁加热杀菌后加入。榨出的新鲜梨汁未经加热处理，直接加入酶制剂后天然果胶酶可起协同作用，使澄清速度加快。有些水果中氧化酶活性较高，鲜梨汁在空气中存放易氧化而产生褐变，可将梨汁经80~85℃瞬时（3~5s）时加热灭酶，冷却至55℃以下再进行酶处理。

4）冷冻澄清法。冷冻可改变胶体的性质，而在解冻时形成沉淀，雾状混浊的果汁经冷冻后容易澄清。这种作用对于苹果汁尤为明显，葡萄汁、草莓汁和柑橘汁也有这种现象。因此，可以利用冷冻法澄清果汁。

5）加热凝聚澄清法。梨汁中的胶体物质常因加热而凝聚，并容易沉淀。这种方法操作简单，效果好，应用普遍。其操作工艺是在80~90s内，将梨汁加热到80~85℃，然后以同样短的时间冷却至室温。温度剧变使梨汁中的蛋白质和其他胶体物质变性，凝固析出，使梨汁澄清。由于加热时间短，对梨汁的风味影响很小。为避免出现有害的氧化作用，并使挥发性芳香物质的损失降至最低，加热必须在无氧条件下进行，一般可采用密闭的管式换热器或瞬间巴氏杀菌器进行加热和冷却。加热澄清法的主要优点是能在梨汁进行巴氏杀菌的同时进行加热。

6）超滤澄清法。超滤澄清法是一种机械分离方法，利用超滤膜孔选择性筛分作用，在压力驱动下，把溶液中的微粒、悬浮物、胶体和高分子等物质与溶剂和小分子溶质分开，将梨汁的澄清和过滤一次完成。果汁超滤系统见图14-2。超滤澄可以在密闭回路中进行，不会受到氧化作用影响；不发生相的变化下操作，挥发性成分损失小；过滤后的汁液保持了原有的色、香、味、维生素、矿物质等，还可以除去微生物；同时可以实现自动化。因此，从成品质量方面看，这是一种理想的果汁澄清法。为提高膜的效率，同时提高果汁的透过率，增加果汁的稳定性，目前普遍采用的生产工艺是酶法脱胶和超滤澄清相结合的方法。

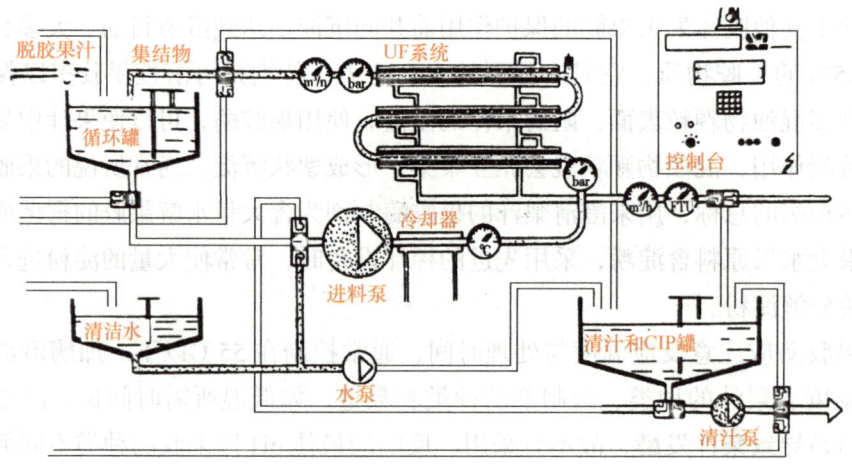

图14-2 果汁超滤系统

但是鉴于现有的技术水平，超滤澄清法在梨汁加工方向的应用还有一定的限制。

（2）过滤　除超滤法外，不论采用哪一种澄清法，梨汁澄清后都必须进行过滤操作，以分离其中的沉淀和悬浮物，使梨汁澄清透明。梨汁中的悬浮物可借助重力、加压或真空，使其通过各种滤材而过滤去除。常用的方法有压滤法、真空抽滤法和离心分离法。

1）压滤法。梨汁压滤可采用硅藻土或其他过滤材料在板框式过滤机中进行。

① 薄层过滤。薄层过滤器的滤板是用石棉和纤维等过滤材料与黏结剂混合、干燥后制成的一次性使用的过滤层。滤板固定在滤框上，夹在金属滤板之间，梨汁一次性通过过滤层。过滤速度取决于梨汁的物理化学性质、过滤层的物理结构和孔隙度及过滤压力。过滤层的过滤范围是由过滤材料的性质决定的，有各种规格型号，可根据实际情况选用。

② 硅藻土过滤。对于非常混浊的梨汁，可以采用硅藻土过滤。硅藻土是具有高度多孔性、低重力的助滤剂，呈浅粉色的含氧化铁硅藻土可用于梨汁过滤。在滤板间设有滤框，并由一次性的滤板或可重复使用的耐洗滤板来支撑，并作为助滤剂的硅藻土加入到流动的梨汁中。使用前先使硅藻土在滤板表面形成预涂层，然后浸入梨汁和硅藻土的混合物。过滤时，用硅藻土配料器把硅藻土添加到混浊果汁中，经过一段时间，当硅藻土沉积在滤板上的厚度达 2~3mm（450~800g/m²）时，形成过滤能力，只要硅藻土沉积层没有堵塞，就可以连续过滤。硅藻土的需要量一般依据果蔬的悬浮粒数量和果汁的黏度而定。梨汁中非可溶性固形物的种类和数量、板表面积、滤板负荷硅藻土量等因素影响过滤效率，滤板负荷硅藻土的量取决于滤板的数量和大小，一个 40cm×40cm 的硅藻土滤框，约可加硅藻土 1.4kg，60cm×60cm 滤框可加硅藻土约 4kg。一般苹果汁过滤需用硅藻土 1~2kg/1000L，葡萄汁需要 3kg/1000L，其他果汁需要 4~6kg/1000L。硅藻土过滤可用于预过滤处理。

2）真空抽滤法。又称真空过滤法，是在过滤筛筒内产生真空，利用压力差使梨汁渗过助滤剂，得到澄清梨汁。过滤前，在真空过滤器的过滤筛外表面涂一层 6~7mm 厚的硅藻土，过滤筛下半部分浸没在梨汁中。经真空泵产生真空将果汁吸入滚筒内部，过滤器以一定速度转动，均一地把梨汁带入整个过滤筛表面，而固体颗粒沉积在过滤层表面上形成滤饼。滤饼刮刀不断刮除滤饼，保持过滤流量恒定。过滤器内的真空使过滤器顶部和底部梨汁有效地渗过助滤剂，损失很少。由一个特殊阀门保持过滤器内的真空和梨汁的流出。过滤器的真空度一般维持在 84.6kPa。

3）离心分离法。抽滤法是利用压力差来完成固液分离，而离心分离法是用外加的离心力来完成固液分离的。常用各式离心分离设备除去果汁中的混浊物。

8. 混浊梨汁的均质和脱气

（1）均质　均质是混浊梨汁加工中的特殊操作，一般多用于玻璃罐包装的制品，马口铁罐包装的制品较少采用，冷冻贮藏的梨汁和浓缩梨汁也无均质的必要。均质的目的是使梨汁中所含的悬浮粒子进一步破碎，使粒子大小均一，均匀而稳定地分散于梨汁中，保持梨汁的均匀混浊度。不经均质的混浊梨汁，因悬浮粒子较大，在重力作用下会逐渐沉淀而失去混浊度。

常用的均质设备有高压均质机（图14-3）、胶体磨和超声波均质机等。高压均质机的均质原理主要是通过一个均质阀的作用，使加高压的梨汁从极端狭小的间隙中通过，在10~50MPa的均质压力下，悬浮粒子受压而破碎，然后由于急速降低压力的膨胀和冲击作用，使粒子微细化并均匀地分散在梨汁中。由于胶体磨的旋转，当梨汁流经胶体磨的狭腔时（间隙为0.05~0.075mm），因受到强大的离心力的作用，所含的颗粒相互冲击、摩擦、分散和混合，微粒的细度可达0.002mm以下，从而达到均质的目的。超声波均质机则是利用20~25kHz超声波的强大冲击力和1000~6000MPa空穴作用力，产生紊流、摩擦、冲击等而使粒子破碎而粒径变小，达到均质的目的。

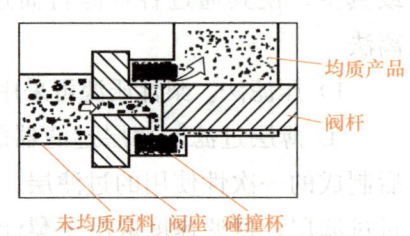

图14-3　高压均质机工作原理图

（2）脱气　脱气的目的就是除去梨汁中的氧，防止或减轻色素、维生素C、芳香物质和其他物质的氧化造成的品质劣化；去除附着于悬浮微粒上的气体，减少或避免微粒上浮，以保持良好外观；防止制品品质降低；防止或减少装罐和杀菌时产生泡沫。但是脱气时易造成挥发性芳香物质损失，因此，必要时可进行芳香物质的回收。与之相反，柑橘类果汁，若有过量的外皮精油混入果汁中，为了避免产生不良气味会进行减压去油，去油时空气也被除去，其后就不必再行去氧。梨汁常用的脱气方法有真空脱气法、气体交换法、酶法脱气、抗氧化剂法等。

1) 真空脱气法。真空脱气是将处理过的梨汁用泵打到真空罐内进行抽气的操作，它是利用气体在液体内的溶解度与该气体在液面的分压成正比的原理进行脱气。梨汁进行真空脱气时，液面上的压力逐渐降低，溶解在梨汁中的气体不断逸出，直到总压降至梨汁的蒸气压时，达到平衡状态，此时所有气体已排出，为了脱气充分，梨汁温度应当比真空罐内绝对压力对应的温度高2~3℃，一般脱气罐内真空度控制在90.7~93.3kPa范围内，可使梨汁分散呈薄膜状或雾状，扩大被处理梨汁的表面积以利于脱气，分散方法有离心喷雾式、加压喷雾式和薄膜流下式3种形式（图14-4）。脱气时间要充分，主要取决于梨汁的性状、温度和梨汁在脱气罐内的状态，黏度高的或固形物含量高的梨汁脱气困难，脱气时间要适当增加。

2) 气体交换法。气体交换法是把惰性气体如氮、二氧化碳等充入梨汁中，利用惰性气体置换梨汁中的氧的方法。比较常见的是氮置换法，即采用气体分配阀把气体氮压入或鼓入含氧的梨汁中，使梨汁在氮的泡沫流强烈冲击下失去所附着的氧，最后剩余的几乎全是氮。气体交换法能减少挥发性芳香物质的损失，有利于防止加工过程中的氧化变色。

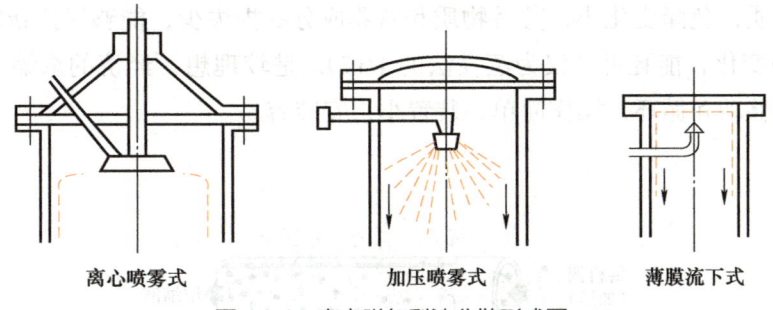

离心喷雾式　　　加压喷雾式　　　薄膜流下式

图 14-4　真空脱气梨汁分散形式图

3）酶法脱气。在梨汁中加入葡萄糖氧化酶，可使葡萄糖氧化生成葡萄糖酸和过氧化氢。过氧化氢酶可使过氧化氢分解为水和氧，氧又消耗在葡萄糖氧化成葡萄糖酸的过程中，因此具有脱氧作用。

脱氧过程：葡萄糖 $+O_2+H_2O \rightarrow$ 葡萄糖酸 $+H_2O_2$

$$H_2O_2 \rightarrow 1/2O_2+H_2O$$

总反应：葡萄糖 $+1/2O_2 \rightarrow$ 葡萄糖酸

4）抗氧化剂法。梨汁灌装时加入少量的抗坏血酸等氧化剂可以除去容器顶隙空气（氧气），这种方法称为抗氧化剂法。一般每克抗坏血酸大约能除去 1mL 空气中的氧气。

9. 浓缩梨汁的浓缩与芳香物质回收

（1）梨汁的浓缩　梨汁的浓缩就是从梨汁中去除部分水分。新鲜梨汁的可溶性固形物含量一般在 5%~20%，通过浓缩可以把梨汁的固形物含量提高到 60%~75%，提高糖度和酸度，增加产品化学稳定性，抑制微生物繁殖，有利于产品的长期贮藏；还能缩小体积，大大节约贮藏容器和包装运输费用，并可以满足各种饮料加工的多用途需要。

理想的浓缩果汁，应该保存新鲜水果的天然风味和营养价值，在稀释和复原时，必须具备与原果汁相似的品质。由于梨汁多含热敏性物质，容易受到高温损害，应尽量在较低温度下完成脱水操作。除真空浓缩法外，常用的浓缩方法还有反渗透浓缩法、冷冻浓缩法。

1）真空浓缩法。真空浓缩法是采用真空浓缩设备在减压条件下加热，降低梨汁沸点温度，使果汁中的水分迅速蒸发，这样既可缩短浓缩时间，又能较好地保持果汁质量，目前已成为制造各种水果浓缩汁的最重要的和使用最广泛的浓缩方法。其操作条件：浓缩温度一般为 25~35℃，不宜超过 40℃，真空度约为 94.7kPa。但是这种温度较适合微生物的繁殖和酶的作用，果汁浓缩前应进行适当的瞬间杀菌和冷却。各类果汁中以苹果汁较耐热，可采取较高的温度进行浓缩，但不宜超过 53℃。真空浓缩法因设备不同可以分为板式蒸发式浓缩和离心薄膜式浓缩等多种。

2）反渗透浓缩法。反渗透浓缩利用的是膜分离技术，梨汁中的水透过反渗透膜，其他果蔬成分被截留下来（图 14-5）。被截留的梨汁在设备中循环流动，并不断被浓缩，直至达到规定的浓度。与真空浓缩法相比，反渗透浓缩法无加热过程，氧的介入少，不改变梨汁的化学性质，色泽变化小，芳香物质和营养成分的损失少，能够保持新鲜原料原有的风味；无相的变化，能耗低（仅为蒸发法的1/17），是较理想、经济的浓缩方法；浓缩过程仅为加压、移动和循环，操作简单，装置小，安装容易。

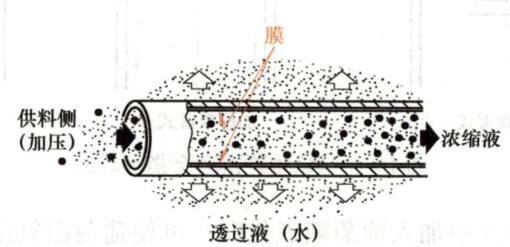

图14-5　反渗透浓缩法原理图

此法采用两级浓缩的反渗透装置，第一级操作压力为5~6MPa，第二级操作压力为11~12MPa，浓缩后果蔬汁浓度可达35~42°Bx。但是在应用过程中，果胶和果浆会附着在膜面生成凝胶层，从而大大恶化膜的渗透性能，使通量变小，并难以清洗恢复，因此用反渗透浓缩工艺制造的果蔬浓缩汁最经济的浓度一般在25°Bx左右。

3）冷冻浓缩法。冷冻浓缩法又称冻结浓缩，是将梨汁进行冻结，其中的水形成冰晶，分离除去这种冰晶，梨汁中的可溶性固形物就得到浓缩。可将梨汁用板式换热器预冷后，冷却生成冰晶，含有冰晶的浆体通过离心分离机分离成浓缩液和冰晶。用冷水洗涤残留在冰晶上的浓缩液，洗涤液浓度低，可返回至前段的原料梨汁内。如此反复，随着分离的冰晶增多，汁液得到浓缩。但由于最大浓缩度受到冰晶、浓缩汁混合物黏度的限制，一般仅能达到40~50°Bx。冻结浓缩一般是在–7~–3℃的低温下进行，有利于生成大小均匀、粒度适中且有利于分离的冰晶，常用的Grenco冷冻浓缩系统见图14-6。冻结浓缩工艺是目前最好的梨汁浓缩技术之一，但设备投

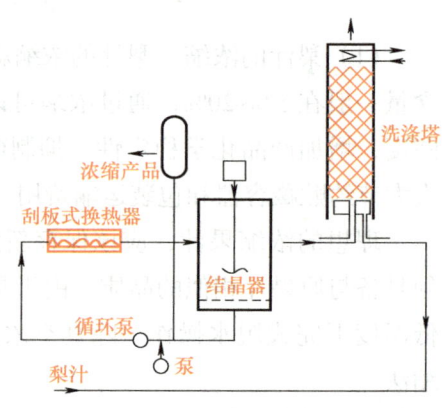

图14-6　Grenco冷冻浓缩系统示意图

资大、生产能力小、产品浓度不高。它仅适用于热敏性强及芳香物质含量较高的果汁的浓缩，如柑橘、草莓、菠萝等果汁。

(2) 芳香物质的回收　新鲜梨汁具有各种特有的芳香物质。芳香物质是区别各种果蔬原汁的重要特征之一，芳香物质不仅包括酸类，还含有醇类、羟基化合物和其他多种有机物质，这些物质都按一定比例存在，形成了各种果实特有的芳香。梨汁的芳香物质在蒸发操作中随蒸发而逸散，新鲜梨汁进行浓缩后必须将这些易逸散的芳香物质添加到浓缩果汁中，以保持原梨汁的风味。芳香物质的回收浓缩方法有两种：一种是在浓缩前，先将芳香成分分离回收，然后加回到浓缩果汁中；另一种是将浓缩罐中蒸发蒸气进行分离回收，然

后加回到浓缩果汁中。最好能把全部逸散的芳香物质回收浓缩,但实际上能回收到果汁中达到约 20% 就很好了。苹果汁的回收率达 8%~10%,黑醋栗的回收率达 10%~15%,葡萄、香橙的回收率达 26%~30%。

10. 调整与混合

大多数制得的原果汁不适合消费者的口味,为使梨汁符合一定的规格要求,改进风味,常需要对梨汁的成分适当的调整。调整的原则是使梨汁的风味接近新鲜梨,调整范围主要是糖酸比及芳香物质、色素物质等其他成分。

调整糖酸比及其他成分,通常在特殊工序如均质、浓缩、干燥、充气以前进行,但澄清梨汁常在澄清过滤后调整,有时也可以在特殊工序之间进行调整。调整的方法除在新鲜梨汁中加入适量的砂糖和食用酸等外,还可以采用不同品种原料混合制汁的混合法进行调配。

（1）糖酸比及其他成分调整

1）糖酸比的调整。梨汁饮料的糖酸比是决定其口感和风味的主要因素。浓缩梨汁适宜的糖酸比在（13~15）:1 范围内。梨汁饮料调配时,首先需要调整其含糖量和含酸量。一般梨汁含糖量为 8%~14%,有机酸的含量为 0.1%~0.5%。

① 糖度的测定和调整方法。调配时用折光仪或白利糖表测定原果汁的含糖量（糖度）,然后按下式计算补加浓糖液的质量:

$$m_1 = \frac{m_2(W_3 - W_2)}{W_1 - W_3}$$

式中　m_1——需补加浓糖液的质量（kg）;

　　　W_1——浓糖液浓度（%）;

　　　m_2——调整前梨汁质量（kg）;

　　　W_2——调整前梨汁含糖量（%）;

　　　W_3——要求梨汁调整后含糖量（%）。

② 有机酸含量的测定与调整。经糖分调整后的梨汁先测定其有机酸含量,可采用酸碱滴定法测定。然后将有机酸含量折算成柠檬酸含量（柠檬酸的系数为 0.064）。具体方法为称取待测梨汁 50g 于 200mL 锥形瓶内,加入 1% 的酚酞指示剂数滴,然后用 0.1mol/L 的氢氧化钠标准溶液滴定至终点,按下式计算:

$$梨汁含酸量（以无水柠檬酸计）（\%） = V \times N \times 0.064 \times \frac{100}{50}$$

式中　V——滴定时耗用氢氧化钠标准溶液的体积（mL）;

　　　N——氢氧化钠标准溶液的当量浓度（mol/L）。

根据上式计算出的原梨汁的有机酸含量,再按下式计算每批梨汁调整到要求的有机酸含量应补加的柠檬酸的量:

$$m_2 = \frac{m_1(Z - W_1)}{W_2 - Z}$$

式中　Z——要求果蔬汁调整后有机酸含量（%）；
　　　m_1——果蔬汁调整糖度以后的质量（kg）；
　　　m_2——需要添加的柠檬酸的量（kg）；
　　　W_1——调整前果蔬汁的有机酸含量（%）；
　　　W_2——补加的柠檬酸的浓度（%）。

糖酸调整一般是在调整罐内进行，糖或酸一般先用少量的水或梨汁溶解配制成浓溶液，过滤后在搅拌的条件下加入到需要调整的梨汁中，混合均匀后再重新测定其糖度或有机酸含量，如果不符合产品的规定，用同样的方法继续进行调整。

2）其他成分的调整。梨汁除进行糖酸比调整外，还需要对其色泽、风味、黏稠度、稳定性和营养价值等进行适当的调整，使其更加符合产品的种类特点，有时为了防止氧化，可加入适量的抗坏血酸或其钠盐，还可加入一定量的防腐剂来提高贮藏性。进行调整时要注意使用的食品添加剂要符合国家食品添加剂相关标准规定。

（2）混合　为了使梨汁的风味更加突出，营养成分更加合理，满足消费者不同喜好及营养的需求，许多生产企业纷纷推出混合梨汁饮料。用于生产混合梨汁饮料的原料主要有温州蜜柑、夏橙、葡萄柚、柠檬等柑橘类，梨、桃、杨梅、杏、李子、樱桃、菠萝、香蕉等水果类，番茄、菠菜、芹菜、胡萝卜等蔬菜类。不同种类的梨汁按适当的比例混合，可以取长补短，制成品质良好的混合梨汁，得到具有与单一梨汁不同风味的梨汁饮料。但并不是所有的果蔬原料都可以进行任意混合，两种及以上的果蔬进行混合时首先要考虑风味和色泽上的协调。例如，温州蜜柑果汁缺乏酸味和香味，常加入5%的甜橙汁或夏橙汁；番茄汁营养丰富，但是有令人不愉快的味道，常在其中加入少量的胡萝卜、芹菜、菠菜混合制汁，以改善风味。目前，混合梨汁饮料的加工正在迅速发展，这是梨汁饮料加工发展的一个重要方向。

11. 杀菌与包装

（1）杀菌　梨汁中存在各种细菌、霉菌和酵母菌等微生物和果胶酶、氧化酶等酶类物质，杀菌的目的就是杀灭这些微生物，同时钝化酶活性，防止各种不良变化的发生。梨汁饮料杀菌工艺是否合理，不仅影响产品的贮藏性，而且会影响产品的质量。因此，在杀菌时确定合理的杀菌工艺是至关重要的。

1）加热杀菌。这是梨汁杀菌的主要方式。加热杀菌时要达到杀死微生物的目的，同时要尽可能降低高温对产品品质的影响，这就要求要选择合理的杀菌温度和杀菌时间。加热杀菌根据用途和条件的不同分为巴氏杀菌（低温杀菌）和高温瞬时杀菌。巴氏杀菌时，常采用80~85℃杀菌30min左右，然后放入冷水中冷却。但是，由于加热时间太长，梨汁的色泽和风味都会受到较多的损失，特别是混浊梨汁容易产生加热臭。目前，饮料杀菌几乎都采用高温瞬时杀菌法，一般温度为91~95℃，时间为15~30s；特殊情况下可采用120℃以上，3~10s。大多数蔬菜都是低酸性的，因此需要采用

115.5~121.2℃的高温杀菌来杀灭在制品中的细菌芽孢。另外，即便是耐酸的芽孢，在pH小于4.2时，通常也不能生长。根据这一原理，可向某些蔬菜汁中添加足量的酸，以便降低杀菌的温度。

梨汁的杀菌原则上是在装填之前进行，装填方法有高温装填法和低温装填法两种。高温装填法是在梨汁杀菌后的热状态下进行装填，利用梨汁的热状态对容器的内外表面进行杀菌。如果装填系统及容器密闭完好，就能继续保持无菌状态。但是，由于杀菌之后到装填最少需要3min，很难避免梨汁在长时间高温下品质下降。低温装填法是梨汁杀菌后立即通过换热器冷却至常温或以下再进行装填，这样就可以大大降低热对产品品质的影响，得到优质的产品。如果采用这种方法，杀菌之后的各种操作都应在无菌的条件下进行，以防二次污染。

实际生产中，一些加工厂对杀菌的温度和时间等的管理往往不是太严格。若是批量生产，每批次装罐温度很难一致，有时容器也消毒不彻底，使得包装后产品包装内不能达到商业无菌，造成产品内微生物生长繁殖，这些都会带来巨大的经济损失。因此，对于这些加工厂，灌装密封后往往还要进行二次杀菌。

2）紫外线杀菌。除加热杀菌外，紫外线杀菌也逐渐应用到梨汁饮料的生产中。紫外线灭菌方法还被应用于苹果汁、柑橘汁、胡萝卜汁及混合果蔬汁的灭菌，都取得了满意的结果，而且对果蔬汁的风味无任何影响。注意，紫外线杀菌时打开紫外线灯后，工作人员马上离开工作间。关闭紫外灯2h后，才可进入。

（2）包装和无菌灌装　梨汁饮料的包装方法因其品种和容器种类的不同而异。目前，常用的包装容器有金属罐、玻璃瓶、塑料瓶、纸基铝箔复合包装容器等。除采用纸质容器的外，梨汁饮料大多采用热灌装，灌装后冷却使得梨汁饮料体积缩小，在容器内形成一定的真空度，能有效抑制需氧微生物生长和氧化反应发生，较好地保持成品品质。

结合高温瞬时杀菌，梨汁饮料灌装时常用无菌灌装系统进行灌装。目前，梨汁饮料生产中常用的无菌灌装系统主要有以下两种：

1）纸盒包装系统。这是目前国际流行的梨汁饮料包装方式，主要用于冷装梨汁饮料的包装。设备主要有屋顶盒包装机和利乐包无菌包装机。包装容器使用的包装材料为聚乙烯、纸、铝箔等的复合材料。

2）无菌罐和无菌瓶包装系统。无菌罐分别以马口铁、铝片、铝箔/纸复合材料，通过热蒸气消毒器，在过热室内装填。无菌瓶采用颗粒状塑料材料，热塑的同时进行消毒和装填。这些包装产品附加值高，陈列效果好，而且具有轻量、无公害等优点，是饮料包装的一大发展趋势。但是生产成本高。

除此之外，其他无菌灌装系统，如塑料杯无菌包装系统和蒸煮袋无菌包装系统，也常用于梨汁饮料的包装。

知识拓展

适宜生产果蔬汁饮料的果蔬原料：大部分水果和部分蔬菜适合制汁，其中柑橘类果汁的原料的消费量最大。此外，还有苹果、葡萄、菠萝、梨、杨梅、樱桃、草莓、醋栗、龙眼、荔枝、猕猴桃、山楂、甘蓝、芹菜、菠菜、洋葱、大蒜、芦笋、冬瓜、辣椒、甜椒、西瓜、芦荟等均可用于生产果蔬汁饮料。

任务评价

任务考核评价单

序号	评价内容及分值	评价标准	学生自评 10%	小组互评 10%	教师评价 60%	企业评价 20%
1	学习方法 10分	课前完成必备知识的自学；课中认真观察思考，并主动操作实践；课后归纳反思				
2	学习态度 20分	工作态度端正，具有吃苦耐劳、诚实守信、认真负责的品质，对知识和技能能够认真学习钻研				
3	沟通表达 10分	能够及时与同组成员及指导教师、技术人员沟通交流				
4	合作能力 10分	团队协作意识强				
5	创新实践 10分	能够结合生产实际改进管理措施，减少管理成本，提高管理效率				
6	职业能力 10分	掌握加酶处理中果胶酶的使用要点				
7	学习成果 30分	掌握梨汁均质和脱气的方法				
		合计				

任务二　果蔬汁饮料加工

任务目标

掌握各类果蔬汁饮料的加工技术。

任务实施

1. 柑橘汁加工

柑橘汁饮料酸甜适口、气味芳香、色泽柔和,而且含有丰富的胡萝卜素和其他多种人体所需的维生素和矿物质,营养丰富,在国内外市场上深受喜爱。柑橘汁饮料原料丰富,加工季节较长,每年可达6~9个月。

(1)工艺流程　选择原料→挑选与洗涤→榨汁→过滤→脱气与脱油→均质→杀菌→装填与冷却→成品。

(2)加工

1)选择原料。生产柑橘汁的原料必须选择酸甜适口、色泽鲜艳橙黄、香气浓郁、汁液丰富、少核或无核、出汁率高、耐贮藏的品种,不要使用苦味显著的品种。制汁工艺要求原料新鲜完整、成熟度好(一般要求90%成熟度)。不宜使用烂果、落果、病虫损害的残次果。受干旱和寒冷影响的果实,榨汁率低,果汁中的柚皮苷较多,苦味浓,可以和其他果实搭配使用。柑橘类中甜橙栽培最多,柑橘类果汁以甜橙汁为主要产品。

2)挑选与洗涤。一般在原料经验收合格后,用流动水输送原料,原料经流动水冲洗,能除去泥沙和附着物。农药残留较多的原料可浸入含洗涤剂的水中,再用水喷洗,洗涤后进一步挑选果实,将病虫害果、未成熟果、枯果、受伤果剔除,并按大小分级,送入榨汁机榨汁。

3)榨汁。和其他水果相比,柑橘结构复杂,榨汁比较困难。榨汁时必须设法防止产生萜品臭和避免果皮、内果皮和种子中的苦味物质进入果汁,不宜采用破碎压榨取汁法,而应采取逐个榨汁法,用柑橘全果榨汁机取汁。

4)过滤。榨出的果汁中含有一些悬浮物,如果皮的碎片、囊衣、粗的果肉浆等,影响果汁的外观和风味,而且还会使果汁变质,必须过滤去除。为了除去这些夹杂物,应先进行粗滤(筛滤),然后接着进行精滤。对原果汁来说,果肉浆的最适宜含量为3%~5%,可以在精滤时调节压力和筛孔大小来控制适当的果肉浆含量。过滤的方法有两种:压力过滤和真空过滤。

5)脱气与脱油。在柑橘汁加热杀菌前必须脱气,使氧的含量尽可能低。柑橘外皮精油对保证果汁最佳风味是必不可少的,可以赋予果汁令人愉快的香气,并增加风味,然而过量的果皮精油混入果汁往往产生异味,精油成分的氧化又会造成品质下降。因此要脱除过量的精油成分,控制精油的含量。目前,生产上利用精油的挥发性,采用真空蒸发的方法来脱除精油。在脱油器中,控制真空度为90.66~93.33kPa,温度为51~52℃,多余的精油蒸发,同时会有3%~6%的水被一起蒸发出来。对精油和水的混合冷凝液进行离心分离,分离出精油和水,将水再返还到果汁中。这样处理可以除去约75%的精油成分。脱气、脱油是在同一操作过程中完成的。

6)均质。采用金属罐或纸质容器包装的柑橘汁大多数不需要均质处理,而采用玻璃或透明塑料包装的柑橘汁要进行均质处理。使用高压均质机均质时，压力控制在14~21MPa，将悬浮颗粒分散成细小的微粒，均匀稳定地分散在柑橘汁中。

7）杀菌。确定合理的杀菌时间和杀菌温度要考虑到加热时间及果汁的pH对汁液混浊度的影响。生产上柑橘汁常采用高温瞬时杀菌，即90~95℃，保持15~20s。

8）装填与冷却。将杀菌后的柑橘汁立即送至灌装系统，进行装填，杀菌后到装填的过程不得超过2min，以减少风味的变化。装填的温度为85℃左右，可以利用果汁的余热对容器进行杀菌。迅速装填、密封后将容器倒置20min，利用余热对容器（罐）盖灭菌。接着用冷水喷淋，迅速冷却至38℃以下。

(3) 产品质量标准

1）感官指标。色泽风味：具有柑橘应有的浅黄色或橙黄色、香气和滋味；组织状态：混浊液，长期放置有少量沉淀，饮用前摇匀即可；杂质：无肉眼可见杂质。

2）理化指标。可溶性固形物9%，总酸1.2g/100g，砷小于或等于0.5mg/kg，铅小于或等于1.0mg/kg，铜小于或等于5.0mg/kg。

3）微生物指标。达到商业无菌要求，即细菌总数小于或等于100CFU/mL（Colony forming units，菌落形成单位）；大肠杆菌小于或等于6MPN/100mL（Most probable number，最大可能数）；霉菌、酵母菌小于或等于20CFU/100mL；致病菌不得检出。

2. 橘子汁饮料加工

橘子汁饮料，是由天然蜜橘汁或浓缩汁加水稀释，再加糖、酸进行调整，并添加适量香精、着色剂、防腐剂等制得。

(1) 工艺流程　原料处理→调配→排气→杀菌→灌装→冷却→包装→成品。

(2) 加工

1）原料处理。橘子汁饮料的原料主要有以蜜橘为原料制得的天然果汁或浓缩果汁、糖类、有机酸、香精、着色剂、防腐剂等。原料果汁在贮藏、运输过程中必然会发生一些变化，如混浊、沉淀、变质、变味等。因此在使用前一般应加水将其稀释到适当浓度，再经过滤处理，除去沉淀性杂质。

2）调配。调配是生产橘子汁饮料最重要的一道工序。果汁饮料的风味除了与配方有关外，与操作程序的关系也极大，要注意各种添加剂的添加顺序。在操作时，整个过程应始终在搅拌下进行，使各种物料混合均匀，但搅拌强度不宜过大，尽量少与空气接触，以减少气泡；调配时间应尽可能短，以防止微生物污染；操作温度应尽可能低，以免产生不良变化。糖类要配制成糖液，过滤后才能加入。水要符合饮料生产用水要求。

3）参考配方。橘子原汁300kg、柠檬酸0.75kg、砂糖110kg、橘味香料1.5kg、橘色粉20g，加水至1000L。

(3) 产品质量标准　具有柑橘应有的浅黄色或橙黄色、香气和滋味的混浊液，长期放置有少量沉淀，饮用前摇匀即可，无肉眼可见杂质；原果汁含量大于或等于10%，可溶性固形物为12%左右，总酸为0.4%。

3. 苹果汁饮料加工

我国苹果资源丰富,产量居世界第一位,是北方果汁饮料生产的主要原料之一。苹果汁饮料产品主要有苹果原汁、苹果清汁、混浊汁、浓缩汁等几类。

(1) 苹果原汁饮料加工　指以苹果为原料制取的、未经发酵、具有苹果风味的纯果汁产品,根据生产工艺不同有澄清(或称透明)苹果原汁和混浊苹果原汁。

1) 工艺流程。

① 澄清苹果汁加工工艺流程。选择原料→拣选→清洗→破碎→榨汁→筛滤→杀菌与冷却→离心分离→澄清与过滤→杀菌→灌装→冷却→澄清苹果汁。

② 混浊苹果汁加工工艺流程。选择原料→拣选→清洗→破碎→榨汁→筛滤→杀菌与冷却→均质与脱气→杀菌→灌装→冷却→混浊苹果汁。

2) 加工。

① 选择原料。加工果汁用的苹果要求为产量高、耐贮藏、出汁率高、价格低。除早熟的伏苹果外,大多数中熟和晚熟品种都可用来制果汁。在现有的苹果品种中,常用的红玉、国光等品种是生产苹果汁饮料的理想原料。另外,富士苹果耐贮藏性优于国光,但是伤果易腐烂;其果肉黄色,果汁多,香气浓郁,味甜,出汁率最高,加工中也很少褐变,果浆容易分离,适合用于制造苹果清汁。可通过几个品种的搭配,而获得风味浓郁、甜酸适宜的优质苹果汁饮料。

② 破碎。破碎的程度决定于榨汁方式,苹果的破碎作业应该符合所采用的榨汁工艺的要求。例如,用螺旋式榨汁机、液压式榨汁机榨汁时,破碎的果肉颗粒应大些,保留部分果肉有利于榨汁;用离心分离机榨汁时,破碎后需用打浆机处理,使果粒微细,以提高出汁率。破碎时需要添加抗坏血酸等抗氧化剂,防止氧化褐变。每吨苹果原料添加5%~10%的抗坏血酸溶液1kg。为了使抗坏血酸的浓度保持稳定,必须通过计量输送机控制苹果原料的供给量。

③ 榨汁。苹果的取汁一般采用压榨法,大多数榨汁机都适合苹果汁的榨取,有些榨汁机尤其是螺旋式榨汁机制得的苹果原汁,混浊物含量非常高。苹果汁也可以用浸提法提取,有些榨汁机,如带式榨汁机已组合采用"初榨—浸提—终榨"的取汁方式,可提高出汁率。

④ 杀菌与冷却。刚榨出的果汁,为了杀菌和钝化氧化酶及果胶酶的活性,促使热凝固性物质凝固,应立即加热至95℃以上,维持15~30s。杀菌后立即进行冷却,澄清苹果汁冷却至45℃,混合果汁冷却温度更低些。苹果的果胶酶耐热性很强,即使在93℃下加热3min,还有微量的活性,因此,生产混浊汁时,必须注意杀菌温度。

⑤ 澄清与过滤。澄清与过滤是澄清苹果汁生产的关键工艺。澄清时必须考虑苹果汁中是否含有淀粉,苹果原料中存在的淀粉也会大大影响澄清效果。用专门的淀粉酶制剂或具有一定淀粉酶活性的果胶分解酶制剂都能分解果汁中的水溶性淀粉。酶制剂的添加量根据果汁中果胶、淀粉的含量以及所用酶的活力确定。一般果胶酶的用量为果汁质量的

0.2%~0.4%，淀粉酶制剂常用的添加量为 2~3g/100L，苹果汁的淀粉酶处理温度不宜超过 35℃，可同时使用淀粉酶和果胶酶。

苹果汁常用的澄清剂有明胶和明胶-硅胶-膨润土复合澄清剂。处理前要进行预澄清试验以确定澄清剂的最佳添加量。澄清剂的使用量一般是明胶：硅胶：膨润土为 1：10：5。在澄清处理时，先用苹果汁将澄清剂分别配制成溶液，应先添加明胶、硅胶溶液，搅拌混合均匀，沉降 8~9min 后再添加膨润土溶液，再次混合均匀，沉降 50min 左右。

澄清后的苹果汁，用板框式过滤机或硅藻土过滤机过滤。

⑥ 杀菌。经澄清与过滤或均质与脱气后的苹果汁经瞬时高温杀菌处理，杀菌温度控制在 95~105℃，时间为 10~15s，可以在达到灭菌目的的同时保护维生素和果汁风味不受破坏。

3）产品质量标准。产品呈浅黄色、均匀一致，具有新鲜苹果的自然香气和滋味，无异味；澄清苹果汁澄清透明，久置无沉淀、无悬浮物；混浊苹果汁均匀混浊，允许有少量微小果肉悬浮于汁液中，长期静置后允许稍有沉淀及轻度分层现象，摇匀后保持原有的均匀混浊状态；不允许有肉眼可见的杂质；可溶性固形物（以折射率计，20℃）为 11%；总酸（以苹果酸计）为 0.8%。

(2) 苹果清汁饮料加工　苹果清汁饮料是用澄清苹果原汁或浓缩苹果汁作为原料，加工成苹果原汁含量为 10%~40% 的各种果汁饮料。

1）工艺流程。选择苹果原汁或苹果浓缩汁→加水稀释→调和→排气→杀菌→灌装→冷却→包装→成品。

2）加工。

① 选择原料。可以用澄清苹果原汁或浓缩苹果汁作为原料，浓缩汁根据浓缩数加水稀释至原果汁浓度；也可以选用新鲜的水果原料进行取汁，澄清制备澄清汁后再进行调配，工艺与澄清苹果原汁相同。

② 调和。将含糖量调至 12%，酸度调至 0.25%~0.3%。可向苹果汁中添加适量的苹果香精，以增加风味。添加时注意各种添加物的添加顺序。

③ 参考配方。苹果原汁 400kg、砂糖 100kg、柠檬酸 1kg、苹果酸 1.2kg、苹果香精 0.8kg、山梨酸钾 0.2kg、抗坏血酸 0.6kg，加水至 1000L。

3）产品质量标准。汁液澄清透明，无悬浮物或沉淀，具有苹果原汁的浅黄色或浅黄绿色；呈新鲜苹果的香味或滋味；原果汁含量大于或等于 10%，糖度为 12%，酸度为 0.3%~0.4%；无异味。

4. 苹果果肉饮料加工

苹果果汁饮料的香味相对来说比较清淡，如果将整个水果（除去皮和子以外）加工成细腻、均匀的果肉果汁饮料，则味道会更加浓郁，在市场上很受欢迎。

(1) 工艺流程　选择原料→挑选与洗涤→去皮、去籽→软化破碎→打浆→研磨→调配→均质→脱气→杀菌→冷却与灌装→成品。

（2）加工

1）预处理。和苹果汁饮料生产不同，苹果果肉饮料加工时需要去皮、去籽、切块、软化破碎等预处理。将洗净的苹果削皮去心后切成均匀的小碎块并立即批量投入盛有0.1%柠檬酸溶液的夹层锅内，保持水温在95~100℃，热烫8~10min，迅速灭活苹果中的多酚氧化酶、果胶酶等，以保证产品质量。

2）打浆。起动打浆机，控制进料速度和水流量，果料与水的比例约为1∶1，浆通过0.5mm筛网进行分离，得到苹果原浆果浆转入下道工序。

3）研磨。也称精磨，将果浆进一步微粒化，减少肉汁分层的现象和提高后续均质的效果，须经1~2次的磨细。精磨可用胶体磨来胶磨，胶磨静齿轮与动齿轮之间的间隙应尽可能调至最小。

4）均质。将调配胶磨好的果浆加热至70~80℃，通过均质压力为25~30MPa的均质机。必要时，可进行二次均质使果浆的状态更加细腻均一。

5）脱气。采用真空脱气法，真空度控制在93.3MPa左右。

6）杀菌。苹果果肉饮料的杀菌常采用高温瞬时杀菌，即93~95℃处理10~15s，有时也采用超高温瞬时杀菌法，在135℃左右瞬时杀菌2~3s。

7）冷却与灌装。产品杀菌后冷却至90℃左右后进行灌装。

（3）产品质量标准　呈苹果特有的浅黄色，具有苹果的自然香气，口感滑润细腻；静置允许有少量果肉微粒沉淀和轻度分层现象，但摇匀后保持原有的均匀混浊状态，汁液黏稠适度；果浆含量为30%；不溶性固形物含量为19%，可溶性固形物（以折射率计，20℃）为10%。

任务评价

任务考核评价单

序号	评价内容及分值	评价标准	学生自评 10%	小组互评 10%	教师评价 60%	企业评价 20%
1	学习方法 10分	课前完成必备知识的自学；课中认真观察思考，并主动操作实践；课后归纳反思				
2	学习态度 20分	工作态度端正，具有吃苦耐劳、诚实守信、认真负责的品质，对知识和技能能够认真学习钻研				
3	沟通表达 10分	能够及时与同组成员及指导教师、技术人员沟通交流				
4	合作能力 10分	团队协作意识强				

(续)

序号	评价内容及分值	评价标准	学生自评 10%	小组互评 10%	教师评价 60%	企业评价 20%
5	创新实践 10分	能够结合生产实际改进管理措施，减少管理成本，提高管理效率				
6	职业能力 10分	掌握柑橘汁的加工方法				
7	学习成果 30分	掌握苹果汁饮料的加工技术				
		合计				

任务三　蔬菜汁饮料加工

任务目标

蔬菜汁及其饮料由新鲜蔬菜经过挑选、打浆取汁、护色分离、配料脱气而成，主要加工成混浊蔬菜汁。

任务实施

1. 番茄汁加工

番茄是制备蔬菜汁饮料的良好原料，它的来源比较广泛，营养丰富，是最重要的蔬菜汁原料。番茄汁有国际食品规格委员会果汁规格专家会议制定的国际规格，番茄汁是指从成熟的红色或带红色的番茄中榨出的未经浓缩的汁液。在榨汁前可以不经热烫，也可热烫后打浆。番茄汁可以用各种方法加热，但不得加水；番茄汁已经滤去皮、籽和粗梗纤维素，但含有细小而悬浮的番茄碎肉，用浓缩番茄汁稀释还原的制品也称番茄汁。

可以用番茄汁为原料加工成100%果汁的番茄汁和加入蔬菜汁、香辛料的调味番茄汁，此外，还有果汁含量50%的番茄汁饮料、番茄乳酸菌饮料等。

（1）工艺流程　选择原料→预处理→榨汁→调配→脱气与均质→杀菌→装填与密封→杀菌与冷却→成品。

（2）加工

1）选择原料。番茄汁要求色泽鲜红，生产番茄汁的原料，必须采用新鲜、成熟度适当、颜色鲜红、香味浓郁、可溶性固形物在5%以上,甜酸比例适宜(6∶1)的优良品种;挑选个大均匀、无畸形、无虫眼、无伤疤、不裂、不烂的果实,最好选用球形果实和卵形果实;果蒂要尽可能地小,易除去,无隐埋部分;果皮、果肉有弹性、强韧。

2)预处理。包括原料的清洗、挑选、修整、破碎、预热等工序。将番茄洗净,去蒂柄、修去斑点及青绿部分,然后进行破碎、预热。破碎、预热是影响番茄汁黏稠度和得率的重要工序。通常采用热破碎法,即用去籽机将番茄破碎脱籽后,立即用加热器将番茄迅速加热至85℃以上,以钝化果胶酶的活性,使产品具有一定的黏稠度。

3)榨汁。可以用打浆机或螺旋式榨汁机取汁,浆汁中要求无碎果皮、黑点及杂质等,控制出汁率为80%左右。

4)调配。一般只用盐作为番茄汁的调味料,盐溶解后过滤,然后以0.5%~1%的添加量加入调配缸中的番茄汁内,搅拌混合均匀。通常不需要在番茄原汁中添加蔗糖,少数国家允许在番茄原汁中添加蔗糖,允许最大加糖量为1%。

5)脱气与均质。脱气要求真空度为0.05MPa,3~5min。均质要求温度为70℃以上,压力为18MPa以上。若感觉均质后的番茄汁过于柔滑,此时也可以不采用均质处理。

6)杀菌。番茄汁里含有果肉浆,比较黏稠,传热性差,需要的杀菌时间较长,而且会降低制品品质(如褐变、维生素损失等),同时由于番茄汁的pH小于4.3,且附着大量土壤中的细菌,和其他果蔬汁相比杀菌条件更严格,一般为118~122℃、40~60s。杀菌后,立即冷却到90~95℃,装填密封。

7)装填与密封。为了防止顶隙空气(氧气)引起的氧化,应将杀菌冷却到90~95℃的番茄汁立即装入容器。使用的容器一般为金属罐,也可使用玻璃瓶和纸容器。装填量以装满为度,称为热装填法。热装填后立即进行密封。

8)杀菌与冷却。番茄汁装填密封后,保持90~95℃、10~20min,利用余热杀菌,然后用冷却水使容器内的番茄汁温度迅速冷却到40℃以下。

(3)产品质量标准 产品呈红色或橙红色,汁液呈均匀混浊状态,不得有水析出及结块现象,同一罐内汁液色泽应一致,有新鲜番茄的香味和气味,无异味,无果皮和种子存在;酸度小于0.6%;卫生指标符合相关标准要求。

2. 维乐复合蔬菜汁饮料加工

维乐复合蔬菜汁是由番茄、胡萝卜、冬瓜、莴笋、芹菜、菠菜6种蔬菜汁复合而成,以番茄汁为主汁,其含量占总汁的70%,其他5种单汁占30%,在风味、香气、色泽方面不同于单一蔬菜汁,能较好地保持食品的自然特性和营养成分,它使汁中营养素趋于结合型的平衡,胡萝卜的芳香物质精油和芹菜的特殊风味成分具有抑菌防腐作用,延长了该蔬菜汁的贮藏期,可达到1年左右。

(1)工艺流程 选择原料→挑选、清洗与修整→破碎→热处理→榨汁→复合配比→脱气与均质→灭菌与灌装密封→成品。

（2）加工

1）选择原料。选择新鲜度一致、成熟度一致、色泽一致、无机械伤、无病、无腐烂的蔬菜为制汁原料。6种蔬菜的适宜品种分别为番茄采用"UO-82B"品种，胡萝卜采用"鞭杆子红"品种，冬瓜采用"车轴粉皮"品种，莴笋采用"柳叶"品种，芹菜采用"细皮白"品种，菠菜采用圆叶菠菜品种。

2）预处理。包括挑选、清洗、修整、破碎、热处理等工序。去除蔬菜表面附着的污泥及杂物，每种蔬菜单独用清水充分洗净，剔除不符合要求的部分。制备蔬菜汁时应根据原料的不同做适当的处理，比如绿叶类要去除老根老叶，清洗后用0.4mol/L的碳酸氢钾溶液浸泡除去表面蜡质；胡萝卜采用热处理和化学处理方法去皮，冬瓜、莴笋采用人工去皮方法；番茄、芹菜、菠菜只用热处理，目的在于破坏酶的活性，软化组织，提高出汁率。热处理温度为95~100℃，不同蔬菜的去皮热处理时间见表14-1。

表14-1 不同蔬菜的去皮热处理时间　　　　　　（单位：min）

种类	番茄	胡萝卜	冬瓜	莴笋	芹菜	菠菜
时间/min	2~2.5	3~4	3~3.5	4~5	1~1.5	0.5~1

番茄除了去皮还要破碎去籽，然后打浆取汁。其他几种蔬菜要进行切分，切分过大、过小都不利于保证出汁率和榨汁质量，切分后的大小应尽可能均匀一致。

3）榨汁。取汁是获得高质量蔬菜汁的关键步骤。6种蔬菜分别进行榨汁。选用螺旋式榨汁机，可以减少榨汁过程中的空气混入，有利于蔬菜汁营养成分的保护。榨汁后对除番茄汁外的各汁液进行粗滤，去除汁液中的大颗粒蔬菜组织，筛孔直径为0.13~0.18mm。

4）复合配比。在复合蔬菜汁中番茄汁占70%，其他各汁共占30%，复合后用一定量柠檬酸调整复合汁pH至4.2左右，加入0.4%盐以调味。还可以添加维生素C，调整其含量在20~25mg/kg。

5）脱气与均质。脱气时汁液温度为40~50℃，真空度为66~80kPa。脱气后立即均质，高压均质机均质压力一般为19~20MPa，也可以用立式胶体磨进行两次均质。

6）灭菌与灌装。为了避免长时间高温杀菌使蔬菜汁带有焦煳味和蒸煮味而降低其质量，常采用高温瞬时杀菌，温度为93.3~100℃，时间为30s，杀菌后热灌装，温度保持在80℃左右。为了提高贮藏性，灌装密封后还需进行一次杀菌，杀菌温度为85~90℃，时间为10~12min。杀菌后立即冷却，成品最好在10℃左右条件下贮藏。

（3）产品质量标准　允许有少量微小悬浮肉质，静置后允许轻度分层，浓淡适中，汁液黏稠适度，摇动后应呈均匀的混浊状态；具有新鲜蔬菜的香气，无令人不悦的气味；卫生指标符合相关标准要求。

任务评价

任务考核评价单

序号	评价内容及分值	评价标准	学生自评 10%	小组互评 10%	教师评价 60%	企业评价 20%
1	学习方法 10分	课前完成必备知识的自学；课中认真观察思考，并主动操作实践；课后归纳反思				
2	学习态度 20分	工作态度端正，具有吃苦耐劳、诚实守信、认真负责的品质，对知识和技能能够认真学习钻研				
3	沟通表达 10分	能够及时与同组成员及指导教师、技术人员沟通交流				
4	合作能力 10分	团队协作意识强				
5	创新实践 10分	能够结合生产实际改进管理措施，减少管理成本，提高管理效率				
6	职业能力 10分	掌握各类果蔬汁加工工艺的异同点				
7	学习成果 30分	掌握果蔬汁的加工技术				
	合计					

任务四　果粒果汁饮料加工

任务目标

掌握果粒果汁饮料的加工技术。

任务实施

1. 了解果粒果汁饮料及其类型

果粒果汁饮料是水果榨汁、果浆或水果榨汁与果浆的混合物（以下称"果汁"），稀释后，加入如柑橘类果实的砂囊（汁胞）或其他水果切细的果肉（以下称"果粒"），经糖、酸等调配而成的一类饮料。其中果粒等的含量为50~300g/L。粒粒橙、马蹄爽等均属于此类饮料。

果粒果汁饮料是近年来为了迎合消费者对高果汁饮料及悬浮水果果肉饮料喜好的需要而开发的一种商品价值较高的饮料。果粒果汁饮料大致可以分为以下两个类型。

1）加入柑橘类砂囊的果粒果汁饮料，如通常加入温州蜜柑砂囊的粒粒橙饮料。类似饮料还有粒粒柚饮料。要求加入的砂囊饱满，不应破损或失去果汁。

2）加入桃、马蹄、菠萝、苹果等碎粒或薄片的饮料，如马蹄爽等。

常见的果粒果汁饮料的原料主要是柑橘类、桃、苹果、菠萝等，近年来还陆续开发了猕猴桃等原料的果粒果汁饮料。

2. 选好果粒果汁饮料的原料

果粒果汁饮料是由果汁与果粒等混合制成的，当然也可以由原料水果连续加工而成，但多数情况下是以果汁、果粒为原料调制的。原料果汁可用柑橘的浓缩汁以及菠萝、柠檬和桃等的榨汁。作为果粒用的温州蜜柑砂囊除直接由连续制造外，也可用柑橘罐头加工厂的原料。与其他柑橘类相比，温州蜜柑砂囊的表膜较软，口感好，而为了强化柔软性，往往需要使用赋形剂。桃与菠萝的果粒往往使用罐头加工产生的碎肉副产品。

（1）果汁　柑橘汁通常含有3%~6%的果浆（不溶性固形物），在制造果粒果汁饮料时应尽可能去除果汁中所含的果浆。桃汁也有同样情况，在榨汁过程中通过冻结、解冻、榨汁、过滤、离心分离等去除果浆，没有必要再澄清化。果肉较硬的水果如菠萝、柚子等，在果汁加工中果浆含量较少，在没有高澄清度的特殊要求时，也无进行澄清的必要。

（2）砂囊　从橘瓣分离砂囊大致有5种方法，但前处理都是一样的，与橘子罐头加工过程相同。包括选果、清洗、蒸煮、去皮、分瓣、除囊衣、选别（去除外皮、内皮、种子、筋络等）等工序。

1）风力与水力分离。按砂囊特征排列的状态，从一定方向施加风力，将砂囊一粒粒分开。高压水喷淋也可使砂囊分离为单粒。将橘瓣放入加温的水中，使其向一个方向旋转，形成涡流，随后向相反方向旋转，砂囊就会自行分离。

2）机械分离。将橘瓣和水（水为水果量的3~30倍）送入底部有旋转螺旋的砂囊分离机。分离机与清洗机振动机构一样，在底部交叉形成喷流，螺旋以一定速度转动，松散砂囊，分散的砂囊与溢流的水一起排出，未分离的砂囊仍留在分离机内继续松散分离。将去除内果皮的橘瓣放入离心机中，以70~80r/min的速度旋转，也可以将砂囊分散。土法生产的加工厂常用洗衣机分离砂囊。

3）溶解分离。在橘瓣中加入来自外皮的精油、纤维素酶、果胶酶。溶解分离砂囊柄等的结合部分，然后加压，使砂囊分散开来。

4）筛分。将橘瓣放于根据粒度分布进行筛分的多层分级筛中使砂囊分离。

5）速冻冲击分离。将橘瓣置于-50℃以下液氮等制冷剂中速冻，由于砂囊之间或砂囊与橘瓣之间存在水分，结合并不紧密，因此各自迅速冻结，此时囊衣比砂囊脆弱，当冻结囊瓣受到冲击时，砂囊与破碎的囊衣分散并被分离开来。冲击可以采用旋转式破碎机，冲击破碎时，分散的砂囊中混有破碎的囊衣和海绵白层，可采用风力或其他分离方法使其与砂囊分离，部分未分离的囊衣和砂囊碎片可以利用筛分方法去除。速冻冲击分离在低温下分离砂囊，对砂囊的营养成分影响较小，可以获得质量好的砂囊。

以上5种方法可以单独使用，也可以组合使用，目前超声波技术也用于砂囊的分离和精选。不论采用哪种方法分离砂囊，都应注意尽量减少砂囊的破损率，保持果肉强度，提高砂囊合格率。

为了防止砂囊膜的软化，往往将分离的砂囊浸于0.2%~0.5%的氯化钙等钙盐溶液中，30~40℃的温度下浸渍30min左右，以硬化砂囊膜，防止其在以后的杀菌、灌装等过程中加热软化和受到破坏。砂囊膜硬化应适当，浸渍过度会使砂囊组织劣化，砂囊表面易沉积白色的果胶酸钙，严重时会引起整个砂囊脱色，而且有时产生来自钙的苦味。

在调配前还应对砂囊进行精选，以去除其中的夹杂物。精选砂囊的方法通常是将砂囊放入流水或喷射水流中，依靠密度的不同，去除破碎砂囊、囊衣碎片和种子等。用分级筛进行筛选也可分离出杂物。最后将精选出的砂囊移入流水槽内，人工挑选以进一步去除杂物。

砂囊加工成为制品时的一般相对密度为1.013~1.015（20℃），有时为1.042。砂囊作为原料贮藏时，可将其放入10%蔗糖和0.15%柠檬酸混合溶液中，用大容器进行贮藏。

（3）水果薄片或碎粒 水果碎粒可以由破碎机或切粒机制得，也可使用水果罐头加工的副产物。水果碎粒应由组织硬、色泽好的水果制造。果肉碎粒的形状和大小应适合作为饮料饮用，同时给人以食用果肉的满足感。水果碎粒的大小，应考虑饮料悬浮的外观特色及饮用时的咀嚼口感，切粒应大体均匀一致，果粒完整，粒与粒相互不黏结，通常粒径为2~3mm。此外，还应控制最大果粒的粒径，以减少果粒与果汁的密度差，同时应尽量减少微粒或细果茸的含量。

3. 掌握果粒果汁饮料加工技术

（1）工艺流程

粒粒橙饮料是典型的果粒果汁饮料，以下以粒粒橙为例来介绍果粒果汁饮料的生产工艺。注意，选用不同的包装容器，其生产工艺和所需设备有所区别。

1）瓶装粒粒橙饮料生产工艺流程见图14-7。

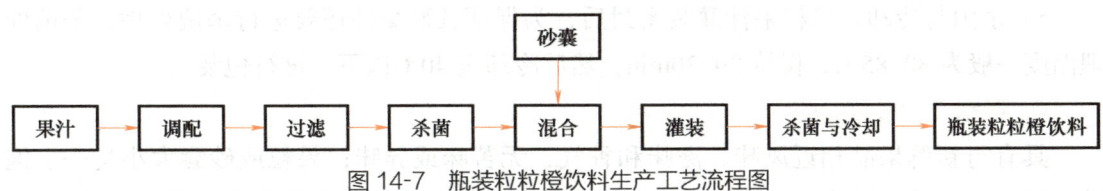

图14-7 瓶装粒粒橙饮料生产工艺流程图

2）罐装粒粒橙饮料生产工艺流程见图14-8。

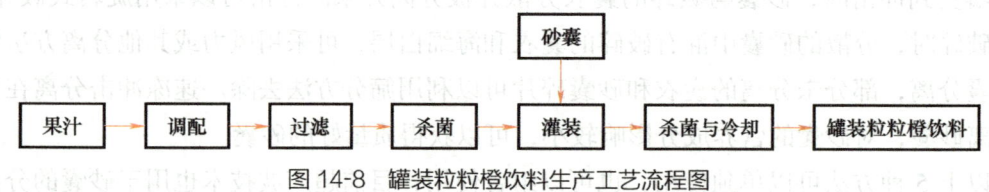

图 14-8 罐装粒粒橙饮料生产工艺流程图

(2) 加工

选用这两种包装容器至灌装前的生产工艺基本相同。

1) 调配。将果汁（柑橘原汁或浓缩汁）、糖液、经过处理的水及其他辅料按比例和先后顺序加入到带搅拌器的调配罐中进行充分混合。

果粒果汁饮料生产技术的难点主要是果粒悬浮稳定性，因此在调配过程中，加入适量的悬浮剂是非常重要的，特别是采用玻璃瓶灌装时。悬浮剂是能使砂囊悬浮在饮料中的添加剂，选择合适的悬浮剂及适当的加入量是配制粒粒橙饮料的关键。目前，在大生产中推广应用的主要是琼脂与甘露胶。其加入量视其品种和饮料的糖度等而定，饮料糖度越高，悬浮越容易保证。

2) 过滤。过滤一般可采用管道过滤器，滤网孔径为 0.5mm 左右。

3) 加热杀菌。加热参数一般为 90~95℃ 保持 10~15s 或 80℃ 左右保持 30min。

4) 灌装。灌装方式有两种，一种是果粒、果汁分别灌装，另一种是果粒和果汁混合后灌装。

采用小口径玻璃瓶灌装时，由于瓶口尺寸较小，单独灌装柑橘砂囊困难较大，在灌装前先将砂囊按比例混入杀菌后的调配果汁中，进行充分混合，使其随调配果汁一同灌入瓶内。柑橘砂囊加入果汁中后，应避免用饮料泵输送，以免引起砂囊破损，从而影响饮料的外观质量，可采用高位罐，靠高位差使饮料流入到灌装装置内。另外，为保证灌装均匀，在灌装的同时要不断地搅拌才能提高每瓶饮料中砂囊含量的均匀度。

采用易拉罐或敞口瓶灌装时，由于口径较大，可以将果粒、果汁分别灌装。使用专用的颗粒灌装机先将柑橘砂囊灌入罐中，再进行果汁的灌装。这种生产方法可保证每罐饮料砂囊的含量非常均匀，且可避免由于混合搅拌引起的砂囊破损。

5) 杀菌与冷却。果粒果汁灌装密封后，为保证其贮藏性还要进行杀菌处理，杀菌处理温度一般为 80~85℃，保持 20~30min，然后冷却至 40℃ 以下，进行包装。

4. 符合产品质量标准

具有与新鲜果品相近风味、滋味和香气，无苦味或异味；果粒或砂囊大小均一、饱满，稳定地悬浮在果汁中，长期贮藏有轻度分层现象，摇匀后保持原有的均匀悬浮状态；无肉眼可见外来杂质；果汁含量不低于 100g/L，果粒含量不低于 50g/L。

任务评价

任务考核评价单

序号	评价内容及分值	评价标准	学生自评 10%	小组互评 10%	教师评价 60%	企业评价 20%
1	学习方法 10分	课前完成必备知识的自学；课中认真观察思考，并主动操作实践；课后归纳反思				
2	学习态度 20分	工作态度端正，具有吃苦耐劳、诚实守信、认真负责的品质，对知识和技能能够认真学习钻研				
3	沟通表达 10分	能够及时与同组成员及指导教师、技术人员沟通交流				
4	合作能力 10分	团队协作意识强				
5	创新实践 10分	能够结合生产实际改进管理措施，减少管理成本，提高管理效率				
6	职业能力 10分	掌握果粒果汁饮料的杀菌和冷却技术				
7	学习成果 30分	掌握果粒果汁饮料的加工技术				
		合计				

项目小结

果汁饮料是目前市场上除水果以外，人体获得维生素的主要来源之一，值得开展工业化生产并深入研发技术生产要求。

思考与练习

1. 简述果蔬汁的分类。
2. 简述果蔬汁饮料的加工技术。
3. 简述果蔬汁加工中需注意的关键技术环节。
4. 思考梨汁不受欢迎的原因。

项目十五 番茄制品加工

> **项目导学**
>
> - 新疆产区的番茄色泽和口感俱佳,南疆焉耆盆地及周边生产的番茄制品具有番茄红素和胡萝卜素含量高、糖分高的优点。掌握番茄制品的生产工艺和技术是对果蔬贮藏与加工人员的基本要求。

> **项目目标**
>
> - 知识学习目标:了解番茄加工的基本原理。
> - 技能培养目标:掌握番茄酱、番茄罐头、番茄汁、番茄干、番茄沙司的加工工艺及方法。
> - 职业情感目标:激发学生对番茄制品加工的学习兴趣,培养学生的学习态度和求知精神。

相关知识

一、番茄的性状及来历

番茄,俗称西红柿,茄科番茄属。一年生或多年生草本,株高可达 1.5~2m;植株有矮性和蔓性两类,全株具黏质腺毛,有强烈气味。叶为羽状复叶或羽状深裂,边缘具不规则的锯齿或裂,小叶呈长卵形或长圆形。夏、秋季开花,总状或聚伞花序腋外生,有花 3~7 枚,黄色,花萼及花冠各 5~7 裂,雄蕊 5~7 枚,花药合生呈长圆锥状。浆果呈扁圆、圆或樱桃状,红色、黄色或粉红色。种子扁平,有茸毛,灰黄色。性喜温暖。在我国可普遍栽培,一般冬、春季于保护地育苗,春季栽培为主,冬季可温室栽培。目前,加工用的番茄品种主要有屯河 9 号(新番 36 号)、HF228、IVF1305、IVF3311。

番茄原产于南美洲。早在 16 世纪,墨西哥等地就已有番茄栽培,此后传播到欧洲等地,17~18 世纪引入我国,但直到新中国成立后才有较快发展。我国是番茄种植大国,产量居世界第一。由于番茄自身特点和优势,以及现代栽培技术与加工业的发展,昔日这种一度被人们忽视的蔬菜,如今已变得备受青睐。番茄及制品已经成为人们日常生活中必不可少的重要食品和保健食品，一个蓬勃发展的现代化番茄产业蓬勃兴起。番茄制品种类繁多，传统番茄制品主要有番茄酱、整番茄、番茄丁、番茄沙司、番茄汁、番茄饮料、番茄脯和番茄软糖等。随着科学技术的发展，又有许多新的番茄制品被开发出来，如番茄红素、番茄膳食纤维、番茄籽蛋白和番茄籽油等。

二、番茄的营养成分

番茄中蕴藏"黄金"。番茄兼具蔬菜和水果双重身份，含有13种维生素及17种矿物质，还有含量很高的番茄红素。番茄红素是食物中的一种天然色素成分，具有抗氧化、抑制基因突变、降低核酸损伤、减少心血管疾病及预防癌症等多种功效，番茄红素及其主要食物来源的番茄和番茄制品也因此日益受到营养界的关注。

番茄的化学成分（表15-1），受番茄的品种、栽培条件、土壤、气温和湿度的影响很大。

表15-1　番茄的化学成分

成分	含量	成分	含量
水分	94.0%	磷	27mg/100g
蛋白质	1.0%	铁	0.4mg/kg
脂肪	0.3%	维生素A	0.6mg/100g
碳水化合物	3.9%	B族维生素	0.06mg/100g
纤维素	0.3%	维生素D	0.04mg/100g
灰分	0.6%	维生素C	30mg/100g
钙	11mg/100g	烟酸	0.5mg/100g

1. 碳水化合物

蔬菜中的糖主要是葡萄糖、果糖和蔗糖。番茄主要含有葡萄糖，果糖次之，还含有很少的蔗糖、庚酮糖、棉子糖及淀粉等。

2. 果胶

果胶物质普遍存在于果蔬中，番茄中的含量为0.2%~0.5%，随着果蔬的成熟，果胶在植物体内有3种状态，原果胶、果胶、果胶酸。番茄在成熟、贮藏、加工期间，其果胶物质不断地发生变化，可简单表示如下：

原果胶 $\xrightarrow{\text{成熟(原果胶酶)}}$ 纤维素、果胶 $\xrightarrow{\text{过熟(果胶酶)}}$ 甲醇、果胶酸 $\xrightarrow{\text{果胶酸酶}}$ 还原糖、半乳糖醛酸

果胶酸能使碱土金属转变成为非水溶性盐类。例如，果胶酸与钙结合后，即成为果胶酸钙而不溶于水，呈胶冻状沉淀，在整番茄罐头生产中常利用这种性质来增加番茄的硬度。番茄中的果胶分为可溶性和不溶性两大类。可溶性果胶与浓缩番茄制品的黏稠性有密

切关系。随着番茄成熟度的增长，不溶性原果胶逐渐水解。破碎的番茄中，果胶在果胶酶的作用下迅速分解成低分子物质，从而失去黏稠性。加工中也根据这个特性来确定加工工艺，生产出热破酱和冷破酱。

3. 有机酸

番茄含有苹果酸、柠檬酸和微量的草酸、酒石酸、琥珀酸等多种有机酸，在生长过程中有机酸的种类和含量有所变化，未成熟的番茄含有微量的草酸，正常成熟的番茄主要含有苹果酸和柠檬酸；过熟发软的番茄中苹果酸和柠檬酸降低，并有琥珀酸生成。酸度的强弱取决于pH。蔬菜中含有各种缓冲物质如蛋白质，能限制有机酸的过多离解。有机酸还与酶的活动、色素物质的变化和维生素C的保存有关。番茄中的有机酸占总酸量的75%~85%，其中柠檬酸占总酸量的50%~70%，苹果酸约占总酸量的10%，游离酸占总酸量的0.35%~0.55%。番茄的胶状组织部分含酸量较高，而果肉部分含酸量则较低。番茄的pH一般为3.9~4.6，而以pH 3~4时加工番茄酱为宜。pH增高时，需要延长杀菌时间，对制品的色泽、果肉的风味和组织均有影响，还会降低维生素C的含量。

4. 色素物质

类胡萝卜素包含胡萝卜素、番茄红素、叶黄素。番茄红素为胡萝卜素同分异构体，番茄的红色就是其颜色的反映。番茄中的类胡萝卜素为番茄红素、β-胡萝卜素、α-胡萝卜素及叶黄素等。番茄色泽的好坏取决于色素含量的多少。番茄的胡萝卜素平均含量为0.4~0.75mg/100g，果肉中的类胡萝卜素的含量为8~12mg/100g，其中番茄红素含量占85%~90%时，呈深红色，含量占70%~80%时呈橙红色。番茄红素形成的最适宜温度为24℃，30℃以上时番茄红素不能形成。成熟度高的红番茄的呈色物质除类胡萝卜素外，还包括少量的黄酮类化合物。加工时应该使用成熟的红番茄，带有绿色的番茄不建议用于加工。

5. 维生素

番茄热值不高（836.8J/kg），但富含钙、磷及维生素A、维生素C，是营养价值很高的食品。维生素C、维生素B_2在番茄中含量较多，而且未成熟的番茄富含维生素K。蔬菜中没有维生素A，但胡萝卜素（维生素A原）进入人体内能转化成维生素A，耐高温；但胡萝卜素在加热时遇氧则易氧化，番茄汁在100℃加热4h胡萝卜素损失为12%。维生素C又称抗坏血酸，是一种不稳定的维生素，可分为L型和D型两个立体异构体，只有前者才具有生理活性，容易溶解于水，在抗坏血酸酶的作用下，可氧化为脱氢抗坏血酸，脱氢抗坏血酸更不稳定，进一步氧化为无生理活性的产物且不可逆，这个过程是在酶的作用下进行的，所以相关的酶的含量越多，活性越大，番茄在贮藏加工过程中维生素C的保存量越小。番茄中的抗坏血酸酶的含量低，维生素C在贮藏中破坏少，但容易被空气氧化。

任务一　番茄酱加工

🔸 任务目标

以番茄酱生产为例,掌握工业化生产番茄制品的工艺流程和方法。

🔸 任务实施

番茄酱是番茄的浓缩制品,按制品浓缩程度的不同,根据所含可溶性固形物(按折光计)含量有 12%、20%、22% 及 28% 等几种规格,其中又以 22%~24% 和 28%~30% 为多,国外还有可溶性固形物量大于 35% 的高浓度番茄酱。其制作工艺流程如下:

原料验收→洗果与挑选→破碎与预热→打浆→浓缩→加热→装罐→杀菌→擦罐入库。

1. 原料验收

生产番茄酱应选用皮薄、肉厚、籽少、番茄红素含量高、色泽大红,固形物含量高、风味好、无霉烂的新鲜番茄。番茄红素含量高,可以保证番茄酱的良好色泽,而番茄酱的色泽是评定产品等级与衡量产品质量的重要指标。可溶性固形物含量高,可以提高产品的得率,降低原料的消耗;还可以缩短浓缩时间,既节约燃料,又能提高生产率和设备利用率。

原料验收时,5~10t 的卡车(一个车斗),抽检 2 筐,10t 以上的卡车(拖挂车)抽检 4 筐,分 3 个等级计算每个级别的数量,按级付款。企业原料验收标准见表 15-2。

表 15-2　企业原料验收标准

等级	品质	限度
一等果	具有同一品种的特征,果形、色泽良好均匀,果面光滑、新鲜、清洁、无异味、成熟度适宜、无虫蚀、无霉斑	比例越高越好
二等果	具有相似的品种特征,果形、色泽较好、色泽不均匀,果面较光滑、新鲜、清洁、硬实、无异味	
等外果	青果、霉果、过熟、严重日灼伤、大疤痕、瘪伤、严重裂果、严重畸形果、严重病虫害及机械伤	超过抽检重量的 20%,该车原料拒收

一车原料的价格:

一车原料费 = 总重量 × 一等果比例 × 一等果价格 + 总重量 × 二等果比例 × 二等果价格

2. 原料输送、洗果与挑选

（1）技术要求　食品原料在其生长、成熟、运输及贮藏过程中，会受到尘埃、沙土、微生物及其他污物的污染。因此，番茄加工前必须进行清洗。

原料番茄必须充分洗净，多采用浮洗机。先将番茄均匀地倒入进料槽进行预洗，去除杂质；再由输送带送入浮洗机或鼓风式清洗机洗涤，将番茄表面彻底洗净。

将洗净后的番茄升运至滚筒选果台上，由专人进行选果，剔除霉烂、病虫害及未熟的青绿色番茄，修除成熟度稍低的番茄蒂部位的绿色部分，这些绿色部分和蒂柄的存在会使番茄制品产生棕褐色杂质。

（2）设备

1）流送槽（图15-1）。流送装置是用流体载运物料的设备，它被广泛用于食品加工厂。载运的流体可以是水或气体，番茄输送载运的流体为水，输送的同时可进行预洗。

① 流送槽的构造。流送槽是具有一定倾斜度的水槽，用砖或水泥制作，也可以用木材或水泥板制作，为便于季节性的装拆，还可用硬聚乙烯板材制作。水槽内壁要求光滑、平整，以减小摩擦功耗，槽底可做成半圆形或矩形，一般为半圆形，并设除沙装置。槽的倾斜度，即槽两端高度差与长度

图15-1　流送槽

之比，用于输送时为0.01~0.02，在转弯处为0.011~0.015；用作冷却槽时为0.008~0.01。为避免输送时造成死角，要求拐弯处的曲率半径应大于3m。用水量为原料的3~5倍，水流速度为0.5~0.8m/s。一般多用离心泵给水加压。操作时，槽中水深为槽高的75%。

② 工作原理。流送槽是利用水为动力，把食品加工中的球状或块状物料，从一地输送到另一地的输送装置，在输送的同时还能起到浸泡、冲洗等作用。流送槽广泛用于番茄、蘑菇、菠萝、土豆、红橘等物料在加工中的输送。

③ 生产能力的计算方法如下：

$$Q=Sv$$

式中　Q——混合物（物料和水）流量（m³/s）；

　　　S——混合物通过流送槽的有效截面积（m²）；

　　　v——混合物流速（m/s）。

其中，混合物流速计算公式如下

$$v=C\sqrt{Ri}$$

式中　C——粗糙系数；

R——水力半径；
i——流送槽的倾斜度。

$$R = \frac{S}{L}$$

式中 S——过水断面面积；
L——浸润周边长。

当槽的水浸截面为半圆时：$R = \dfrac{0.75 \times 0.5\pi r^2}{0.75\pi} = 0.5r$

当槽的水浸截面为长方形时：$R = \dfrac{0.75ab}{1.5a+b}$

式中 a——宽；
b——长。

当槽的水浸截面为正方形时：$R = 0.3a$

流送槽的生产能力 q 可用下式计算：

$$q = \frac{1000S}{m+1}\sqrt{Ri}$$

式中 q——物料流量（kg/s）；
m——混合物中水与物料之比，称为混合比系数，一般为 3~5。

2）浮洗机。浮洗机主要用来洗涤水果类原料，该设备一般配备流送槽输送原料，目前果汁生产线上常配此设备。它主要由洗槽、滚筒输送机、机架及传动装置构成。水果原料经流送槽预洗后，由提升机送入洗槽的前半部浸泡，然后经翻果轮拨入洗槽的后半部分，此处装有高压水管，其上分布有许多距离相同的小孔，高压水从小孔中喷出，使原料翻滚并与水摩擦，原料间也相互摩擦，从而洗净表面污物，由滚筒输送机带着离开洗槽并经喷淋水管的高压喷淋水再度冲净，进入检选台检出烂果并修整有缺陷的原料，再经喷淋后送入下道工序。

滚筒输送机与带式输送机内部结构类似，只是其输送带是在两根链条中间安装了许多直径为 76mm 的圆柱形滚筒，滚筒间距为 10mm 左右，当驱动链轮带动链条运动时，物料便在滚筒上向前滚动。输送机分为 3 段，下倾斜段下部没于洗槽中，上倾斜段接入破碎机，中间水平段作为检选段。在倾斜段各装有 4 根喷淋水管，每根喷淋管各有两排成 90°的喷水孔，见图 15-2。

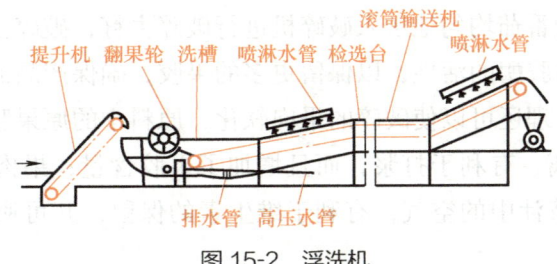

图 15-2 浮洗机

3）鼓风式清洗机。

① 原理。鼓风式清洗机适合用于果蔬原料的清洗，其清洗原理是用鼓风机把空气送入洗槽中，使洗槽中的水产生剧烈的翻动，对果蔬原料进行清洗。利用空气流动进行原料搅拌，既可加速污物从原料上洗除，又能在强烈的翻动下保护番茄的完整性。

② 主要结构。鼓风式清洗机的结构主要由洗槽、输送机、喷水装置、鼓风机、支架及电机、传动系统等组成，见图 15-3。

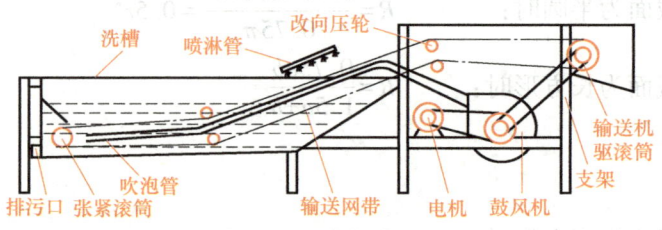

图 15-3 鼓风式清洗机

洗槽的截面为长方形，送空气的吹泡管设在洗槽底部，由下向上将空气吹入洗槽中的清洗水。原料进入洗槽，放置在输送机上。输送机的两边有链条，链条之间承载原料的输送带形式因原料而异，有采用滚筒形式的（如番茄等），有采用金属丝网的（如块茎类），还有用平板上装刮板的（如水果类）等。输送机设计为两段水平输送，一段倾斜输送。第一段水平段处于洗槽的水面之下，用于浸洗原料，原料在此处被空气搅动，在水中上下翻滚，洗除泥垢；倾斜部分设置在中间，用于清水喷洗原料；第二段水平段处于洗槽之上，用于检查和修整原料。由洗槽溢出的水顺着两条斜槽排入下水道，污水从排水管排出。

③ 生产能力计算。鼓风式清洗机的生产能力，可用下式进行计算：

$$G=3600Bhv\rho\psi$$

式中　G——生产能力（kg/h）；

　　　B——链带宽度（m）；

　　　h——原料层高度（m）；

　　　v——链带速度（可取 0.12~0.16）（m/s）；

　　　ρ——物料的容积密度（kg/m³）；

　　　ψ——链带上装料系数（0.6~0.7）。

3. 破碎与预热

将洗净并经挑选的番茄均匀地送入破碎机进行破碎去籽，破碎去籽后的果肉浆汁立即进行预热处理，破坏果胶酶的活性，以保留更多的果胶，确保产品的黏稠度，防止其产生汁液分离现象；预热处理还可以使破碎的果肉软化，原料中的原果胶受热分解成果胶，不仅使果肉易与果皮分离，有利于打浆，而且增加了果胶含量；果肉浆汁经预热处理，还能排出果实组织间及浆汁中的空气，有利于维生素的保留，并可避免在加热浓缩时产生气泡。

果肉浆汁一般须在 90~95℃下加热 8~10min，加热后的果肉浆汁温度控制在 80~85℃。果肉浆汁的预热处理一定要及时，升温要迅速。预热设备最好是管式或螺旋式预热器，也可以用夹层锅，只是效果稍差。

4. 打浆

（1）技术要求　将预热后的果肉浆汁迅速送入打浆机中，打成均匀的番茄浆。目前普遍使用的打浆机为三道连续打浆机，其筛板的孔径为第一道 1mm，第二道 0.8mm，第三道 0.4~0.6mm。通过三道打浆，果肉浆汁被打成均匀的浆体，通过管道送入贮浆桶以备浓缩。果皮、籽及粗纤维等杂质从筛筒的另一端排出。排出残渣的干湿度以在手掌中捏紧无汁水下滴、放松后手掌上有汁水为宜。若残渣过湿，会影响出浆率；过干，则影响制品的风味和形态。一般残渣量为 3%~4%。

（2）设备　从果蔬制汁原理及现代番茄酱品质要求来看，打浆设备应具备以下条件：制汁过程迅速、出汁率高、色香味保存完好、连续作业、容量大、易排渣、操作人员少、故障少、耐磨损等。

1）适合的物料。打浆机主要用于番茄酱、果酱罐头的生产，它可以将水分含量较多的果蔬原料擦碎成为浆状物料。

2）打浆机的结构及工作原理。

① 结构。打浆机的结构见图 15-4，机壳内水平安装一个开口圆筒筛，圆筒筛用 0.35~1.20mm 不锈钢卷，有圆柱形和圆锥形两种，其上冲有孔眼，两边有加强圈以增加其强度。传动轴上装有使物料破碎的破碎桨叶和使物料移向破碎桨叶的螺旋推进器及擦碎物料用的两个刮板，刮板用螺栓与安装在轴上的夹持器连接，通过调整螺栓可以调整刮板与筛筒内壁之间的距离。刮板是用不锈钢制造的一块长方形体，对称安装于轴的两侧，且与轴线有一夹角，该夹角称为导程角。为了保护圆筒筛，常在刮板上装耐酸橡胶板。

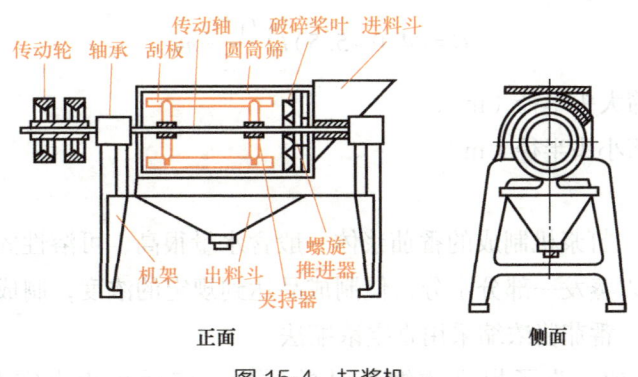

图 15-4　打浆机

② 工作原理。工作时，物料由下料斗进入圆筒筛并被破碎，然后，由于刮板的回转作用和导程角的存在，物料沿着圆筒筛向出料口端移动，在移动的过程中受离心力作用而被擦碎，汁液和果肉浆从筛孔漏到收集料斗（出料斗）中。皮和籽等则从圆筒筛另一开口

端排出，以此达到分离的目的。

③ 影响打浆的因素。物料被擦碎的程度除与物料本身的性质有关外，还与打浆机轴的转速、筛孔直径、筛孔总面积占圆筒筛总面积的百分比、导程角的大小及刮板与圆筒筛内壁之间的距离等有关。打浆机分离筛孔直径通常为 0.1~1.5mm，根据加工要求可调换不同孔径的圆筒筛，筛孔总面积为圆筒筛面积的 50% 左右。导程角为 1.5°~2.0°，棍棒与圆筒内壁间距为 1~4mm。打浆机主轴转速、导程角大小和刮板与内壁间距，是三个互相影响的重要参数，如轴的转速快，物料移动速度快，打浆时间就少；导程角大，物料移动速度也快，打浆时间也少。打浆机的速度调整比较麻烦，只调整导程角，可省去机械调整，也能达到理想的打浆效果，同时容易体现导程角和刮板与筛壁间距是否合理。如果导程角或间距过大，废渣的含汁率就会较高，反之亦然。为了达到良好的打浆效果，可同时调整导程角和间距，有时只调整一个就可达到目的。

④ 生产能力计算。打浆机的生产能力是指单位时间内物料通过筛孔的量，它取决于圆筒筛的直径、长度，刮板的转数、导程角的大小及圆筒筛的有效截面积。圆筒筛为圆柱形的打浆机的生产能力的经验计算公式：

$$G = \frac{0.07DL^2 n\varphi}{\tan\alpha}$$

式中　G——打浆机的生产能力（kg/h）；
　　　D——筛筒内径（mm）；
　　　L——筛筒长度（m）；
　　　n——刮板转速（r/min）；
　　　φ——筛筒有效面积（%），一般取 25%；
　　　α——导程角。

圆筒筛为圆锥形的打浆机生产能力的经验计算公式：

$$G = (4.0 \sim 5.5) L^2 \frac{r_1 + r_2}{2} n\varphi$$

式中　r_1——圆筒筛大头半径（m）；
　　　r_2——圆筒筛小头半径（m）。

5. 浓缩

（1）技术要求　打浆机制成的番茄浆体一般含水量很高，可溶性固形物含量较低，因此必须进行浓缩，以蒸发一部分水分，使制成品达到规定的浓度，制成品的风味也随着其浓度的提高而增加。番茄酱浓缩采用真空浓缩法。

（2）设备　目前，为了提高浓缩产品的质量，广泛采用真空浓缩法，即一般在 8~18kPa 低压状态下，以蒸气间接加热方式，对料液加热，使其在低温下沸腾蒸发，这样物料温度低，且加热所用蒸气与沸腾液料的温差增大，在相同传热条件下，比常压蒸发时的蒸发速率高，可减少液料营养的损失，并可利用低压蒸气作为蒸发热源。真空浓缩设备根据加热蒸气被利用的次数可分为单效浓缩设备、二效浓缩设备、多效浓缩设备、带有热泵的浓缩设备。番茄酱生产多采用三效降膜浓缩设备。

1）组成与流程。图15-5和图15-6所示为三效降膜真空浓缩设备实物图和示意图，由第一、第二、第三效蒸发器，第一、第二、第三效分离器，以及双级水环式真空泵、液料泵、预热器、液料平衡槽、水泵和各种阀门、仪表等构成。第一、第二、第三效蒸发器的结构相同，内部除装有蒸发列管外，还有预热物料的螺旋管。物料预热器是一个表面式换热器。杀菌器为一列管式换热器。工作时，物料流程：被浓缩的料液由液料平衡槽经液料进料泵输送，通过物料预热

图15-5 三效降膜真空浓缩设备实物图

器，被第一效蒸发器产生的二次蒸气加热，依次经第一、第二、第三蒸发器内的螺旋管进一步被管外的蒸气加热。利用蒸气间接加热杀菌，并保温一定时间；随后相继通过第一、第二、第三效蒸发器、分离器，最后浓缩液从第三效分离器底部经液料泵抽出。各蒸发器和杀菌器中产生的冷凝水均由水泵排出。

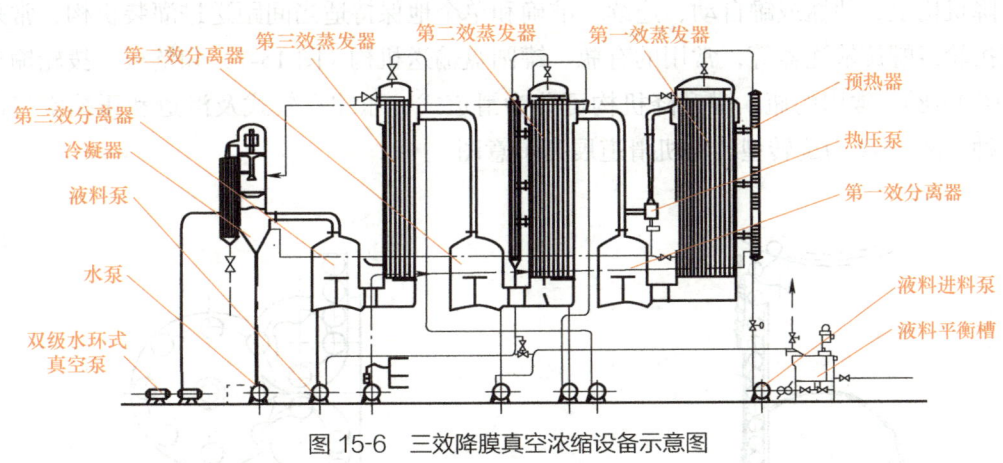

图15-6 三效降膜真空浓缩设备示意图

2）用途和特点。这种设备适用于牛乳、果汁等热敏性物料的浓缩，效果好，产品质量高，蒸气与冷却水的消耗量均较低，并配有清洗装置，操作方便。

6. 装罐

（1）技术要求　将真空浓缩好的番茄酱送入加热器中加热至92~95℃后立即装罐密封。密封时酱体的温度不能低于85℃，以保证产品的真空度。密封后的罐头立即进行杀菌、冷却。几种罐型的参考装罐量及杀菌条件见表15-3。1000g及以上的大包装在杀菌时只能起到表面杀菌的作用，因此应十分注意装罐前的预热、及时密封和立即杀菌。

表15-3 番茄酱装罐量及杀菌条件

罐型	酱体质量/g	杀菌条件	罐型	酱体质量/g	杀菌条件
539	70	5~15min，100℃（水）	15173	3000	5~30min，100℃（水）
668或5104	198	5~20min，100℃（水）	15267	5000	5~35min，100℃（水）
10114	1000	5~25min，100℃（水）	玻璃瓶	510	5~25min，100℃（水）

(2) 灌装设备 灌装番茄酱以定容法为主，定容法又有等压法和压差法之分。等压法即贮液罐顶部空间压力和包装容器顶部空间压力相同，番茄酱靠自身重力流入包装容器内。贮液罐和包装容器间有两条通道，一条是进液通道，一条是排气通道，适合于黏稠度低的饮料灌装。压差法是灌装时，贮液罐的压力大于容器内的压力，其灌装速度很快，适合于黏稠度高的饮料灌装。一般通过空气压缩机提高贮液罐压力或用真空泵使灌装容器压力降低来增加压力差。

1) 液体灌装。番茄酱灌装机主要由瓶、罐输送和升降机构、灌装阀机构及其他附属机构组成。

2) 瓶、罐输送和升降机构。在灌装前要准确地将空瓶或空罐输送到自动灌装机的瓶托升降机构上，使瓶或罐自动、连续、准确和单个地保持适当间距送进灌装机构，常采用爪式拨轮或螺旋输送器等，常用的有瓶、罐圆盘输送机构（图15-7）和链板、拨轮输送机构（图15-8）。常用的瓶、罐升降机构可分为滑道式、压缩空气式及滑道和压缩空气混合式3种。图15-9为旋转型装料机滑道展开示意图。

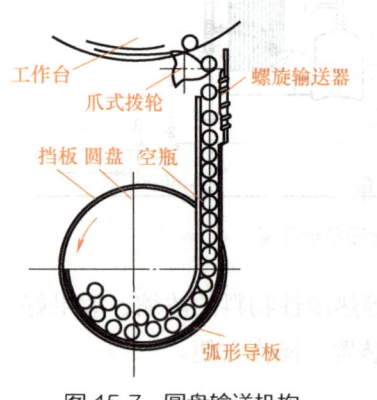

图15-7 圆盘输送机构

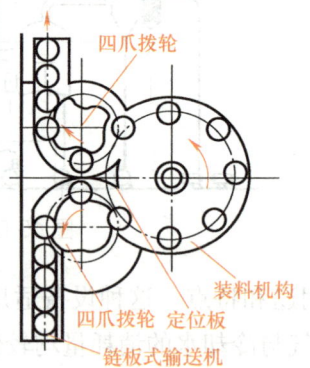

图15-8 链板、拨轮输送机构

(3) 灌装阀机构 灌装阀机构是灌装机的关键部分，直接影响灌装机的性能，其主要功能是把贮液罐内的料液定量地灌入瓶、罐中。常见的灌装阀机构有两种。

① 重力式真空灌装阀机构（图15-10）。其主要工作部件为贮液罐、浮子液面控制器、

真空管、进液管、立柱、液阀、气阀等。操作时，真空泵维持贮液罐上部空间的真空度，浮子液面控制器保护贮液罐内料液液面高度恒定不变。当瓶、罐进入灌装阀后，先对其抽空，当瓶内压力与贮液罐压相等时，料液就在重力作用下完成罐装。它适用于非碳酸饮料的冷、温、热灌装。

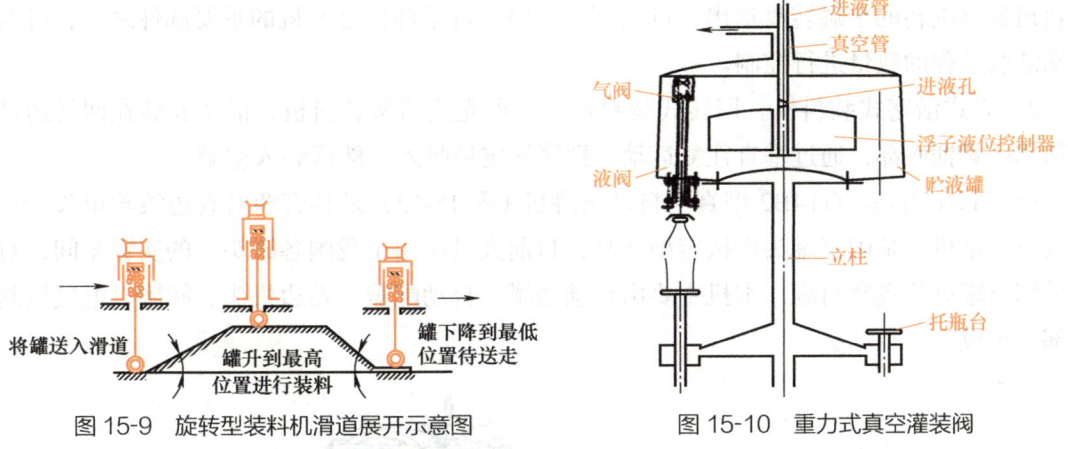

图 15-9　旋转型装料机滑道展开示意图　　　图 15-10　重力式真空灌装阀

② 压差式多室真空灌装阀。主要工作部件为贮液罐、进料管、排气管、回流管、吸液管、吸气管、输液管、灌装阀、顶杆托盘等。操作时，贮液罐处于常压下，当包装器获得一定真空度后，料液被灌装阀自动吸入，通过输液管插入瓶内的深度来调节、控制灌装量。适用于高黏度液体，如果肉果汁、糖浆等的灌装。灌装完毕后应立即封口，以保证酱汁不受到再次污染。

（4）酱体装料机　酱体装料机目前多采用活塞式定量方法，从而达到定量装料的需要，即活塞式装料机（图 15-11）。活塞式装料机根据活塞位置有立式与卧式之分，可供浓缩番茄酱、菠萝酱等罐装。

图 15-11　活塞式装料机

1）立式活塞式装料机。本机由进出罐转盘、定量装罐、装料阀门、传动机构等组成。电机通过 V 带、摩擦离合器带动主轴转动，同时通过链轮齿轮及镰形凸轮带动定量活塞做水平往复运动，把酱体抽入活塞缸内。空罐进入连续旋转的进罐转盘后，沿轨道进入做间歇运动的装罐转盘，在装罐转盘上装有星形轮，使空罐能准确定位，出料阀由曲柄连杆机构控制与定量活塞往复动作互相配合进行开闭，把活塞缸内酱体装入空罐内，然后罐体沿轨道通过旋转的出罐转盘送出，进入下一工序。定量部件是本机的重要部件之一，可对自动灌装过程的数量进行控制。

2）立式活塞式装料机。回转式装料机是一种立式活塞装料机，活塞安装在回转运动的酱体贮藏桶底部，通过垂直往复运动，把酱体定量吸入，然后装入空罐。

（5）封罐设备　GT4B2 型真空自动封罐机（图 15-12）是具有两对卷边滚轮单头全自动真空封罐机，是国家罐头机械定型产品，目前大量应用于我国各罐头厂的实罐车间，对各种圆形罐进行真空封罐。本机主要由自动送罐、自动配盖、卷边机头、卸罐、电气控制等部分组成。

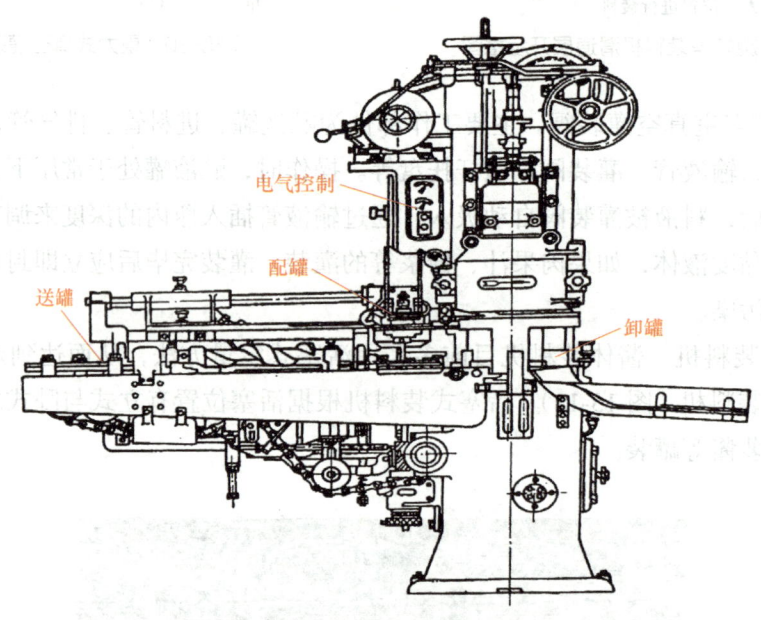

图 15-12　GT4B2 型真空自动封罐机

7. 杀菌

（1）番茄汁杀菌设备　番茄汁杀菌设备可分为板式、旋转刮板式和管式 3 种。

1）板式杀菌设备。板式杀菌设备的关键部件就是板式换热器，而板式换热器由数组金属薄板组合成，对流体物料连续预热、杀菌和冷却。在果蔬汁、乳的工业化生产中，广泛应用高温短时和超高温瞬时杀菌。板式换热器以不锈钢材料冲压成型，悬挂于导杆上，通过压紧螺杆将固定板与各换热器板叠在一起。板的周边有橡胶垫圈，以保证密封并使两板间有一定的间隙。冷热流体分别在薄板的两边交替流动，进行热交换。热交换效果主要取决于换热板的波纹形状,目前国内果蔬加工生产上应用的换热板有平行波纹板、交叉波纹板、半球形板等。

2)旋转刮板式杀菌设备。即采用旋转刮板式换热器,其原理是被加热或冷却的料液从传热面一侧流进,由刮板在靠近传热面处连续不断地运动,使料液呈薄膜状流动,也称刮面式换热器。国内果蔬加工用的为筒式刮板式换热器。刮板不仅提高换热器传热系数,而且可以起乳化、混合等作用,适用于处理热敏性强、黏度高的食品。

3)管式超高温杀菌设备。管式超高温杀菌设备是以管壁为换热间壁的换热器。根据管的排列方式,常见的有列管式(图 15-13)、套管式、蛇管式等类型。列管式分为单程式和多程式,目前多采用多程式;套管式又分为单通道和多通道,套管式超高温杀菌设备的加热器是由两根以上直径不等的同心管组成,利用内外管间环形间隙进行热交换。管式换热器特别适用于高压流体。常用于果蔬原浆和果肉含量很高的混浊果蔬汁的杀菌。

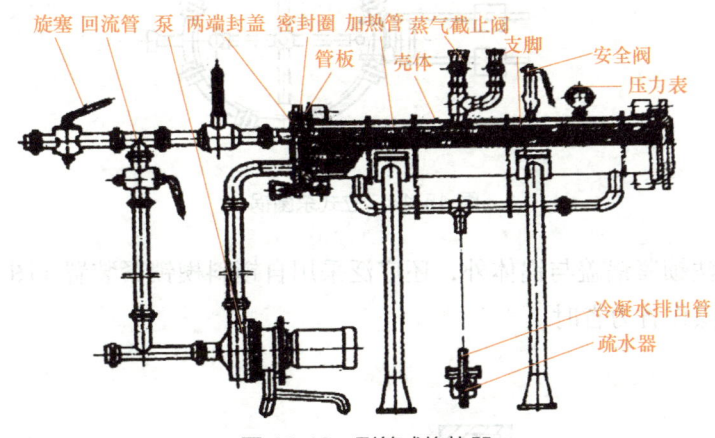

图 15-13 列管式换热器

列管式换热器的工作过程:物料用高压泵送入不锈钢列管内,蒸气通入壳体空间后将管内流动的物料加热,物料在管内往返数次后达到杀菌所需的温度并保持一定时间后输送到下一工序。

(2)番茄酱罐头杀菌设备

1)立式杀菌锅(图 15-14)。可用作常压或加压杀菌,在品种多、批量小时很实用,目前中小型罐头厂使用比较普遍。但其操作是间歇性的,在连续化生产线中不适用。因此,它和卧式杀菌锅一样,不符合机械化、自动化的发展方向。与立式杀菌锅配套的设备有杀菌篮、电动葫芦、空气压缩机及检测仪表等。

立式杀菌锅有两个杀菌篮,圆筒状的锅体由厚 6~7mm 的钢板成形后焊接而成,底和盖呈半球形,锅盖铰接于锅体后部边缘,在锅盖的周边均匀地分布着 6~8 个槽孔,锅体的上周边铰接有与槽相对称的蝶形螺栓,以密封锅盖和锅体。锅体口的边缘凹槽内嵌有密封填料保证锅盖和锅体密封良好。为了减少热量损失,最好在锅体的外表面包 80mm 厚的石棉层。

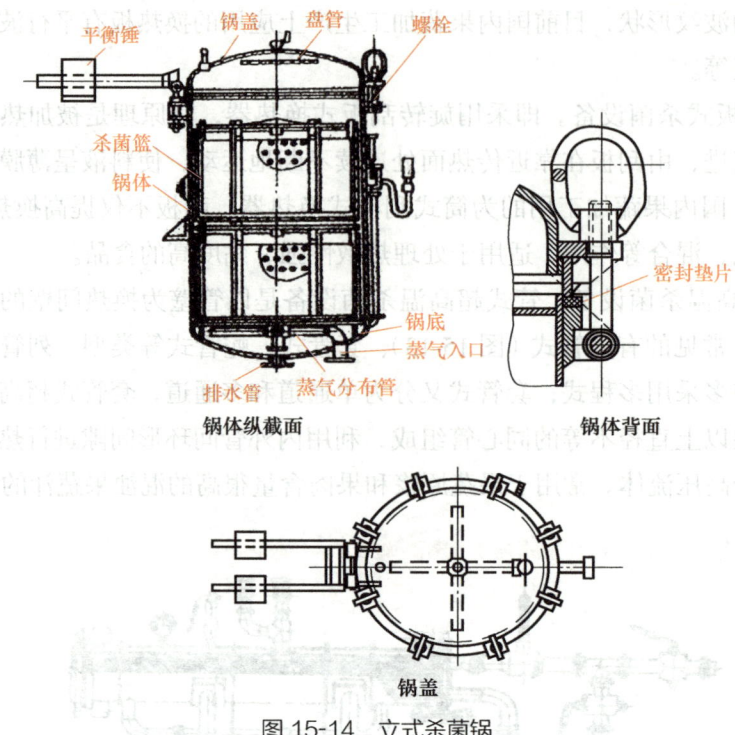

图 15-14 立式杀菌锅

除用以上方法锁紧锅盖与锅体外，还广泛采用自锁斜楔锁紧装置（图 15-15），这种装置密封性能好，操作省力省时。

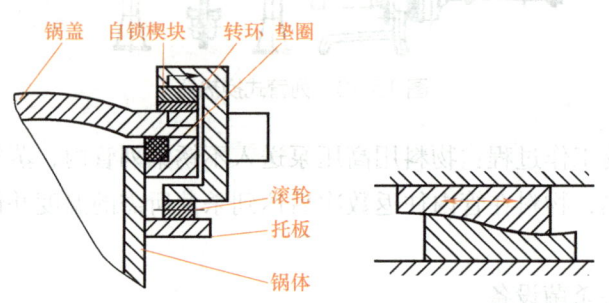

图 15-15 自锁斜楔锁紧装置

这种装置用 10 组自锁楔块均匀分布在锅盖边缘与转环上，转环配有几组活动式及固定的滚轮装置，使转环可沿锅体转动自如。锅体上部周围凹槽内有耐热橡胶垫圈。锅盖关闭后，转动转环，楔块就能互相咬紧而压紧橡胶圈，达到锁紧和密封的目的。将转环反向转动时，楔块分开，即可开盖。

锅盖可用平衡锤揭开，在锅体的底部，装有十字形的蒸气吹泡管，吹泡小孔开在两侧和底部，不要朝上开，防止小孔吹出蒸气直接冲向罐头。锅内放有盛罐头用的杀菌篮，杀菌篮和罐头一起由电动葫芦吊进和吊出。蒸气从管道进入吹泡管中，冷却时水从锅盖内壁上的盘管中的小孔喷淋在锅中的。此处小孔也不能直接对着罐头，防止冷却时冲击罐头，降低损耗率。

锅盖上装有吹气阀、安全阀、压力表及温度计等，锅体最底部安装有排水管。

2）卧式杀菌锅。其容量一般比立式的大，同时可不必使用电动葫芦。但一般不适用于常压杀菌，只能用作高压杀菌，多用于生产蔬菜和肉类罐头为主的大中型罐头厂。

它是一个平卧的圆柱形筒体，筒体的前部有一个绞接的锅盖，末端则焊接了椭圆封头，锅盖与锅体的闭合方式与立式杀菌锅相同。锅体内的底部装有两根平行的轨道，供盛罐头用的杀菌车推进推出。蒸气从底部进入到锅内的两根平行管道（上有吹泡小孔）对锅进行加热。蒸气管在平行导轨下面。由于导轨与地面水平才能顺利地推动杀菌车，故锅体有一部分处于车间地面以下。又为了有利于杀菌锅的排水（每杀菌一次都需要大量排水），因此在安装杀菌锅的地方都配有一个地槽。

在锅体上同样安装有各种仪表和阀门。注意，由于用反压杀菌法，压力表所指示的压力包括锅内蒸气和压缩空气的压力，造成温度计和压力表上的温度读数是不对应的。这就是既要有温度计，又要有压力表的原因。

3）回转式杀菌设备。上锅是贮水锅，为圆筒形的密闭容器，在其上部适当位置装有液位控制器，上锅用于制备下锅用的过热水。下锅是杀菌锅，也装有液位控制器，锅内有一转体，当杀菌篮进入锅体后，设有压紧装置使杀菌篮和转体之间不能相对运动。杀菌锅后端装有传动系统，由电机、可分锥轮式无级变速器和齿轮等组成。通过大齿轮轴（即转体回转轴）驱动固定在轴上的转体回转，而转体带着杀菌篮回转可在 5~45r/min 内无级变速，同时可朝一个方向一直回转或正反交替回转。交替回转时，回转、停止和反转动作可由时间继电器设定，一般设定为回转 6min，停止 1min。

在传动装置的旋转部件上设置了一个定位器，以保证转体停止转动时停留在某一特定位置，便于从杀菌锅取出杀菌篮。回转轴是空心轴，测量罐头中心温度的导线即由此通过。

用自动装篮机把罐头装入篮内，每层罐头之间用带孔的软性垫板隔开。用杀菌车将杀菌篮送至杀菌锅内带有滚轮的轨道上。装满杀菌篮后，用压紧机构将罐头压紧固定，再挂上保险杆，预防杀菌完毕开启锅时杀菌篮自动溜出。

贮水锅与杀菌锅之间用连接阀的管道连通，蒸气管、进水管、排水管和空压管等分别连接在两锅的适当位置，在这些管道上按不同使用目的安装了不同规格的气动、手动、电动阀门。循环泵使杀菌锅中的水强烈循环，以提高杀菌效率并使杀菌锅里的水温度均匀一致。冷水泵的作用是向贮水锅注入冷水和向杀菌锅注入冷却水。

回转式杀菌锅可实现自动控制。目前，回转式杀菌锅自动控制系统大致可分为两种形式：一种是将各项控制参数表示在塑料冲孔卡上，操作时只要将冲孔卡插入控制装置内，即可实现整个杀菌过程的自动程序操作；第二种是由操作者在控制盘上设定各项参数后，按下起动键，整个杀菌过程就按设定的条件进行自动操作。全水式回转式杀菌设备见图 15-16。

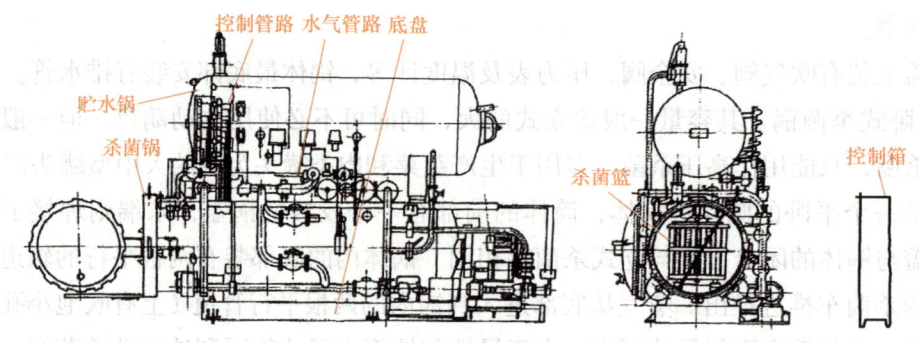

图 15-16 全水式回转式杀菌设备

4）常压连续杀菌设备。本设备主要用于水果类和一些蔬菜类圆形罐头的常压连续杀菌。

常压连续杀菌设备有单层、3层（图15-17）和5层3种。其中以3层的用得较多。层数虽有不同，但原理一样，层数的多少主要取决于生产能力的大小、杀菌时间的长短和车间面积情况等。现以3层常压连续杀菌设备为例，说明常压连续杀菌锅的结构和工作原理。

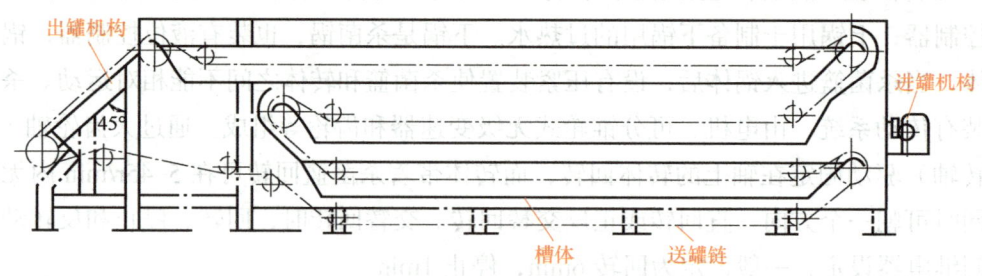

图 15-17 3层常压连续杀菌设备

3层常压连续杀菌设备主要由传动系统、进罐机构、送罐链、槽体、出罐机构及报警系统、温度控制系统等组成。由封罐机封好的罐头，进入进罐输送带（传动系统）后，由拨罐器（进罐机构）把罐头定量拨进槽体内，并由翻板输送链将罐头由下至上运行，在第一层（或第一层和第二层）杀菌，在第二、三层（或第三层）冷却，最后由出罐机构将罐头卸出完成杀菌的全过程。

5）静水压连续杀菌设备（图15-18）。密封后的罐头底盖相接，卧放成行，按一定数量自动地送到装有平行运动装置的环式输送链上，由传送器自动地由进罐柱→水柱管（升温柱）→蒸气室（杀菌柱）→水柱管（出罐柱、加压冷却）→喷淋冷却柱（常压冷却）→出罐的次序运行。加压杀菌所需饱和蒸气与蒸气室相连呈丁字形（或称U字管），水柱管的水压头保持平衡，水柱的高度决定了饱和蒸气压力的大小。

罐头从升温柱入口处进入后，沿着升温柱下降，并进入蒸气室。水柱顶部的温度近似罐头的初温，水柱底部的温度则近似于蒸气室的温度。因此，在进入蒸气室前有一个平稳的温度梯度，而进入杀菌室后，因蒸气均匀地遍布蒸气室，在这里可进行恒温杀菌。从杀菌室出来的罐头向上升送，这时的温度变化与通入升温柱恰好相反，罐头所受的压力从大变小,形成一个稳定地从大到小的温度和压力的梯度,这种减压冷却过程在工业化自动生产灭菌处理工艺中是十分理想的。

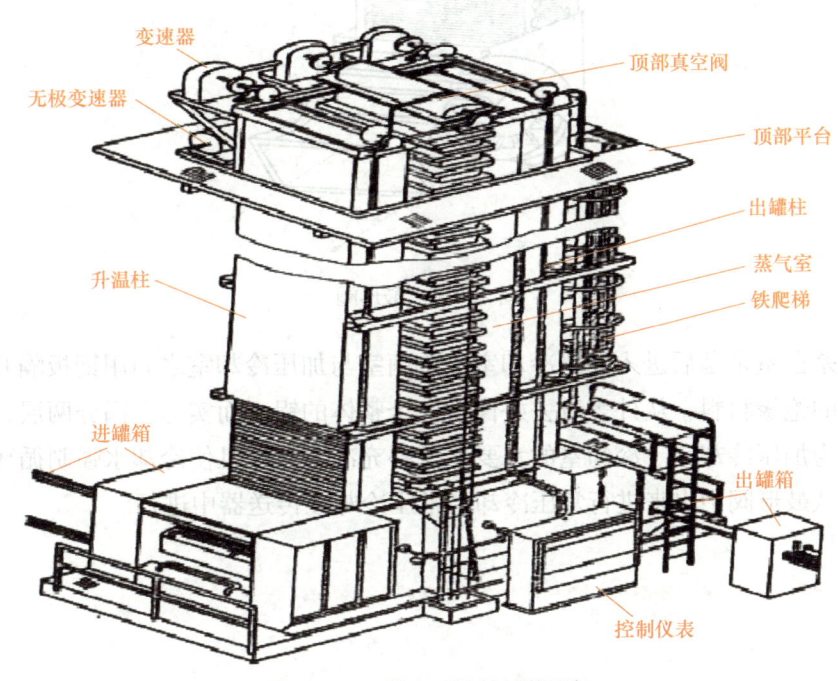

图 15-18　静水压连续杀菌设备

6) 水封式连续高压杀菌设备 (图 15-19)。罐头从自动供罐装置进入输送链上,然后进入鼓形阀 (图 15-20),鼓形阀浸没在水中,因此称为水封式。鼓形阀又称水封阀,从这里进入杀菌室中的罐头,由环式输送链的传送器带动,在杀菌室内折返数次进行杀菌,因此无升温过程。在传送器的下部设计了一条平板链 (或导轨),罐头就置于其上,平板链运动方向与传送器相反,传送器与平板链之间的相对运动产生摩擦力使罐头回转,回转的速度因产品不同而不同,一般为 10~30r/min。若不需回转,则可去掉传送器下面的导轨或使平板链运动方向与传送器一致且线速相同即可。同时,改变罐头的回转数就可调节罐头的加热量。根据这个工作原理,在调换灭菌品种时,杀菌时间可以不变,而改变罐头回转数即可。

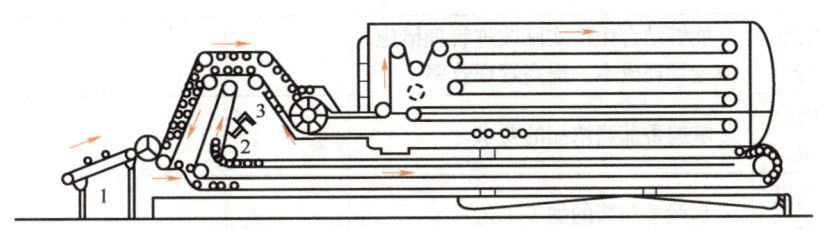

图 15-19　水封式连续高压杀菌设备
1—自动供罐装置　2—自动排罐装置　3—罐头由鼓形阀中排出

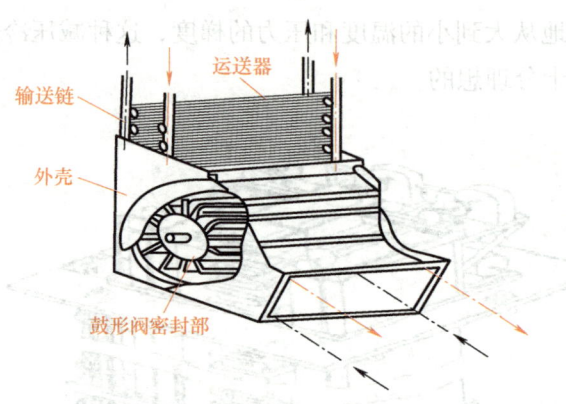

图 15-20　鼓形阀

罐头从杀菌室杀菌后进入加压冷却室，杀菌室与加压冷却室之间用钢板隔开，并包上绝缘性能好的绝缘材料。从外表看去好像为一个整体的锅，而实际上锅分两层，上层为杀菌室，下层为加压冷却室。冷却室的水要经常补充冷水，并且使冷却水强制循环。加压冷却后的罐头从鼓形阀中出来进行常压冷却。常压冷却在传送器中进行。

任务评价

任务考核评价单

序号	评价内容及分值	评价标准	学生自评 10%	小组互评 10%	教师评价 60%	企业评价 20%
1	学习方法 10分	课前完成必备知识的自学；课中认真观察思考，并主动操作实践；课后归纳反思				
2	学习态度 20分	工作态度端正，具有吃苦耐劳、诚实守信、认真负责的品质，对知识和技能能够认真学习钻研				
3	沟通表达 10分	能够及时与同组成员及指导教师、技术人员沟通交流				
4	合作能力 10分	团队协作意识强				
5	创新实践 10分	能够结合生产实际改进管理措施，减少管理成本，提高管理效率				
6	职业能力 10分	掌握番茄酱浓缩的要求				
7	学习成果 30分	掌握番茄酱的加工工艺				
		合计				

任务二 整番茄罐头和番茄汁加工

任务目标

掌握整番茄罐头和番茄汁加工的工艺流程及技术。

任务实施

1. 生产整番茄罐头

整番茄罐头生产的工艺流程：选择原料→清洗与去皮→硬化处理→配汤装罐→排气密封→杀菌与冷却→擦罐入库。

（1）选择原料　番茄应新鲜饱满、色红、果形正、风味好、组织较硬，果实最大直径小于 50mm。适用的品种有穗圆、罗城一号、奇果、扬州红等。

（2）清洗与去皮　清水洗净，挖除蒂柄后去皮。番茄去皮的方法有以下几种：

1）热烫去皮。用沸水热烫（95~100℃，10~30s）或用热烫去皮机（蒸气压力为29.4~58.8kPa）热烫，然后立即用冷水浸冷或喷淋冷却去皮。

2）真空去皮。番茄先在 96℃热水中加热 20~40s，使果皮于靠近果面的皮下层分离。再将番茄送入真空度为 80~93.3kPa 的真空室进行适度处理使果皮破裂，最后经温和的机械操作去除表皮。这一方法具有去皮效率高（可达 98%）、压力利用率高、产品质量好、能量消耗低的特点。

3）红外线去皮。将番茄暴露于 150~180℃高温下受热 4~20s，再用冷水喷淋或摩擦法去除外皮。其原理为番茄在高温下表皮细胞受热，细胞内所含水分汽化，果皮开裂而脱离果肉。

（3）硬化处理（图 15-21）　用 0.5%氯化钙溶液浸泡 10min，使组织适度硬化，再以流动水洗果，也可采用在汤汁中加入适量氯化钙来达到使果实硬化的目的。

图 15-21　硬化处理

（4）配汤装罐　番茄汤汁配比见表 15-4，整番茄的装罐量见表 15-5。

表 15-4　番茄汤汁配比

品种	精盐量 /kg	砂糖量 /kg	番茄原浆（5%~7%）/kg	氧化钙 /g	清水量 /kg
原汁整番茄	1.4	2	96.5	100	5.6（用于溶盐）
清水整番茄	5	4		100	220

表 15-5　整番茄的装罐量　　　　　　　　　　　　（单位：g）

品种	罐型	净质量	番茄	汤汁
原汁整番茄	7114	425	250~255	170~175
	9124	850	500	350
清水整番茄	玻璃罐	510	300	210

（5）排气密封　热排气，罐中心温度为75℃以上；抽气密封，真空度为40~46.7kPa。

（6）杀菌与冷却　整番茄罐头的杀菌条件见表15-6。

表 15-6　整番茄罐头的杀菌条件

罐型	净质量增	杀菌方式	冷却
7114	425	10~30min，100℃	15~20min
9124	850	10~35min，100℃	15~20min
玻璃罐	510	10~30min，100℃	分段冷却

2. 生产番茄汁

生产番茄汁的工艺流程：选择原料→去籽→预热→打浆→配料→脱气与均质→装罐、杀菌、冷却→成品。

（1）选择原料　用成熟适度、香味浓、色泽鲜红、可溶固形物含量在5%以上、糖酸适宜（约为6∶1）、无霉烂变质的番茄，洗净，除去果柄、斑点及青绿部分备用。

（2）去籽　将准备好的番茄进行破碎去籽（可使用番茄去籽机）。

（3）预热　将破碎去籽的番茄，迅速加热到85℃以上，以杀死附在番茄上的微生物，并破坏果胶酶。

（4）打浆　用三道打浆机打浆，取得汁液。

（5）配料　将番茄原汁100kg，砂糖0.7~0.9kg，精盐0.4kg，混合均匀。

（6）脱气与均质　将番茄汁喷入真空脱气机，脱气3~5min，然后用高压均质机在100~150kg/cm^{2}压力下均质。经脱气后的果汁，不能再进入空气，因此必须使用密封泵，向罐送料时要从罐底进，而不是从罐顶进。番茄汁的脱气条件见表15-7。

表15-7 番茄汁的脱气条件

产品温度/℃	35	45	55	60	65	70	75	80
真空度/MPa	0.096	0.092	0.085	0.081	0.075	0.069	0.061	0.053

常用的均质设备有高压均质机和胶体磨。

1）高压均质机。

① 均质的目的。将液态的混合物料中较大的颗粒破碎细化，提高食品的均细度，防止或延缓物料分层，使其成为液相均匀、稳定的混合物。均质后的食品在口感、外观及消化吸收率等方面均有提高。

② 均质机的工作原理。一是剪切。在液体物料高速流动时，若突然遇到狭窄的缝隙，就会造成极大的速度梯度，从而产生很大的剪切力，使物料破碎。二是冲击。在均质机内，液体物料与均质阀产生高速撞击作用，从而将物料等撞击成细小的微粒。三是空穴。液体在高速流经均质阀缝隙处时，产生巨大的压力降。当压力降低到液体的饱和蒸气压时，液体开始沸腾并迅速汽化，产生大量气泡。液体离开均质阀时，压力又会增加，使气泡突然破灭，瞬间产生大量空穴。空穴会释放大量的能量，产生高频振动，使颗粒破碎。均质机在工作时一般是通过这三种作用协同达到均质目的的。不同类型的均质机工作原理各有侧重。

③ 温度对均质效果的影响。温度对均质效果影响很大，物料均质时温度高，液体的饱和蒸气压也高，均质时容易形成空穴。所以，在均质前可将物料加热。

④ 结构及工作过程。高压均质机主要由高压泵、均质阀、调节装置及传动系统等组成。

高压泵。高压泵由进料腔、吸入活门、排出活门、柱塞等组成。当柱塞向右运动时，泵腔内产生低压，物料由于外压的作用顶开吸入活门进入泵腔，这一过程称为吸料过程；当柱塞向左运动时，泵腔容积减小，泵腔内压力逐渐升高，关闭了吸入活门，将泵腔内液体排出，称为排料过程。高压泵柱塞的运动是由曲轴等速旋转通过连杆滑块带动的，柱塞的运动速率按正弦曲线变化。相对应地排料量也按正弦曲线变化。在柱塞处于两个止点时，泵的排出量瞬时为零；当曲柄回转到90°和270°时排料量最大。显然，这样的设备排料量变化大、不均匀，是无法用于生产的。为弥补这一缺陷，高压泵常采用三柱塞往复泵，各单泵的运动互差120°，泵的工作能力得到了较好的调整。三柱塞泵有3个泵腔，每个泵腔配有吸入活门和排出活门各1个，共6个活门。

均质阀。均质阀安装在高压泵的排料口处，一般采用双级均质阀，双级均质阀主要由阀座、阀芯、弹簧、调节手柄等组成。阀座和阀芯结构精度很高，两者之间间隙小而均匀，以保证均质质量；间隙大小由调节手柄调节弹簧对阀芯的压力来改变。均质压力的大小由压力表示出。一般第一级的压力为20~25MPa，主要使大的颗粒破碎；第二的压力在3.5MPa左右，可以使料液进一步细化并均匀分散。

2）胶体磨。胶体磨是一种磨制胶体或近似胶体物料的机械。它可以在极短的时间内对悬浮液中的固形物进行超微粉碎，同时兼有混合、搅拌、分散和乳化作用，成品粒径可达 1μm 以下。胶体磨广泛应用于果汁、果酱、植物蛋白、乳品、油脂及一些调味品、添加剂的生产中。

① 胶体磨的工作原理。胶体磨的工作构件由固定磨盘（定子）和高速旋转的转动磨盘（转子）组成，两个磨盘之间有可以调节的间隙。当物料通过这个间隙时，由于转子在高速旋转，使附着于转子面上的物料运动速度最大，而附着于定子面上的物料速度为零，在液流中产生了巨大的速度梯度，使物料受到强烈的剪切、摩擦和湍动作用，物料因而被磨碎、混合、分散和乳化。

② 胶体磨的类型。胶体磨按转轴的位置可分为立式（图15-22）和卧式（图15-23）两种类型，卧式胶体磨的转子随水平轴旋转，定子与转子的间隙通常为 50~150μm，依靠转子的水平位移来调节。物料从旋转中心处进入，在间隙处被细化后从四周卸出。转子的转速为 3000~15000r/min。这种胶体磨适用于黏性相对较低的物料。立式胶体磨的转轴位于垂直方向，转子的转速为 3000~10000r/min，适合于黏度相对较高的物料，卸料和清洗都很方便。

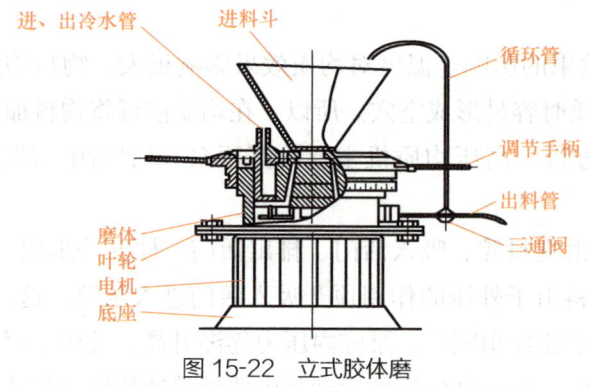

图 15-22 立式胶体磨

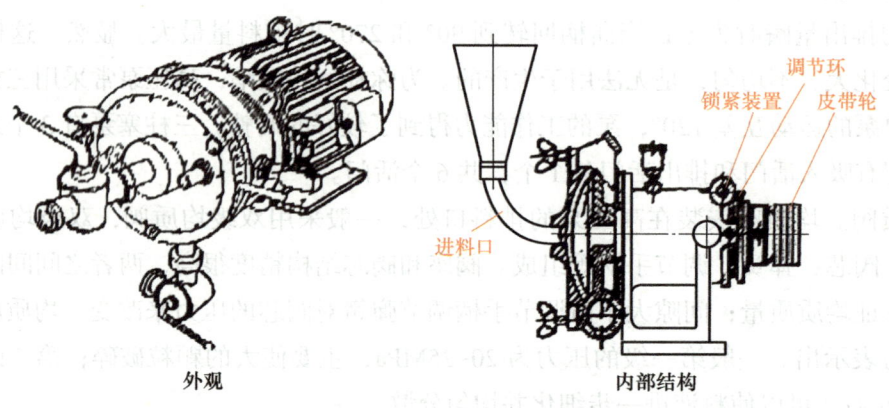

图 15-23 卧式胶体磨

③ 胶体磨的主要结构。胶体磨主要由进料斗、外壳、定子、转子、电机、调节装置和底座等构成。

转子与定子。转子（动磨盘）与定子（静磨盘）的配合有一定的锥度（1∶2.5左右），其间隙可调。为了加强摩擦和剪切作用，以利于细化，两个磨盘的表面各分3段，分别开有与轴线呈一定角度的沟槽。沟槽截面为矩形，沟槽宽度随物料的流向由粗到密排列，倾斜方向相反，而且两个磨盘上相对应的沟槽方向也是相反的。物料的细化程度由沟槽的倾斜度、宽度、沟槽间隙以及物料在转子与定子之间间隙的停留的时间等因素决定。

间隙调节装置。通过定子的升降可改变转子与定子的间隙。转动调节手柄可由调节轮带动定子轴向位移而改变间隙的大小，调节程度可在调节轮的刻度上显示出来，一般调节范围在0.005~1.5mm之间。调节轮下方设有限位螺钉，避免转子和定子相碰。

回流及冷却装置。胶体磨转速较高，为了达到理想的效果，物料往往要磨几次。回流装置是在出料管上安装一个蝶阀，阀前接一条循环管通向进料斗。当需要多次磨制时，关闭蝶阀则物料回流，物料细度达到要求时，打开蝶阀即可排料。磨制过程中物料会由于摩擦而升温，在定子与定子磨套之间形成一环形水槽，物料热量可由水槽中的冷却水带走。

（7）装罐、杀菌、冷却

在118~122℃条件下，维持40~60s，然后冷却至90~95℃，装罐、密封，罐中心温度应在70℃左右。放置10~20min使其完全杀菌，然后在加氯水中冷却到35℃以下，最后打上生产日期，贴标。

（8）番茄汁的沉淀及防范措施　番茄汁中有4种沉淀现象：

1）主要由果肉细碎粒引起的沉淀，在显微镜下观察到少量的沉淀，风味通常是正常的。

2）罐头在仓库存放5~7d后，发现许多灰白色沉淀，其形成过程为先在番茄汁中出现灰白色夹杂物，后逐渐沉降到罐底，持续3周，番茄汁变清，色泽鲜明，沉淀逐渐呈灰白色粉状聚集在罐底，味道迅速变酸。

3）生产后经过1~2个月，甚至更长一段时间才出现少量灰白色沉淀，酸度变化不大，在显微镜下发现沉淀中有很多微生物。

4）番茄汁产生浅黄色沉淀，并逐渐产生像用不新鲜原料加工的味道，在显微镜下发现沉淀中有各种微生物，主要是各种球菌。

细菌性沉淀主要是由于原料污染率高、停工和生产间歇期间卫生条件不合要求等引起，它主要是成品中存在耐热性微生物所致。平酸菌引起的沉淀并不胀罐，但番茄汁的化学组成、外观色泽和风味等都已产生了变化，并随着灰白色沉淀的出现而不能食用。加强生产中的卫生管理，控制番茄汁的pH为4.3以下，装罐前高温瞬时杀菌等，是防止细菌性沉淀的主要措施。

（9）产品质量要求　酱体呈红褐色，均匀一致，具有一定的黏稠度，味酸，无异味，可溶性固形物含量达22%~24%。

任务评价

任务考核评价单

序号	评价内容及分值	评价标准	学生自评 10%	小组互评 10%	教师评价 60%	企业评价 20%
1	学习方法 10分	课前完成必备知识的自学；课中认真观察思考，并主动操作实践；课后归纳反思				
2	学习态度 20分	工作态度端正，具有吃苦耐劳、诚实守信、认真负责的品质，对知识和技能能够认真学习钻研				
3	沟通表达 10分	能够及时与同组成员及指导教师、技术人员沟通交流				
4	合作能力 10分	团队协作意识强				
5	创新实践 10分	能够结合生产实际改进管理措施，减少管理成本，提高管理效率				
6	职业能力 10分	掌握整番茄罐头的加工技术				
7	学习成果 30分	掌握番茄汁加工的方法				
	合计					

任务三　番茄丁罐头加工

任务目标

掌握番茄丁罐头的加工技术。

任务实施

番茄丁罐头生产的工艺流程：选择原料→清洗与去皮→硬化处理→切丁→去籽→配汤装罐→排气密封→杀菌与冷却→擦罐入库。

1. 选择原料

番茄应新鲜饱满、色红、果形正、风味好、组织较硬，果实最大直径小于50mm。适用的品种有穗圆、罗城一号、奇果、扬州红等。

2. 清洗与去皮

清水洗净，挖除蒂柄后去皮。番茄去皮的方法同整番茄罐头。

3. 硬化处理

处理方法同整番茄罐头。

4. 切丁

根据客户需求，可以选择不同的粒度。骰粒番茄罐头生产见图15-24。

5. 去籽

准备好的番茄进行破碎去籽（可使用番茄去籽机）。

6. 配汤装罐

7. 排气密封

处理方法同整番茄罐头。

8. 杀菌与冷却

封罐后在沸水中杀菌，然后在冷水中冷却到38℃左右。

图15-24 骰粒番茄罐头生产

任务评价

任务考核评价单

序号	评价内容及分值	评价标准	学生自评 10%	小组互评 10%	教师评价 60%	企业评价 20%
1	学习方法 10分	课前完成必备知识的自学；课中认真观察思考，并主动操作实践；课后归纳反思				
2	学习态度 20分	工作态度端正，具有吃苦耐劳、诚实守信、认真负责的品质，对知识和技能能够认真学习钻研				
3	沟通表达 10分	能够及时与同组成员及指导教师、技术人员沟通交流				
4	合作能力 10分	团队协作意识强				
5	创新实践 10分	能够结合生产实际改进管理措施，减少管理成本，提高管理效率				

(续)

序号	评价内容及分值	评价标准	学生自评 10%	小组互评 10%	教师评价 60%	企业评价 20%
6	职业能力 10分	掌握番茄丁罐头硬化处理技术				
7	学习成果 30分	掌握番茄丁罐头的加工方法				
		合计				

任务四　番茄粉加工

● 任务目标

掌握番茄粉的加工技术。

● 任务实施

番茄粉生产的工艺流程：选择原料→清洗→热破碎→打浆→真空浓缩→干燥。

1. 选择原料

选用新鲜、成熟、色泽红、无病虫害的番茄作为原料。

2. 清洗

除去果实上附着的泥沙、残留农药及微生物等。

3. 热破碎

番茄的破碎方法包括热破碎和冷破碎。热破碎是指将番茄破碎后立即加热到85℃的处理方法。由于热破碎法可以将番茄浆中的果胶酶和聚半乳糖醛酸酶及时钝化，果胶物质保留较多，最后制得的番茄制品比较稠。

4. 打浆

打浆的目的是去除番茄的皮与籽。采用双道打浆机进行打浆，第一道打浆机的筛网孔径为0.8~1mm，第二道打浆机的筛网孔径为0.4~0.6mm。打浆机的转速一般为800~1200r/min。打浆后所得皮渣量一般应控制在4%~5%。

5. 真空浓缩

浓缩的方法有真空浓缩和常压浓缩。常压浓缩时，由于浓缩温度高，番茄浆料受热会导致色泽、风味下降，产品质量差；而真空浓缩的温度为50℃左右，真空度为89.3kPa以上。

6. 干燥

番茄浓缩物的干燥方法很多，主要有膨化干燥法、喷雾干燥法、泡沫层干燥法、滚筒干燥法及真空冷冻干燥法等。

（1）膨化干燥法　膨化干燥法是利用膨化干燥设备对番茄浓缩物进行干燥，通常需要用0.35kPa的压力进行脱水，番茄浓缩物的温度为60~70℃。为了使产品最终的水分含量降到3%，干燥时间为90min至5h。

（2）喷雾干燥法（图15-25）　在喷雾干燥前，应先对番茄浓缩浆物进行均质处理。均质压力为14.7~19.6MPa。一般采用塔壁带有冷却夹套的离心式或二流体式喷雾干燥器进行干燥，如果加热介质是预先除湿的干燥空气，那么干燥时的进风温度为150~160℃，出风温度为77~85℃，进料浓度为20%~30%。现在市场上已经有一些改型的喷雾干燥设备可以用于加工番茄粉。一些是利用空气作为干燥气体，采用75~95℃的进风温度进行干燥，从而提高生产速度；另一些是利用脱水空气作为干燥气体，用25~50℃的进风温度进行干燥。

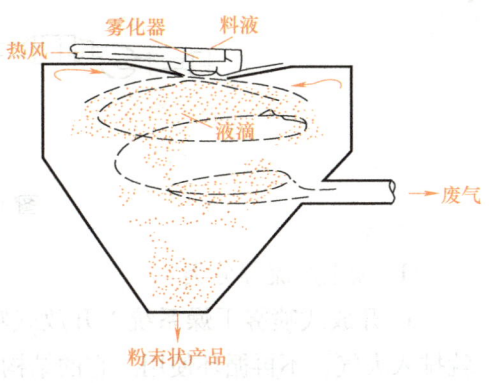

图15-25　喷雾干燥法示意图

喷雾干燥是将液态或浆质的原料喷成雾状液滴，使之悬浮在热空气中进行脱水干燥，产品为粉状制品（如番茄粉、乳粉等）。在果蔬加工中主要用于果蔬粉的生产。喷雾干燥器的类型很多，各有特点，但是喷雾干燥系统都是由空气加热器、喷雾系统、喷雾干燥室、收集系统及供压或吸取空气用的鼓风系统组合而成（图15-26）。

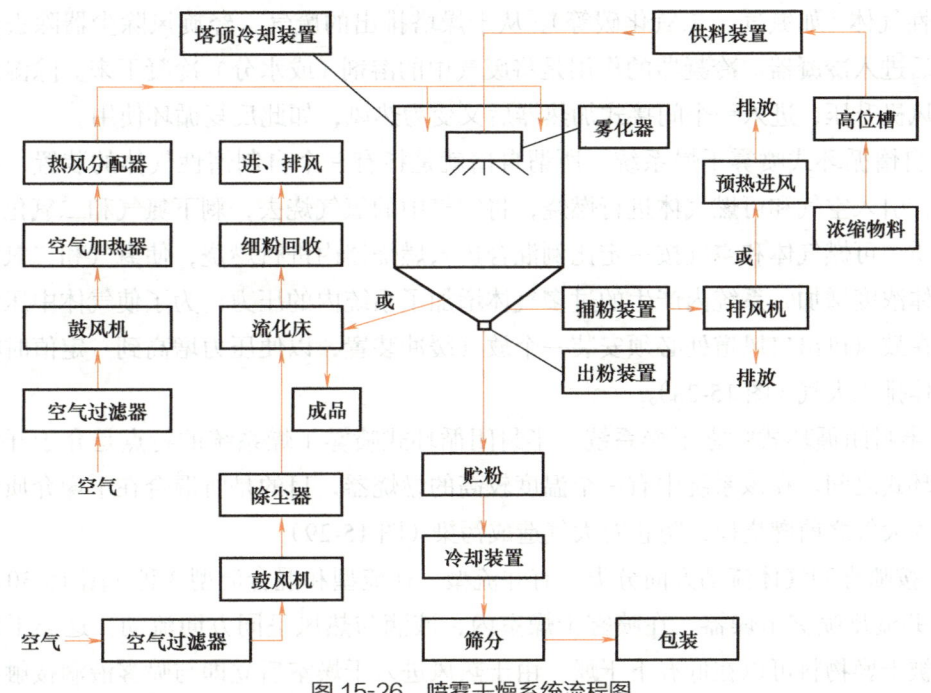

图15-26　喷雾干燥系统流程图

1）喷雾干燥器的分类。喷雾干燥器见图15-27。

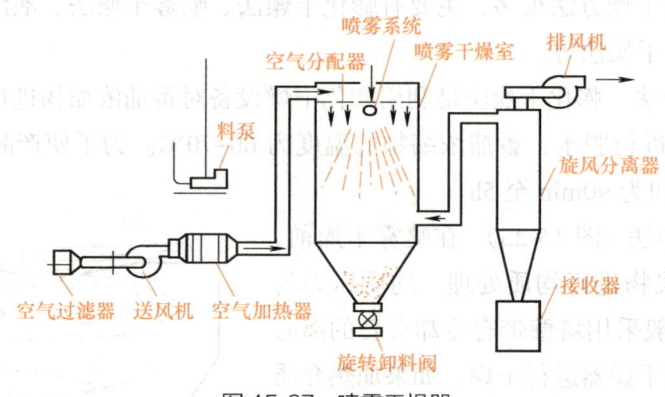

图 15-27　喷雾干燥器

① 按生产流程分类。

a. 开放式喷雾干燥系统。开放式喷雾干燥系统的特点是载热体在系统中只使用一次就排入大气，不再循环使用。它的结构简单，适用于废气中湿度含量较高的无毒无臭气体；缺点是载热体消耗量大。空气（或其他载热体）由鼓风机经过滤器吸入，送至加热器被加热成热风，经顶部热风分配器，均匀流入塔内。需干燥的物料由泵送至气流式雾化器，雾滴与热风接触即被干燥成粒状产品，从干燥塔锥底的旋风除尘器连续排出。净化后的废气由排风机抽出并排入大气。压力喷雾、离心喷雾、气流喷雾都可以按照开放式系统设计。

b. 封闭循环式喷雾干燥系统。封闭循环式喷雾干燥系统的特点是载热体在系统中组成一个封闭的循环回路，有利于节约载热体、回收有机溶剂、防止污染大气，载热体大多使用惰性气体（如氮气、二氧化碳等）。从干燥塔排出的废气，经旋风除尘器除去微细粒子，然后进入冷凝器。冷凝器的作用是将废气中的溶剂（或水分）冷凝下来。除湿后的尾气经鼓风机升压，进入一个间接式加热器后又变为热风，如此反复循环使用。

c. 自惰循环式喷雾干燥系统。所谓自惰就是指有一个自制惰性气体的装置，在这个装置中，引入空气和可燃气体进行燃烧，将空气中的氧气烧去，剩下氮气和二氧化碳作为干燥介质。可燃气体和空气按一定比例混合进入燃烧器内进行燃烧，使氮气和二氧化碳等惰性气体浓度增加，系统内产生的过多气体增加了系统内的压力，为了使气体中压力能够平衡，在鼓风机出口风道处必须安装一个放气缓冲装置，以便压力增高到一定值时将部分多余气体排入大气（图15-28）。

d. 半封闭循环式喷雾干燥系统。半封闭循环式喷雾干燥系统的特点是介于开放式和封闭循环式之间。在该系统中有一个温度较高的燃烧器，目的是将混合在干燥介质中的臭气在排入大气之前燃烧掉，防止对大气造成污染（图15-29）。

② 按喷雾和气体流动方向分类。有并流型、逆流型和混合流型3种（图15-30）。

a. 并流型喷雾干燥器。在喷雾干燥室内，液滴与热风呈同方向流动。这类干燥器的特点是被干燥物料可以在低温下干燥。由于热风进入干燥室后立即与喷雾液滴接触，室内温度急降，不会使干燥物料受热过度，因此适宜用于热敏性物料的干燥。在食品工业中，如番茄汁的干燥等多数使用并流型喷雾干燥器。

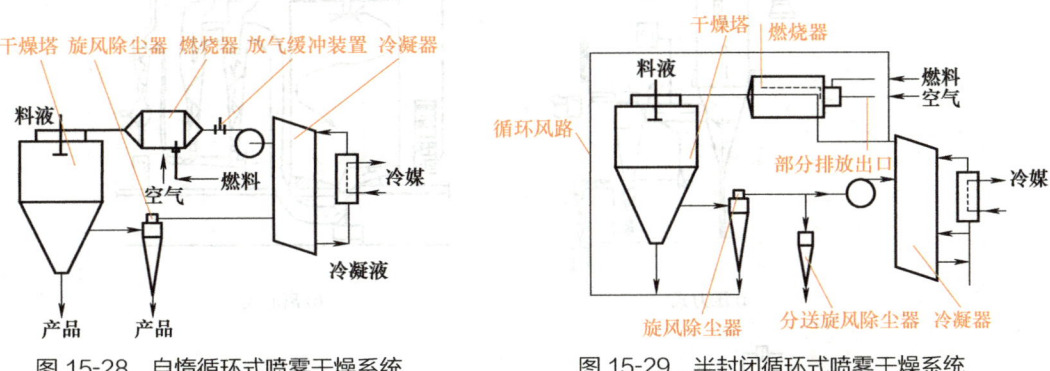

图 15-28　自惰循环式喷雾干燥系统　　　　图 15-29　半封闭循环式喷雾干燥系统

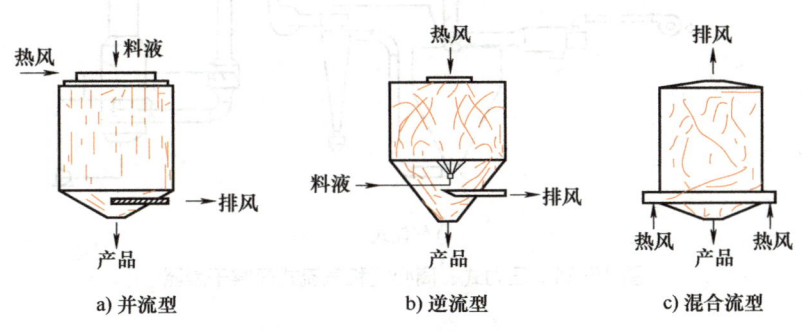

图 15-30　并流型、逆流型和混合流型喷雾干燥器

b. 逆流型喷雾干燥器。在喷雾干燥室内，热风与液滴呈相反方向流动。其特点是高温热风进入干燥室内先与将要完成干燥的物料粒子接触，使物料内部水分含量达到较低的程度，物料在干燥室内悬浮时间长，适于含水量高的物料的干燥。设计时应注意气流速度小于成品粉粒悬浮速度，以防物料粉粒被废气夹带。常用于压力喷雾场合。

c. 混合流型喷雾干燥器。这种装置是气流与雾滴的运动方向垂直，或气流有一个方向（从上向下），而雾滴有两个方向（即从下向上，然后从上向下）。气流与干燥产品较充分接触，脱水效率较高，耗热量较少，但干燥产品有时与湿的热空气流接触，故物料干燥不均匀。

③ 按雾化方法分类。有压力式喷雾干燥器、离心式喷雾干燥器、气流式喷雾干燥器 3 种（图 15-31）。

食品工业上应用的喷雾干燥器以压力式和离心式为主。气流式应用范围较小，这是由于它的动力消耗较大，经济上不合适，它主要用于科学实验。

2）喷雾系统。喷雾系统是喷雾干燥器的关键部件。生产中常用的喷雾系统有 3 种类型：

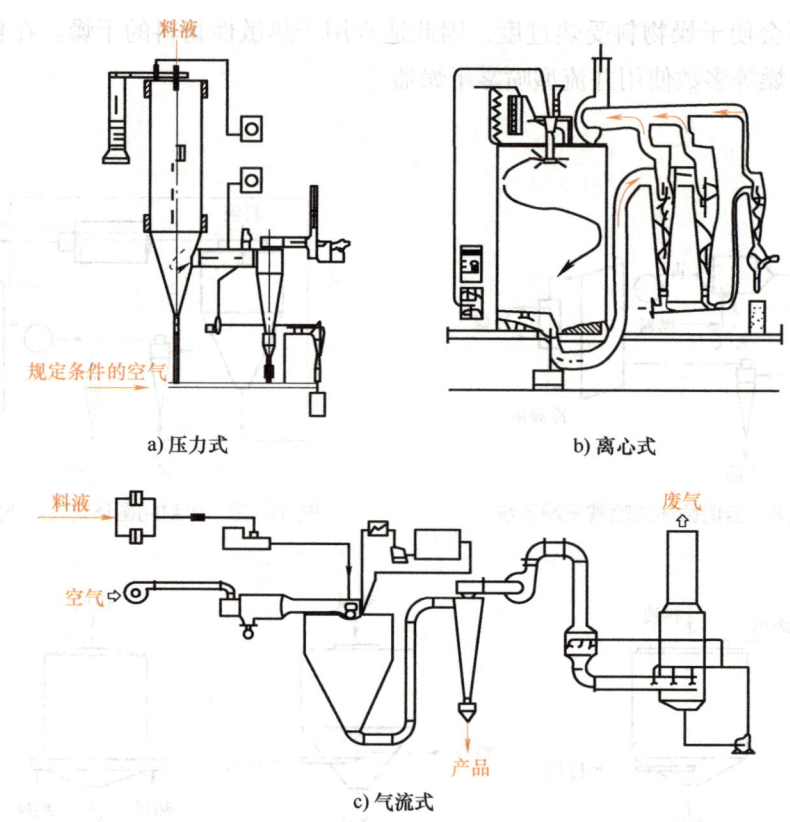

图 15-31 压力式、离心式和气流式喷雾干燥器

a. 压力式喷雾系统。它是利用压力高达 10.13~20.26MPa 的高压泵将料液泵入喷雾头内，并以旋转方式强制料液通过孔径为 0.5~1.5mm 的喷孔，使之雾化成为微细的液滴（图 15-32）。

b. 气流式喷雾系统。其原理是利用高速气流对液膜的摩擦和分裂作用而使液体雾化。料液由料泵送入喷雾器内的中央喷管，形成喷射速度不太大的射流，而压缩空气从中央喷管周围的环隙中通过，喷出的速度极高，可达 200~300m/s，有时甚至超过音速。因为压缩空气流与料液射流之间存在很大的相对速度，由此产生混合和摩擦，将准备干燥的物料液体拉成细丝，细丝又很快在较细处断裂，形成球状微小液滴。

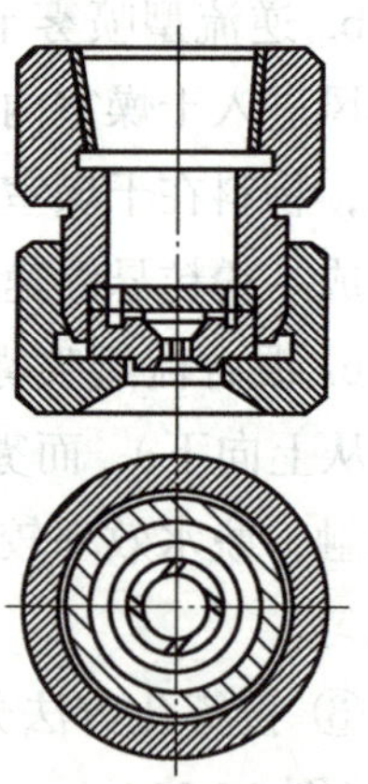

c. 离心式喷雾系统。它的雾化操作原理是将拟干燥的料液送至高速旋转的转盘上，在离心力的作用下，使它扩展开来成为液体薄膜，从盘缘的孔眼或沟槽甩出，同时受到周围空气的摩擦而碎裂成为液滴，离心盘的直径一般为 160~500mm，转速为 3000~20000r/min（图 15-33~图 15-35）。用喷雾法生产果蔬粉时，应选择优质、新鲜的原料，经热烫后在压力为 10.133MPa 以上的高压均质机中进行均质处理，然后进行喷雾干燥。

图 15-32 压力式喷雾系统

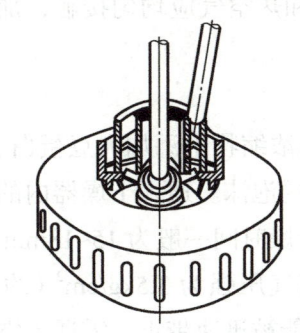

图 15-33 叶轮式离心雾化器

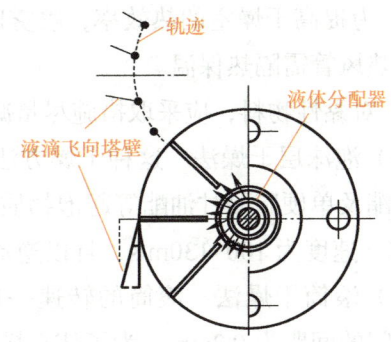

图 15-34 离心喷雾液滴在离心盘上的运动轨迹

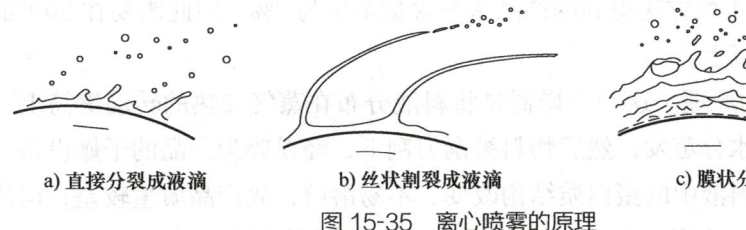

a) 直接分裂成液滴　　b) 丝状割裂成液滴　　c) 膜状分裂成液滴

图 15-35 离心喷雾的原理

上述 3 种喷雾系统各有优缺点，气流式喷雾系统的动力消耗多，但结构简单，容易制造，适用范围广；压力式喷雾系统优点是动力消耗最小，缺点是喷孔小，易堵塞磨损，不适用于高黏度的液体和带有颗粒的液体；离心式喷雾系统的优点是适用于高黏度液体和带有固体颗粒的液体，缺点是机械加工要求高，制造费用高。

3）喷雾干燥室。料液经喷雾系统形成雾滴后，与高温干燥介质接触进行干燥，这个过程在喷雾干燥室中完成，喷雾干燥室的基本形式有两种：卧式干燥室和立式喷雾干燥室。卧式干燥室一般用于水平方向的压力喷雾干燥，干燥室的底部及壳壁均需用绝热材料保温，这种干燥室中的干制品水分含量不均匀，底部卸料较困难，目前应用较少。立式喷雾干燥室对 3 种类型的喷雾系统都适用，根据热空气与雾滴的方向不同分为顺流式、逆流式、混流式 3 种。喷雾干燥的优点是干燥速度极快；物料所受的热损害小；干制品溶解性及分散性好，具有速溶性；生产过程简单，操作控制方便，适合工业化连续生产。缺点是单位制品的耗热较大、热效率低。

4）对喷雾干燥器的要求。

① 物料在干燥过程中，与物料相接触的设备部位，必须便于清洗和灭菌。

② 应采取措施防止焦粉，避免热空气产生逆流，满足工艺要求。

③ 要保证热风洁净，检查风管和加热器中是否有铁锈或渗漏保温材料，以防混入物料产品。

④ 为了提高产品的溶解度、速溶性，干燥的产品应迅速从干燥室连续排出，经冷却后包装。

⑤ 排风温度不允许超过要求，以保证产品质量和安全。

⑥ 为提高干燥室的热效率，喷雾时被干燥的料液和热空气应均匀接触，加热器、干燥室和热风管需隔热保温。

⑦ 对黏性物料，应采取措施尽量减少粘壁现象。

（3）泡沫层干燥法　这种干燥方法的关键是在番茄浓缩物中添加大豆蛋白、球蛋白、脂肪酸酯及单硬脂酸甘油酯等起泡物质，使其形成稳定的泡沫。通入干燥器内的气体温度为93℃，速度为100~130m/s，且以逆流的方式加入，干燥时间一般为15~18min。

（4）滚筒干燥法　滚筒的转速一般为35r/min，蒸气压强为3.5kg/cm^2（约343kPa），滚筒之间的间距为0.2mm。为了使干燥时产生的水蒸气能被迅速带走，需通入空气。通入的空气气流与滚筒的旋转方向相反，即逆流通入；还要控制物料收集区的空气相对湿度为15%~20%。采用这种干燥方法得到的产品水分含量至少为7%。因此需要在20℃的温度下继续用气流干燥24h以上。

1）滚筒干燥器的原理。这种干燥器是将料液分布在蒸气加热的转动滚筒上，与热滚筒表面接触，料液的水分蒸发，然后物料被刮刀刮下，经粉碎为产品的干燥设备。由于加热表面温度较高，使料液中的蛋白质结构改变、不易溶解，故产品质量较差；但该干燥器结构简单、每蒸发1kg水需1.2~1.5kg蒸气，比喷雾干燥热耗低，占地面积小，维修、清洗、操作方便。适用于生产规模较小、对溶解度和加工品质要求不严格的产品。

2）滚筒干燥器的操作过程。需干燥处理的料液由高位槽流入滚筒干燥器的受料槽内，干燥滚筒在传动装置驱动下，按规定的转速转动，物料由布膜装置在滚筒壁面上形成料膜。筒内连续通入供热介质加热筒体，由筒壁传热使料膜的湿分汽化，再通过刮刀将达到干燥要求的物料刮下，经螺旋输送器将成品输送至贮槽内，然后进行包装。蒸发除去的水分，一般为水蒸气，可直接由罩顶的排气管放至大气。操作的全部过程可连续进行；料槽的受料和成品的包装，可采取间歇操作方式。

3）滚筒干燥器的主要特点。

① 热效率高，热效率可高达70%~80%。

② 干燥速率大，一般可达30~70kg水/(h·m^2)。

③ 产品的干燥质量稳定。滚筒供热方式便于控制，筒内温度和间壁的传热速率能保持相对稳定，使料膜在稳定传热状态下干燥，产品的质量有保证。

④ 适用范围较广。采用滚筒干燥的液相物料，必须具有流动性、黏附性和对热的稳定性。物料的形态可为溶液、非均相的悬浮液、乳浊液、溶胶等。

⑤ 单机的生产能力受到筒体尺寸的限制。一般滚筒干燥器的干燥面积不宜过大（不超过12m^2）。处理料液的能力一般为50~2000kg/h。

⑥ 供热介质使用简便。常用饱和水蒸气，压力范围为0.2~0.6MPa（120~150℃），很少超过0.8MPa。对某些要求在低温下干燥的物料，可采取热水作为供热介质。

⑦ 刮刀易磨损，使用周期短；筒体受到料液腐蚀及刮刀切削的磨损后，必须及时更换。

4）滚筒干燥器的分类。按滚筒数量分为单滚筒、双滚筒（或对滚筒）、多滚筒；按操作压力，可分为常压和真空操作两类；按滚筒的布膜方式，又可分为浸液式、喷溅式、对滚筒间隙调节式、铺辊式、顶槽式及喷雾式等类型。下面简单介绍常用的5种滚筒干燥器。

① 顶槽式双滚筒干燥器。铸铁滚筒直径为0.6~0.9m、长1~3m。滚筒和其端部挡板构成供料的顶槽。双滚筒必须同速，其间隙可以调节。贴着每个滚筒外圆装有刮刀。加热蒸气从滚筒中心轴的一端进入筒内，饱和蒸气压力可达600kPa，温度为150℃。正常工作时，料液先进入顶槽，滚筒转动后，将薄薄一层液料带出，通过滚筒表面很快被加热蒸发，连续不断地将烘干的物料薄片刮掉，物料落入输送槽，再进行粉碎、过筛和包装。蒸发所产生的二次蒸气从滚筒上部排出。加热蒸气产生的冷凝水由滚筒底部排出。

② 喷雾式双滚筒干燥器。其工作原理和过程与顶槽式基本相同。主要区别是滚筒上装有喷嘴，工作时在滚筒表面上喷洒薄薄的一层料液。这种供料方法的加热面的热利用率可达90%左右，而顶槽式还不到70%。

③ 单滚筒干燥器。用于溶液或稀浆状悬浮液物料的干燥。布膜方式常为浸液式或喷溅式；料膜厚度为0.5~1.5mm。筒内蒸气压力为0.2~0.6MPa，筒体用铸铁或钢板焊制。筒体直径为0.6~1.6m，长径比（L/D）为0.8~2，筒体长度可达3.5m。刮刀位置与水平轴交角为30°~45°，滚筒转速为2~10r/min。

④ 双滚筒干燥器。常用对滚式双滚筒干燥器。成膜时，两筒在同一料槽中浸液布膜，料膜的厚度由两筒之间的间隙控制。适用于溶液、乳浊液等物料干燥。

⑤ 真空操作的双滚筒干燥器。采用真空操作的双滚筒干燥器，双筒置于全密闭罩内，结构较复杂，出料方式则采取贮斗料封的形式实现间隙出料。这类干燥器一般用于回收价值较高的溶剂蒸气。

（5）真空冷冻干燥法　真空冷冻干燥也被称为冷冻升华干燥、升华干燥。常被简称为"冷冻干燥""冻干"（FD）。真空冷冻干燥是将食品中的水分先冻结成冰，然后在较高真空度下，将冰直接升华为水蒸气而除去，从而使食品获得干燥的方法。在番茄制品生产中主要用于番茄干的生产。

真空冷冻干燥法与常规干燥法相比具有如下特点：一是特别适用于热敏性食品及易氧化食品的干燥，可以保留新鲜食品的色、香、味及维生素C等营养物质；二是干燥后制品不失原有的固体框架结构，保持原有的物料形状；三是冻干食品复水后易恢复原有的性质和形状；四是热能利用充分，干燥设备往往无须绝热；五是由于操作在高真空和低温下进行，需要一整套高真空设备和制冷设备，投资和操作费用大，产品成本高，干燥成本为普通干燥的2~5倍，甚至更高。但是真空冷冻干燥的产品可以最大限度地保持新鲜原料所具有的色、香、味及营养物质。因此，真空冷冻干燥多用于一些中高档食品的干制加工。

1）真空冷冻干燥的原理。

① 水的相平衡关系。依赖于温度和压力的改变，水可以在固、液、汽三态之间相互转变或达到平衡状态。上述变化可用水的相平衡图来表示，见图15-36。图中有三条曲线（AB、AC及AD），分别叫作升华曲线、熔解曲线及汽化曲线。这三条曲线有一个共点，即A点，称为三相点，在该点所对应的压力和温度条件下，水可以液、固、汽三种相态同时存在，此时压力为610.5Pa，温度为0.0098℃。

当环境压力低于610.5Pa，则温度的升高，将直接导致水由固态变成气态，这就是升华过程。真空冷冻干燥即基于这一原理。当温度和压力均低于三相点时，若温度不变，压力降低；或者压力不变，温度上升，均可以促进冰的升华，加速冻干过程。

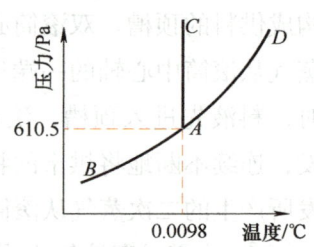

图15-36 水的相平衡图

② 食品的冻结。冻结工艺将在以下几个方面影响真空冷冻干燥的效果。首先，冻结率低或未冻结水分较多者，冻干品的含水量也高；其次，冻结速度将影响冻干速度和冻干品质量。冻结速度慢，可能影响冻干品的弹性和复水性，但有利于冻干时水蒸气的逸出，因此必定存在一个最适冻结速度。最后，食品被冻结成什么形状，不仅影响冻干品的外观，而且对食品在干燥时能否有效地吸收热量和排出升华气体起着重要的作用。

食品的冻结常用的有自冻法和预冻法两种。自冻法是利用物料表面水分蒸发时从物料本身吸收汽化潜热，促使物料温度下降，直至达到冻结点时物料水分自行冻结的方法。由于迅速蒸发会引起食品变形或发泡，因此不适合用于外观形态要求高的食品。预冻法是干燥前用一般的冻结方法将食品预先冻结成一定的形状，常用的是冷风冻结法、盐水浸渍冻结法、平板冻结法、液氮冻结法、液态二氧化碳冻结法等。

③ 干燥。干燥包含了两个基本过程，即热量由热源通过适当方式传给冻结体的过程和冻结体冰晶吸热升华变成水蒸气并逸出的过程。冻结体冰晶的升华总是从表面向内部进行，干燥中总存在两个区域，即已干层（升华面以外的区域）和冻结层（升华面以内的区域）。在物料干燥过程中，热量向内部传入和内部水蒸气外散的阻力越来越大，使整个升华过程十分缓慢，物料干燥成本很高。

真空冷冻干燥过程的传热方式主要是热传导和热辐射。热传导常用的热源有电、石油、煤气、天然气和煤等，常用的载热剂有水、水蒸气、矿物油、乙二醇等。以辐射方式加热主要通过红外线、微波进行，可以大大提高物料的干燥速度，但微波干燥成本较高，因此，可以采取初期干燥时用普通热源，而中、后期干燥时用微波的方法，既能缩短干燥时间，又能降低干燥成本。

2）真空冷冻干燥设备。

① 真空冷冻干燥设备的组成。真空冷冻干燥设备包括干燥室、制冷系统、真空系统、低温冷凝系统和加热系统等组成部分。干燥室有多种形式，如箱式、圆筒式等，大型真空冷冻干燥设备的干燥室多为圆筒式，内设加热板或辐射装置，将物料装在料盘中并放置在

盘架或加热板上加热干燥。

制冷系统的作用有两个：一是将干燥盒中的物料冻结；二是给低温冷凝器提供冷量，使干燥室中抽出的水蒸气在低温冷凝器中冷却而结霜。真空冷冻干燥使用的冷冻机负荷变化大。干燥初期需要制冷量较大，随着水分的不断升华，需要量逐渐减少。

真空系统的作用主要是保持干燥室的真空度，其次为低温冷凝器降低压力，将干燥室内水蒸气和不凝结气体及时抽出。

低温冷凝器是为了迅速排除升华产生的水蒸气，其温度必须低于被干燥物料的温度。通常低温冷凝器的温度为 −50~−40℃。

加热系统的作用是供给冰晶升华所需的潜热。二者应大体相当，若供热过多，就会使物料升温并导致冰晶融化；如果过少，则会降低升华的速度。

② 真空冷冻干燥设备的形式。真空冷冻干燥设备的形式主要有间歇式和连续式两种，由于前者具有许多适合冻干食品生产的优点，因此绝大部分食品的冻干均采用这种形式。

a. 间歇式冷冻干燥设备。这种设备的特点是预冻、抽气、加热干燥及低温冷凝器的融霜等操作都是间歇的，物料的预冻和水蒸气的凝聚成霜分别由两个制冷系统完成，见图 15-37。

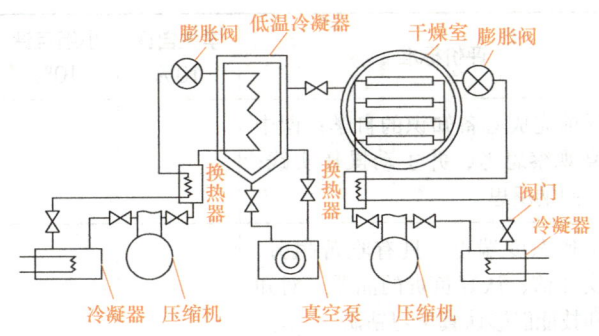

图 15-37　间歇式冷冻干燥设备

该设备的优点是适合多品种小批量生产；设备制造及维修保养简便；单机操作，不影响其他设备的正常运行；易于控制干燥时不同阶段的加热温度和真空度。缺点是设备利用率较低；若大批量生产，设备的投资费用和操作费用较大。

b. 连续式冷冻干燥设备。连续式冷冻干燥设备较适用于品种单一而产量较大的食品干燥，生产效率较高，降低了劳动强度，主要适用于浆液状和颗粒状食品的干燥。这种干燥器有两种形式：一种是物料在浅盘中进行干燥；另一种是不在浅盘中进行的颗粒状物料的干燥。在浅盘中进行的干燥，制品必须经过仔细预处理，以期达到干燥均匀的目的。连续式冷冻干燥设备的缺点是不适于多品种小批量生产，设备构造复杂、体积庞大、投资费用较高。图 15-38 是一种旋转式连续干燥设备，另外，还有多箱间歇式设备和隧道式冷冻干燥设备等。

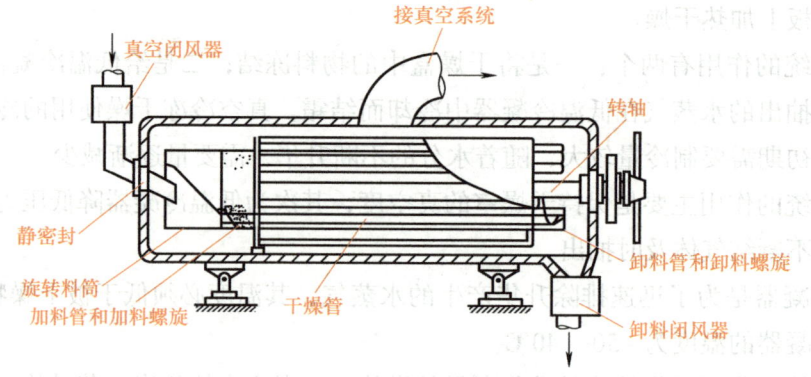

图 15-38　旋转式连续干燥设备

此外，要想使真空冷冻干燥技术广泛应用于食品工业，还必须解决降低设备造价、能源综合利用、缩短冻干周期的问题。

任务评价

任务考核评价单

序号	评价内容及分值	评价标准	学生自评 10%	小组互评 10%	教师评价 60%	企业评价 20%
1	学习方法 10 分	课前完成必备知识的自学；课中认真观察思考，并主动操作实践；课后归纳反思				
2	学习态度 20 分	工作态度端正，具有吃苦耐劳、诚实守信、认真负责的品质，对知识和技能能够认真学习钻研				
3	沟通表达 10 分	能够及时与同组成员及指导教师、技术人员沟通交流				
4	合作能力 10 分	团队协作意识强				
5	创新实践 10 分	能够结合生产实际改进管理措施，减少管理成本，提高管理效率				
6	职业能力 10 分	掌握番茄粉生产的工艺流程				
7	学习成果 30 分	掌握番茄粉的加工技术				
		合计				

任务五　其他番茄制品加工

任务目标

掌握番茄干、番茄脯、番茄沙司、番茄红素的加工方法。

任务实施

1. 制作番茄干

（1）热干燥工艺流程　选择原料→挑选、整理→清洗→切分→烫漂（硫处理）→装盘烘烤→干制品→回软—包装。

1）选择原料。要求原料大小适中（高 5.4~5.8cm，直径为 4.2~4.6cm），表面光滑无伤，果皮鲜红，成熟度一致。

2）预处理。番茄经清洗后进行热力去皮，然后 1 个切成均匀的 4 份，放入护色液中浸泡 20min。

3）干燥。取一定量番茄平铺在料盘上进行烘干，每 0.5h 称重 1 次，烘至 2 次称重无变化为止。

（2）冷冻干燥工艺　选择原料→预处理→冻干→压块→包装→贮藏。

1）选择原料。首先要选择优质原料进行冷冻干燥，要求达到食用成熟度，鲜嫩为佳。

2）预处理。预处理包括清洗、切分与破碎、烫漂等。

3）冻干　一般采用预冻法冻结。冻结干燥后一般可充氮气防止氧化。为了降低成本，在进行冷冻干燥前可先进行预脱水，再进行冷冻干燥；采用微波技术提高传热效率；增大冻干食品的表面积，提高加热速度；提高真空度，加速冰结晶升华；精确控制冷冻干燥终点温度，提高设备利用率。

4）贮藏　制品可在 -18℃冷藏库中贮藏达 10 年以上，若常温下贮藏可达 2 年以上。

2. 制作番茄脯

番茄脯的制作工艺流程：选择原料→清洗→热烫去皮→挤汁与修整切块→硬化处理→低糖煮制与浸渍→高糖煮制与浸渍→烘干→整形与包装→成品。

（1）选择原料　选择新鲜的小番茄，要求色红、果形和风味均好、未受病虫危害、果肉硬度较强、果肉肥厚、籽少、汁液少、耐煮性强、成品率高，以罗城一号、奇果等长圆形品种最为适宜。

（2）清洗　将番茄倒入洗槽内，洗净表皮。

（3）热烫去皮　将番茄倒入 95~98℃ 的热水中烫 1min，烫至表皮易脱离为宜，然后立即捞入冷水中，剥皮。

（4）挤汁与修整切块　番茄去皮后，用小刀将蒂柄和虫眼挖掉，再纵切为两半。

（5）硬化处理　将切好的番茄块倒入 0.6% 氯化钙溶液中浸泡 2~2.5h。

（6）低糖煮制与浸渍　配制浓度为 18%~20% 的糖液，数量根据原料多少及糖锅大小确定。将番茄倒入，煮沸 10~15min，调整糖液浓度保持在 20% 左右，倒入浸渍缸中，浸泡 24h。

（7）高糖煮制与浸渍　配制浓度为 40% 的糖液并加入 0.2%~0.3% 的柠檬酸，加热至沸腾，将浸渍过的番茄倒入锅中煮沸。期间每隔 3~5min 补加 1 次白砂糖，使糖液浓度始终保持 50%~55%，pH 为 2.5~3，煮制时间为 10~15min，番茄由硬变软时停止加热，浸泡 48h。

（8）烘干　将浸渍后的番茄捞出，沥去附着的糖液，再将其均匀地摆放在烘盘上，放入烘箱中，在 60~65℃ 温度下烘 10h 左右，上下倒盘，再在 50℃ 温度下继续烘干 24h，冷却后，使番茄脯的含水量达到 18% 左右，可溶性固形物含量达到 70%，用手摸不粘手、不潮湿、有弹性即可。

（9）整形与包装　将番茄脯整理、包装。

1）质量要求。

① 感官指标。色泽：呈深红色、透明状，不返砂，不流糖；口味：酸甜适口，具有番茄的果香味；组织形态：果形完整饱满，透明，入口韧而有弹性。

② 理化指标。含糖量为 50%~55%，水分为 18%~20%。

③ 微生物指标。无致病菌引起的腐败现象。

2）生产中易出现的质量问题及解决办法。干缩造成番茄脯进糖不足或进糖不匀，烘干后果实表面皱缩、不饱满，严重影响了产品的感观质量。可以采取以下措施防止干缩现象的发生。

① 渗糖时，糖液浓度应由低到高逐渐提高，使糖分充分、均匀地渗透到番茄组织中去。如有条件，应采用真空渗糖工艺。

② 在糖姜汁渗透液中可加入明胶、果胶、羧甲基纤维素钠（CMC-Na）、卡拉胶等水胶体，使这些亲水胶体填充番茄组织，使产品饱满、透明、色泽好。

③ 如果进行大批量的商品生产，可将烘干的番茄脯浸入 0.6% 卡拉胶溶液中后捞出沥干，在 80~85℃ 温度下干燥 15~20min，使其表面形成一层致密的胶衣，提高产品的感观质量。

④ 产品褐变糖煮过程中，为了防止番茄变色，可加重亚硫酸钠作为护色剂，按重亚硫酸钠与水之比为 1∶5 配制。将配好的护色剂加到糖水中进行糖煮，加入量占糖水重

的 0.2%。

⑤ 防止煮烂的方法。选择坚熟期的番茄作为加工原料，采用间歇加热方法，加热时间不易太长，煮前应进行硬化处理。

该产品常温下可贮藏 3 个月。如需要贮藏更长时间可采取以下措施：应在卫生条件良好、通风、10℃左右的环境中贮藏；可采用真空包装；还可在糖液中添加少量的防腐剂，如苯甲酸钠或山梨酸钾等。

3. 制作番茄沙司

（1）原料配方（385kg 装 1000 瓶） 番茄酱 340kg、砂糖 72kg、饴糖 20kg、洋葱 2kg、红辣椒粉 0.08kg、生姜粉 0.06kg、五香粉 0.05kg、大蒜粉 0.02kg、桂皮 0.5kg、玉果粉 0.03kg、盐 0.03kg、冰醋酸 4kg、色素 0.04kg。

（2）制作方法　沙司的种类有 3000 多种，制作时，先将原料洗净、剥皮、捣碎、加热。通过加热达到混合、溶解、杀菌的效果。加热锅有常压式和加压式两种，加热后过滤，去掉糟粕，在汁液内添加砂糖、盐、香辛料，最后将做好的汁液贮藏在容器内，在一定温度中经一定的时间，汁液熟成，成为具有独特风味的番茄沙司。

（3）产品质量　红褐色、酱状、体质细腻、味酸甜而微有香辣味。

（4）食用方法　主要用于西餐，如炸猪排和部分凉菜中加入番茄沙司，或用于制作番茄牛尾汤、番茄虾仁等。

（5）贮藏方法　用玻璃瓶包装，外加木箱，放于通风干燥处，怕热，忌潮湿。

4. 提取番茄红素

番茄红素主要来源于番茄、西瓜、胡萝卜、葡萄、粉红葡萄柚、草莓、柑橘等果实，其中以番茄含量最高，而且其含量随品种和成熟度的不同而异。一般番茄果实中番茄红素的含量为 3~8mg/100g；在某些番茄品种的果实中，番茄红素的含量可达 40mg/100g。未成熟的果实中番茄红素的含量相对较低，完全成熟时其含量则达到最大值，一般占类胡萝卜素总量的 64%~76%。

番茄红素是一种功能性天然色素成分，它清除单线态氧的能力最强，是维生素 E 的 100 倍，是 β-胡萝卜素的 2 倍多。此外，番茄红素还具有改善皮肤营养（如色斑沉着，防止紫外线照射、保护容颜）的作用，还能提高人体免疫力，降低高血脂和心血管疾病的发病率。番茄红素广泛用于医疗卫生、保健、化妆品和食品领域，产品在国际市场高价俏销。

番茄红素提取的工艺流程：选择原料→破碎→浸提→过滤→浓缩→干燥→成品。

（1）选择原料　选取新鲜且番茄红素含量高的番茄，洗涤后破碎。

（2）浸提　以氯仿作为溶剂提取番茄红素，在破碎后的番茄中加入 90% 原料重的氯仿，用盐酸调节 pH 为 6，在 25℃下提取 15min，然后过滤得到番茄红素提取液。

（3）浓缩　提取液在 45℃、67kPa 真空度下进行浓缩，得到膏状产品并回收溶剂。

（4）干燥　用真空干燥后可得到番茄红素产品。

任务评价

任务考核评价单

序号	评价内容及分值	评价标准	学生自评 10%	小组互评 10%	教师评价 60%	企业评价 20%
1	学习方法 10分	课前完成必备知识的自学；课中认真观察思考，并主动操作实践；课后归纳反思				
2	学习态度 20分	工作态度端正，具有吃苦耐劳、诚实守信、认真负责的品质，对知识和技能能够认真学习钻研				
3	沟通表达 10分	能够及时与同组成员及指导教师、技术人员沟通交流				
4	合作能力 10分	团队协作意识强				
5	创新实践 10分	能够结合生产实际改进管理措施，减少管理成本，提高管理效率				
6	职业能力 10分	掌握番茄沙司加工的技术				
7	学习成果 30分	掌握番茄红素的加工方法				
		合计				

项目小结

通过该项目的学习，使学生基本掌握番茄酱、番茄汁、番茄干、番茄脯、番茄沙司加工的基本方法，另外还学习了番茄红素提取的基础知识，为学生今后自主创业或在大型番茄加工厂工作打下坚实基础。

思考与练习

一、理论测试

1. 番茄沙司的制作原料有哪些？
2. 番茄酱的检测指标有哪些？

二、技能测试

1. 练习测定番茄酱中可溶性固形物的含量。
2. 分组进行番茄沙司的制作。

16 项目十六 梨酒和梨膏加工

项目导学 ● 本项目学习现代技术工艺条件下梨酒和梨膏加工的基本工艺和基本配方,为今后从事相关工作打下基础。

项目目标
- 知识学习目标:了解梨酒和梨膏的生产关键技术。
- 技能培养目标:掌握梨酒和梨膏加工的基本步骤。
- 职业情感目标:激发学生对梨酒和梨膏的学习兴趣,培养科学的学习态度和求知精神。

相关知识

一、认识梨酒

1. 定义与分类
(1) 发酵梨酒　梨汁经酵母发酵(类似葡萄酒工艺),酒精度为 8%vol~12%vol。
(2) 蒸馏梨酒(如白兰地)　发酵后蒸馏,酒精度约为 40%vol(如法国的 Poire Williams)。
(3) 配制梨酒　以梨汁或发酵酒为基酒加入酒精、香料调配而成。

2. 制作工艺
(1) 发酵型梨酒的制作流程　梨汁提取→调整糖酸度→接种酵母发酵→陈酿澄清→杀菌装瓶。
(2) 关键点　需控制发酵温度(15~20℃),以防风味流失。

3. 特点
清甜果香,略带单宁涩味(若带皮发发酵)。

二、认识梨膏

1. 原料与工艺
(1) 原料　以新鲜梨(如雪梨、秋月梨)为主,可添加冰糖、蜂蜜、中

扫码看视频

药（如川贝、枇杷叶）等。

（2）制作流程　梨汁提取→过滤去渣→长时间熬煮浓缩（可能加入辅料）→收膏冷却→装瓶灭菌。

关键点：需慢火熬制至黏稠状，糖度通常达60%以上，以延长保质期。

2. 特点

（1）口感　甜润浓稠，带有梨的清香。

（2）功效　传统用于润肺止咳、缓解咽喉干燥（如秋梨膏），现代多为休闲冲饮。

任务一　梨酒加工

◆ 任务目标

掌握以香梨为原料，经发酵、贮藏管理、调配、封装等工艺酿制而成的含有一定酒精度的梨酒的生产技术。

◆ 任务实施

1. 梨酒原料的选择

（1）香梨原料质量要求　符合DB65/T 2045—2011《库尔勒香梨品种》，成熟度统一、适中，不得有霉烂果、病虫果及药害果。

（2）加工辅料质量要求

1）白砂糖，符合GB/T 317—2018《白砂糖》。

2）亚硫酸，食品级无色澄清液体，二氧化硫含量大于6%。

3）果胶酶、皂土、硅藻土等，均应符合相关国家标准。

4）生产用水，符合GB 5749—2022《生活饮用水卫生标准》。

5）其他材料，符合相应的国家标准。

2. 香梨原汁酒发酵工艺流程与操作步骤

（1）工艺流程　香梨原汁酒发酵工艺流程图见图16-1。

（2）操作步骤

1）选择香梨原料、分选、清洗。

2）破碎榨汁。经分选、清洗后的香梨进入破碎榨汁机时，需对物料采取有效的抗氧化措施。

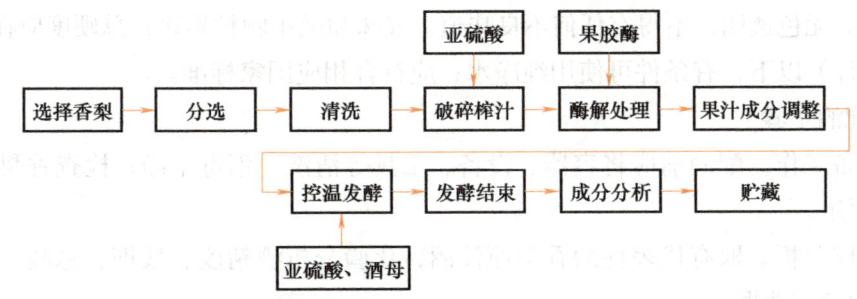

图 16-1 香梨原汁酒发酵工艺流程图

3）调整成分。按照成品酒的指标要求对香梨采取当日来料当日加工的原则，按照先进先出组织安排生产，剔除腐烂、霉变、病虫、药害等不合格果及杂草、树叶等杂物。果汁进行适度的糖、酸调整，以确保发酵顺利进行。

4）控温发酵。发酵过程中，每隔3h需测定1次温度、比重，以了解发酵进程，并在需要时对温度及发酵速度进行控制，通常发酵温度控制在18~25℃。发酵在低温发酵罐中进行。

5）贮藏。发酵结束后，要及时换罐，除去酒脚，并用相同等级的酒添桶，满罐密封贮藏，进入贮藏阶段。

3. 香梨原汁酒贮藏管理工艺流程与操作步骤

（1）工艺流程　发酵结束后的原汁酒→封罐→添罐→倒罐→澄清过滤→密封贮藏。

（2）操作步骤

1）封罐。原汁酒要求在密闭条件下贮藏陈酿。自入罐起，每次倒罐、添罐或过滤之后，都要密封贮藏。

2）添罐。原汁酒在贮藏过程中，因受挥发或倒罐操作，或天气的热、冷变化等因素影响，常使罐内出现空隙，为了避免氧化，需不断补充原酒，保持容器盛满状态；用于添罐的酒须为同品种、质量、酒龄的酒且无任何杂菌及病害浸染；一般每1~2周添罐1次；注意在夏、秋高温季节，酒体易受热膨胀，要谨慎添罐。

3）倒罐。目的是除去酒脚，有利于梨酒的陈酿。通常第一次倒罐在发酵结束后立即进行（约1个月），第二次倒罐在进入贮藏期后的3~4个月进行。

4）澄清过滤。目的是除去酒中所含的混浊物，尤其是悬浮物质，使果酒澄清、透明。下胶时一般选用吸附能力较强、无异味的澄清剂。过滤一般采用硅藻土过滤机或纸板过滤机。过滤过程中，要经常检查滤出酒的透明度，发现有失光现象，应重新过滤。

4. 梨酒调配工艺

（1）主要辅材的要求

1）白砂糖。调配酒要求使用的白砂糖，应符合 GB/T 317—2018《白砂糖》。

2）柠檬酸。应符合国标 GB 2760—2024《食品安全国家标准　食品添加剂使用标准》，纯度在98%以上。

3）水。无色透明，不得有任何不良味道、气味和微小颗粒异物；总硬度应在120mg/L（以碳酸钙计）以下，有条件可使用纯净水；应符合相应国家标准。

（2）配酒步骤

1）准备工作。配酒前应将容器、设备、工具等清洗、消毒干净；检查香梨原汁酒并进行感官评定。

2）取样分析。取有代表性的香梨原汁酒，化验分析酒精度、残糖、总酸、挥发酸及残留二氧化硫等数据。

3）配酒计算。根据产品生产配方和已掌握的数据，准确计算出调配酒时白砂糖、柠檬酸、水等辅料的用量。

4）配酒。将香梨原汁酒泵入配酒罐，加入白砂糖（用酒溶解成糖浆后加入）、柠檬酸、纯净水等，定容后充分搅拌，待完全溶解，取样分析符合产品标准后密闭贮藏备用。

5）净化处理。为延长产品保质期，提高产品稳定性，依据所选原汁酒稳定性及酒龄，对调配酒进行二次澄清处理、冷热稳定性处理等工艺操作，同时对净化处理后的调配酒进行理化指标复检，必要时需复调直至指标合格。

5. 梨酒封装工艺

（1）封装工艺流程

1）干型梨酒封装工艺流程。调配酒→检测指标→过滤→无菌冷灌装→灯检→打塞→缩帽→贴标→装盒→装箱→封箱→成品酒。

2）甜型梨酒封装工艺流程。调配酒→检测指标→过滤→热处理→热灌装→灯检→打塞→缩帽→贴标→装盒→装箱→封箱→成品酒。

（2）洗瓶要求　梨酒封装均采用新酒瓶，不使用回收瓶。洗瓶采用半机械洗瓶，其工艺流程为：瓶→验瓶→清水浸泡→半自动刷瓶→纯净水冲瓶→SO_2水灭菌→控干→备用。

（3）灌装

1）干型梨酒的灌装。采用无菌冷装瓶。灌装前，应对酒所通过的管道及灌酒机认真杀菌；酒瓶也需严格灭菌处理；酒经除菌膜过滤后，再经灌装机装瓶。

2）甜型梨酒的灌装。采用热灌装装瓶。方法：首先将调好的酒经换热器升温至65~74℃，保持5~10min，然后装瓶打塞。

（4）封盖

1）干型梨酒。用软木塞封口，要求木塞封口松紧适度，不渗漏酒；瓶口平整、不冒口、不凹陷。允许酒液内有3个以下不大于1mm的软木渣。

2）甜型梨酒。用软木塞封口时，要求同干型梨酒封口；用皇冠盖封口时，要求旋转螺纹紧密，无打滑、断裂、松动及渗漏酒现象。

（5）验酒　将酒瓶置于灯箱之前，以目检为主，将酒中带有异物（特别是玻璃碴、虫蝇等恶性杂物），酒失光，装量不合适，酒线不齐、封口不严等不合格品剔除。

（6）缩帽　要求热缩平整、紧密、不卷边、不起皱，不裂缝，不褪色，无烧烫、破损现象。

（7）贴标　要求商标粘贴牢固平整、横平竖直，不得有拱突、翘边、翘角；黏合剂涂抹均匀，不能留有明显的黏合剂痕迹。贴完标贴后，要及时擦洗干净瓶体，不允许有任何污迹存在。

（8）装盒、装箱　包装内盒应正确折叠，外观棱角分明。不得将未喷码、未贴标或贴标不全的酒瓶装入盒中。装箱时要轻拿轻放，封箱要求将箱体合缝线压紧、对接齐整；合缝线粘贴在胶带的正中央；箱体两侧留有适当长度的胶带，粘贴平整、牢固、不起皱。

（9）检验入库　经过质检人员检验合格后签字盖章，主管领导签字批准，方能成为合格品入库。成品库房要求阴凉、通风、干燥，贮藏温度以 5~25℃为好。

任务评价

任务考核评价单

序号	评价内容及分值	评价标准	学生自评 10%	小组互评 10%	教师评价 60%	企业评价 20%
1	学习方法 10分	课前完成必备知识的自学；课中认真观察思考，并主动操作实践；课后归纳反思				
2	学习态度 20分	工作态度端正，具有吃苦耐劳、诚实守信、认真负责的品质，对知识和技能能够认真学习钻研				
3	沟通表达 10分	能够及时与同组成员及指导教师、技术人员沟通交流				
4	合作能力 10分	团队协作意识强				
5	创新实践 10分	能够结合生产实际改进管理措施，减少管理成本，提高管理效率				
6	职业能力 10分	掌握梨酒的加工技术				
7	学习成果 30分	掌握梨酒的澄清过滤技术				
		合计				

任务二 梨膏加工

🏷 任务目标

掌握梨膏的加工方法。

✅ 任务实施

1. 工艺流程

库尔勒龙之源药业有限责任公司的梨膏生产工艺流程见图 16-2。

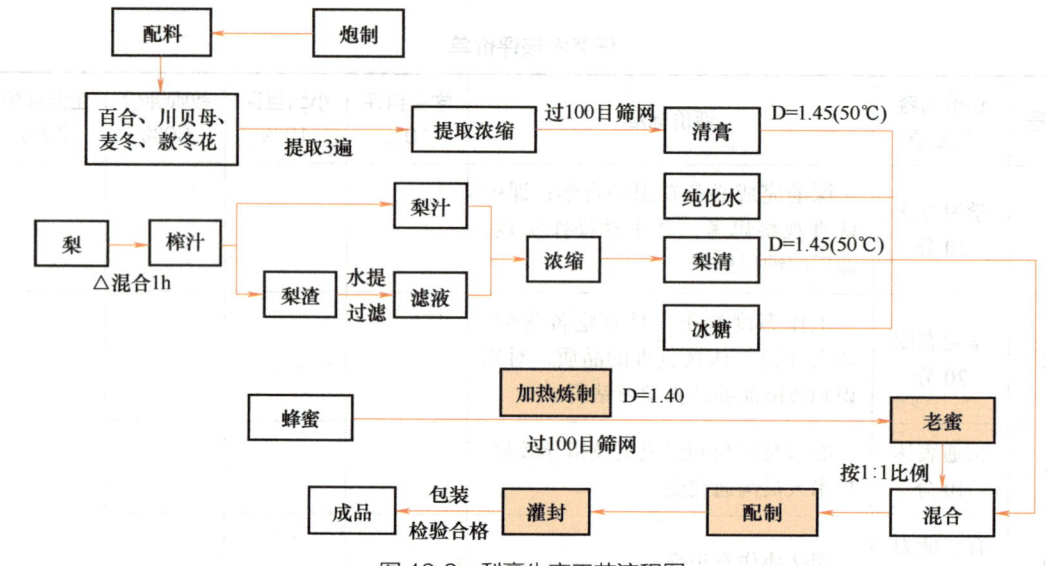

图 16-2 梨膏生产工艺流程图

2. 梨膏的加工操作步骤

（1）准备材料 选择新鲜的香梨、百合、川贝母、麦冬、款冬花、冰糖等。

（2）清洗 用小苏打和盐水浸泡后清洗干净。

（3）破碎、压榨、过滤 将香梨去皮、去核、破碎压榨过滤。

（4）浓缩 将过滤出的香梨汁在 75~79℃浓缩。

（5）添加辅料 将炮制好的百合、川贝母、麦冬、款冬花提取 3 遍，然后浓缩用 100 目（孔径为 150μm）筛网过滤，制成清膏（50℃时相对密度为 1.45）。将蜂蜜加工炼制过 100 目筛网过滤（相对密度为 1.40）。与以上制成的梨膏按 1∶1 的比例混合。

(6) 冷却与装瓶　将梨膏放凉、装瓶密封后保存。

任务评价

任务考核评价单

序号	评价内容及分值	评价标准	学生自评 10%	小组互评 10%	教师评价 60%	企业评价 20%
1	学习方法 10分	课前完成必备知识的自学；课中认真观察思考，并主动操作实践；课后归纳反思				
2	学习态度 20分	工作态度端正，具有吃苦耐劳、诚实守信、认真负责的品质，对知识和技能能够认真学习钻研				
3	沟通表达 10分	能够及时与同组成员及指导教师、技术人员沟通交流				
4	合作能力 10分	团队协作意识强				
5	创新实践 10分	能够结合生产实际改进管理措施，减少管理成本，提高管理效率				
6	职业能力 10分	掌握梨膏加工的工艺流程				
7	学习成果 30分	掌握梨膏的加工方法				
	合计					

项目小结

梨膏是一种药膳饮品，有止咳作用，也可作为止咳糖浆的主要成分，值得大力开发并深入研究相应的工艺技术。

思考与练习

一、理论测试

1. 梨膏的主要配料是什么？
2. 梨膏的药用价值是什么？

二、技能测试

1. 分组练习制作梨酒。
2. 分组练习制作梨膏。

参 考 文 献

[1] 李建华，王春.冷库设计［M］.北京：机械工业出版社，2003.
[2] 张少利，何应俊.制冷设备原理与维修实训［M］.北京：外语教学与研究出版社，2011.
[3] 金文，逯红杰.制冷技术［M］.北京：机械工业出版社，2009.
[4] 王琪.制冷压缩机与设备实训［M］.2版.北京：机械工业出版社，2016.
[5] 赵晨霞.果蔬贮藏与加工［M］.北京：中国农业出版社，2009.
[6] 杨天英，赵金海.果酒生产技术［M］.北京：科学出版社，2010.
[7] 李延云.果蔬贮藏实用技术［M］.北京：中国轻工业出版，2010.
[8] 严佩峰.果蔬加工技术［M］.北京：化学工业出版社，2008.
[9] 彭珊珊，钟瑞敏.食品添加剂［M］.3版.北京：中国轻工业出版社，2013.